Collection
« Science et Conscience »

JACQUES DEMARET

UNIVERS

Les théories de la cosmologie contemporaine

ÉDITIONS LE MAIL

ISBN 2-903951-23-3
Éditions Le Mail – 6, allée Fontaine Gianotti
13100 Aix-en-Provence

A la mémoire de mes parents.

SOMMAIRE

DEUXIÈME PARTIE

TROISIÈME PARTIE

INTRODUCTION

> *« Ce qui m'intéresse réellement, c'est de savoir si Dieu disposait d'un certain choix en vue de la création de l'Univers »*
>
> A. EINSTEIN.

Profondément ancrées au sein de l'inconscient humain, les grandes interrogations concernant l'Univers ont, à toute époque, sollicité la curiosité et l'intelligence de l'homme, avec ce mélange étrange d'une fascination extrême, du désir impatient de savoir, mais aussi de l'angoisse d'ignorer. Aujourd'hui, plus que jamais, les problèmes cosmologiques sont à la une de l'actualité scientifique. En effet, grâce aux progrès conjugués de l'observation astronomique, des théories cosmologiques et de la physique des hautes énergies, nous sommes capables de mesurer l'Univers avec de plus en plus de précision, d'analyser tous les rayonnements qui nous arrivent du cosmos, de faire l'inventaire de ses constituants, depuis les particules infimes jusqu'aux monstrueux amas de galaxies et même de reconstituer une histoire de l'Univers, qui semble en bon accord avec la plupart des observations.

Et pourtant, les questions cosmologiques essentielles restent encore, en grande partie, sans réponse, bien qu'elles soient maintenant posées dans un cadre scientifique précis et que certaines réponses nous paraissent, en quelque sorte, à portée de main, puisque liées au verdict d'observations que nous savons comment réaliser en principe, mais dont les résultats sont encore malheureusement ambigus.

Notre Univers est-il limité dans l'espace ou bien s'étend-il jusqu'à l'infini ? A-t-il commencé ou a-t-il existé de toute éternité ? A-t-il toujours été le même ou est-il en évolution ? Dans ce dernier cas, l'écoulement du temps entraîne-t-il l'Univers dans un écrasement catastrophique ou bien dans un état de dilution totale ? Ce gigantesque ensemble de galaxies que nous appelons « notre Univers » ne serait-il pas, en réalité, qu'une sous-structure élémentaire de la totalité de l'Univers matériel, qu'un « mini-univers » parmi un très grand nombre, voire une infinité de systèmes semblables ? Pourrait-il y avoir perpétuellement dans un espace infini création et destruction de tels « mini-univers » ?

Toutes ces questions sont au cœur des recherches actuelles en cosmologie ; les plus récentes et les plus ambitieuses parmi celles-ci font appel aux théories physiques les plus avancées, celles qui essaient d'intégrer dans un même schéma unificateur toutes les interactions physiques connues. Elles débouchent sur les spéculations les plus folles — mais le sont-elles réellement assez ? — rejoignant, bien souvent, les grands thèmes de la science-fiction : univers parallèles, dimensions spatiales en excès de trois, voyages dans le temps.

Mais, toutes ces interrogations, aujourd'hui du ressort de la science, suscitent tout naturellement des prolongements sur le plan métaphysique. D'aucuns voudraient interdire cette intrusion de la science, voire de la raison, sur le terrain philosophique, mais pourtant, il est manifeste que la cosmologie est grosse de métaphysique et ce serait châtrer la raison que de l'empêcher de s'exercer à tenter de résoudre les problèmes métaphysiques qui s'imposent à l'intelligence humaine lorsqu'elle réfléchit sur l'Univers : l'Univers est-il seul ou bien doit-il son existence à l'Etre absolu distinct de la matière ? Quant à nous, êtres humains, avec notre taille infime par rapport aux dimensions cosmiques qui se chiffrent en milliards d'années-lumière, perdus sur une petite planète dans la banlieue d'une banale galaxie parmi des milliards d'autres, avons-nous un quelconque rôle à jouer au niveau cosmique, dans une épopée qui semble, a priori, ne pas nous concerner ? Se pourrait-il que les êtres vivants et pensants constituent le moteur de la genèse de l'Univers, le but ultime de son existence ?

Mais, ces incursions des scientifiques dans le domaine philosophique ne sont malheureusement pas sans risques : que de conclusions métaphysiques hâtives et injustifiées dans la littérature cosmologique d'hier et d'aujourd'hui, que d'erreurs et de paralogismes causés par la confusion extrêmement fréquente entre des concepts fondamentalement distincts, tels que création et commencement de l'Univers, néant et espace vide.

Cet ouvrage voudrait présenter la vision de l'Univers qui se dégage de la cosmologie d'aujourd'hui, basée sur la théorie de la relativité générale d'Einstein. Un modèle, décrit dans la première partie, s'est dégagé : il est popularisé sous le nom de modèle du **Big Bang.** En très bon accord avec la plupart des observations astronomiques de portée cosmologique, il permet de reconstituer l'histoire de l'Univers, à l'exception des tout premiers moments de la phase d'expansion actuelle, où il paraît se heurter à un certain nombre de difficultés fondamentales.

Ce sont d'ailleurs les tentatives de résolution de ces difficultés qui sont à la base du renouveau de la cosmologie théorique, caractérisé par l'apparition d'une foule de nouveaux concepts : inflation, cosmologie quantique, univers multidimensionnels, ..., qui font l'objet de la deuxième partie.

Il ne m'a pas paru possible de passer sous silence cette tentative originale d'explication de l'Univers, qui porte le nom de **Principe Anthropique** et qui constitue la troisième partie de cet ouvrage. Ce principe, dans sa version faible, propose de rendre compte des caractéristiques physiques de l'Univers à partir du seul fait de l'existence d'observateurs humains. Dans sa version forte, résolument téléologique, il postule que l'Univers est nécessairement adapté à l'apparition d'êtres vivants et intelligents, capables de lui donner un sens. Principe ultime, explication finale de l'Univers ou bien résurgence d'idées finalistes archaïques et haïssables, à éliminer au plus vite du discours de la science ? Les opinions sont partagées, les polémiques toujours aussi vives.

Tout au long de cet ouvrage, j'ai essayé, dans la mesure du possible, de dégager les implications métaphysiques des travaux cosmologiques récents, à la lumière des écrits des philosophes et métaphysiciens qui se sont penchés sur les problèmes de l'Univers.

Le niveau adopté est celui de la vulgarisation, telle que la souhaite, par exemple B. d'Espagnat, c'est-à-dire, qui s'approche le plus près possible du lecteur en éliminant toutes les technicités du formalisme mathématique, mais qui demande, de sa part, un certain effort de réflexion, inévitable si on ne veut pas travestir le discours scientifique en le dissolvant dans de vagues analogies, bien souvent trompeuses. Les encadrés, pour la plupart, ne sont pas indispensables à la compréhension du texte principal : pour le lecteur plus exigeant, ils peuvent cependant constituer une source d'informations complémentaires d'un certain intérêt.

REMERCIEMENTS

Je tiens à remercier tous mes collègues et amis chercheurs de l'Institut d'Astrophysique de l'Université de Liège avec qui j'ai eu de nombreuses discussions concernant divers aspects de la cosmologie : ils sont trop nombreux pour que je les cite individuellement.

Je voudrais évoquer tout particulièrement la mémoire du Professeur P. Swings, qui m'a accueilli à l'Institut d'Astrophysique, celle du Professeur P. Ledoux qui m'a initié à l'astrophysique théorique, enfin celle d'A. Boury, avec qui j'ai eu le privilège d'avoir de fréquents échanges de vue sur les implications métaphysiques de la cosmologie.

J'aimerais remercier tout spécialement C. Barbier, H. Caprasse, Y. De Rop, J. L. Hanquin, M. Henneaux, A. Moussiaux, A. Ronveaux, P. Spindel, P. Tombal et J. Vandermeulen, avec qui j'ai eu le plaisir de collaborer au cours de divers travaux de recherche en cosmologie théorique. J'exprime également mes plus vifs remerciements au Fonds National de la Recherche Scientifique qui a bien voulu financer à plusieurs reprises certains de ces travaux.

J'ai aussi bénéficié de discussions extrêmement utiles avec quelques-uns des meilleurs spécialistes en cosmologie et/ou en philosophie et, notamment : J. Barrow, O. Godart, M. Gotay, M. Heller, J. Ladrière, J. Leslie, F. Tipler et C. Tresmontant.

Les conférences d'intérêt général constituent indéniablement un excellent tremplin pour la réalisation d'une monographie : aussi, je tiens à remercier chaleureusement F. Boitel, C. Castiau, C. d'Armagnac, T. Dejong, A. Lausberg, A. Léonard, H. Miessen, L. Morren, A. Motte, P. Valadier et L. Van Gehuchten qui ont bien voulu m'inviter à donner, dans le cadre des activités de leurs sociétés ou groupes d'études, des exposés sur la cosmologie et le Principe Anthropique.

C'est à M. Cazenave que je dois l'invitation à écrire cet ouvrage sur la cosmologie : je lui exprime toute ma gratitude. Mes remerciements les plus vifs vont aussi à B. Poniatowski, directeur des Editions du Mail, pour avoir accepté ce texte et pour le soin apporté à son édition.

J'ai bénéficié de la collaboration précieuse de D. Fraipont et de C. Schroeder qui ont bien voulu se charger de la dactylographie et de la mise en page d'un manuscrit particulièrement touffu, ainsi que des conseils compétents de R. Papy et de R. Sip dans l'utilisation de T$_E$X. J. Beonkens et A. Kransvelt ont réalisé, avec beaucoup de compétence, respectivement les photographies et les graphiques.

Enfin, sans le soutien permanent et la patience de mon épouse, Danielle, et de mes enfants, Muriel et David, cet ouvrage n'aurait probablement jamais vu le jour.

PREMIÈRE PARTIE

DES MYTHES COSMOGONIQUES AU MODÈLE STANDARD DU BIG BANG

CHAPITRE I

LA COSMOLOGIE AVANT EINSTEIN

L'idée d'une évolution cosmique, c'est-à-dire d'une évolution de l'Univers dans sa totalité, est une idée récente. En effet, jusque vers 1925, il était acquis que l'Univers dans son ensemble ne pouvait être qu'**intemporel**, c'est-à-dire **statique** et ne pouvait donc présenter aucune modification globale : tout au plus, trouve-t-on dans les écrits d'un franciscain anglais de la fin du XIIIe siècle, Richard de Middleton, une mention à la possibilité pour Dieu de produire « une grandeur ou une dimension qui croisse sans fin »[1].

Ce préjugé, d'ailleurs commun à tous les grands systèmes philosophiques, était toujours profondément enraciné au début du XXe siècle, au moment où Einstein développait la théorie de la relativité générale qui allait servir de cadre à toute la cosmologie contemporaine.

Pour pouvoir apprécier pleinement la révolution fondamentale que constituèrent les premiers modèles évolutifs d'Univers dus au météorologiste russe, Friedmann, et au chanoine belge, Lemaître, il convient de faire un bref historique des idées cosmologiques pré-einsteiniennes.

En fait, l'interrogation de l'homme sur le cosmos qui

1. E. Gilson, *La philosophie au Moyen-Age*, Editions Payot, Paris, 1976, tome 2, p. 459.

l'entoure est aussi vieille que l'humanité elle-même, mais, au cours des siècles passés, cette interrogation était plus philosophique que scientifique : en effet, depuis que l'homme pense, il s'est forgé une idée de l'Univers, à l'intérieur d'un ensemble de mythes et de doctrines philosophiques et religieuses. Chaque civilisation a ainsi essayé d'apporter une réponse au problème fondamental par excellence : celui de la naissance du Monde. D'où vient le Monde auquel appartient notre humanité ? A-t-il existé de tout temps ou naquit-il un jour sous l'impulsion d'un Etre supérieur ?

La notion de commencement du Monde, du moins dans le sens d'une organisation à partir d'une réalité préexistante, tel qu'un immense chaos (et non pas dans le sens plus élaboré — apparu ultérieurement — de création **ex nihilo**) est présente dans toutes les doctrines cosmologiques orientales anciennes. On trouvera dans l'ouvrage collectif : « La Naissance du monde »[2] une remarquable synthèse des mythes et doctrines dans lesquels les civilisations orientales (l'Egypte, Israël, l'Islam, le Tibet, la Chine, ...) ont trouvé ou trouvent encore une réponse au problème de l'origine du Monde.

La conclusion de M. Eliade[3] dans son essai « Structure et fonction du mythe cosmogonique » peut nous paraître quelque peu surprenante : ce ne serait pas un sentiment de curiosité rationnelle de connaître les causes premières qui serait à l'origine des premières réflexions ontologiques (c'est-à-dire portant sur la nature de l'Etre) et des grandes métaphysiques orientales, mais bien le fait qu'on croyait pouvoir rejoindre réellement, existentiellement, le commencement du Monde et ce, à l'aide de méthodes thérapeutiques et sotériologiques (comme, par exemple, « ... des techniques

2. *La naissance du Monde,* Sources orientales, I, Editions du Seuil, Paris, 1959.
3. M. Eliade, *Structure et fonction du mythe cosmogonique,* dans : *La naissance du Monde,* op. cit., p. 469.

chinoises du “ retour à l'origine ”, à l'état primordial qui précédait la Création, et les techniques indiennes de “ retour à la matrice ” ou de “ revenir en arrière ”, c'est-à-dire de parcourir le temps à rebours pour rejoindre l'instant paradoxal au-delà duquel le Temps n'existait pas... ») Le commencement du Monde apparaissait comme l'instant privilégié où l'Etre s'était révélé pour la première fois.

Une doctrine se détache de l'ensemble des autres récits cosmogoniques orientaux : c'est celle d'Israël, dont les textes cosmogoniques principaux sont repris dans le premier livre de la Bible, c'est-à-dire la Genèse. Contrairement aux autres cosmogonies de l'Orient ancien, où il y a une genèse des dieux s'opérant à partir du chaos initial, qui est premier et qui est l'Absolu dont tout procède, selon la théologie biblique, celui qui est premier, c'est le Créateur, qui ne fait pas partie de l'Univers matériel et qui n'est pas soumis au devenir, c'est l'Absolu éternellement préexistant. La théologie biblique manifeste ainsi un puissant effort de « démythologisation » à l'encontre des mythes orientaux, effort dont la portée s'est révélée fondamentale pour l'histoire future de la métaphysique.

Le concept original de création du Monde **ex nihilo** (c'est-à-dire de rien) apparaît manifestement dans ce texte du second livre des Maccabées : « Je t'en conjure, mon enfant, regarde le ciel et la terre et vois tout ce qui est en eux et sache que ce n'est pas à partir de choses existantes que Dieu les a créés, et que l'espèce humaine est faite de la même manière » (II. Macc., 7, 28).

Le judaïsme et le christianisme professent non seulement que l'Univers comporte un commencement mais aussi qu'il finira pas s'user et aura donc une fin (« Le ciel et la terre passeront... »).

Les philosophes grecs puis, plus tard, les philosophes et les théologiens chrétiens ont porté les problèmes touchant l'Univers dans son ensemble sur le plan de la discussion rationnelle. Leurs doctrines cosmologiques ont été excellemment décrites dans le monumental ouvrage de P. Duhem : « Le système du Monde »[4].

L'image du cosmos qui a prévalu jusqu'à l'avènement de la science moderne est essentiellement celle qu'avait déjà Aristote au IVe siècle avant Jésus-Christ : elle s'est perpétuée durant toute la période médiévale et c'est elle qui est adoptée, au XIIIe siècle, par saint Thomas d'Aquin, dans ses travaux de théologie : le Monde, qui est unique, est conçu comme une immense sphère de dimensions finies : il est constitué de sphères solides concentriques, centrées sur la terre et se superposant autour d'elle comme les couches successives d'un oignon. On y distingue deux zones radicalement différentes : le monde sublunaire comprenant la terre qui est le centre immobile de l'Univers, ainsi que la région allant jusqu'à la lune. Le monde supralunaire, composé de sphères s'emboîtant les unes dans les autres, contient les planètes, le soleil et les étoiles et s'étend de la sphère de la lune jusqu'à la limite du cosmos.

C'est essentiellement la question de la création de l'Univers qui différencie Aristote des théologiens chrétiens. En effet, pour Aristote, la création de l'Univers est impensable : la matière première de l'Univers est éternelle, nécessaire et increéée. L'Univers est éternel et n'a pas eu de commencement.

De même, les autres doctrines cosmogoniques des philosophes grecs, malgré leurs différences, s'accordent cependant toutes pour nier, contrairement à la doctrine juive reprise par les philosophes chrétiens, le commencement de l'Univers et pour considérer le Monde comme éternel. Ainsi, selon Hésiode et la cosmogonie orphique, c'est, comme dans la cosmogonie babylonienne, le chaos qui est premier, éternel et dont tout est sorti. Par contre, pour Platon et les Néo-Platoniciens, le Monde est créé, mais est éternel et périodique : il y a toujours eu du mouvement, mais le Monde

4. P. Duhem, *Le système du Monde*, 10 volumes, Hermann, Paris, 1958-1959.

revient périodiquement dans le même état après une durée appelée la Grande Année et qui est le véritable étalon du temps (voir en fin de Chapitre, l'Annexe, pour une discussion des problèmes soulevés par les notions de commencement et création de l'Univers).

Une étape capitale dans le développement de l'astronomie et de la cosmologie est, évidemment, le remplacement du système du Monde géocentrique de Ptolémée par le système du Monde héliocentrique de l'astronomie classique, suite aux travaux de Copernic puis, plus tard, de Galilée et de Kepler. Tout comme l'Univers médiéval, l'Univers de Copernic est une sphère finie. Mais, en 1576, l'astronome et mathématicien Digges introduisait dans son ouvrage : « A Perfit Description of the Caelestiall Orbes », un nouveau développement important du système héliocentrique : il éliminait la borne extérieure et dispersait les étoiles au travers d'un espace illimité.

Autre développement capital, le fondement par Newton, à la fin du XVIIe siècle, à la suite des travaux de Kepler, d'une nouvelle dynamique régissant le monde matériel. Le cœur de la théorie newtoniennne est la description de la gravitation en termes d'une force agissant de manière instantanée entre deux corps : cette force est universelle, elle agit de la même façon sur tous les types de matière ; de plus, elle est toujours attractive et augmente avec la masse des corps impliqués. Toutes ces propriétés expliquent la prédominance de la force de gravitation sur les autres forces physiques, à l'échelle cosmique, et donc, l'importance capitale de la gravitation en cosmologie. Cette force, comme l'a montré Newton, varie comme l'inverse du carré de la distance, si bien que si on augmente la distance entre deux corps d'un certain facteur, la force de gravitation diminue du carré de ce facteur (voir fig. 1.1). Cette loi de la gravitation newtonienne, qui débouche sur la mécanique céleste, permet ainsi de décrire le mouvement des planètes et de prédire leur position au cours du temps, avec une précision remarquable.

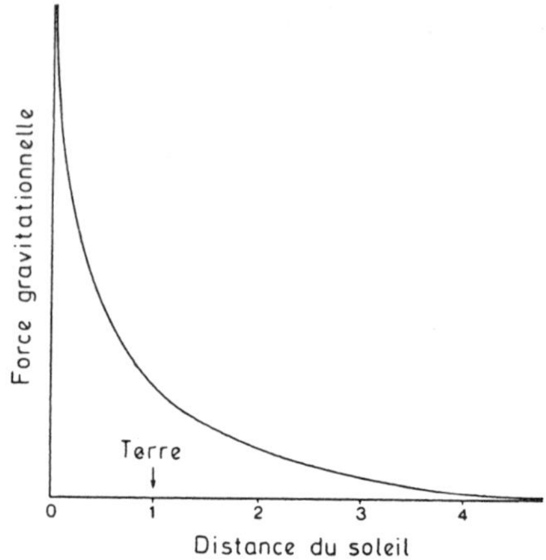

Fig. 1.1 : *Illustration de la loi de la gravitation newtonienne dans le cas du système solaire. A la distance terrestre (considérée comme unité sur l'axe des abscisses), correspond en ordonnée la force gravitationnelle exercée par le Soleil. Celle-ci varie comme l'inverse du carré de la distance.*

L'Univers newtonien est spatialement infini : plus précisément, son cadre ou contenant (l'espace absolu, préexistant, en quelque sorte, aux corps matériels et indépendant d'eux) est infini de droit. L'Univers est supposé créé, en accord avec la conception biblique et, en 1658, l'évêque Ussher[5] déduisait de la succession des générations telle qu'elle apparaît dans la Bible, la date précise de la création du Monde : le dimanche 23 octobre de l'an 4004 avant Jésus-Christ, ce qui donnerait alors 5 994 années pour l'âge actuel de l'Univers... Leibniz, pour sa part, soutenait qu'un Univers spatialement infini d'une durée limitée était illogique. Ainsi, pour Leibniz, le Monde devait-il être infini, à la fois dans l'espace et dans le temps... L'ouvrage de Koyré[6] : « Du monde clos à

5. J. Ussher, *The Annals of the World Deduced from the Origin of Time*, Londres, 1658, I.
6. A. Koyre, *Du Monde clos à l'Univers infini*, Gallimard, Paris, 1973.

l'Univers infini » contient une description très détaillée de cette révolution de la pensée philosophique et scientifique aux XVIe et XVIIe siècles.

Un progrès majeur dans la lente prise de conscience par les astronomes de l'étendue véritable de l'Univers a été réalisé avec la construction de télescopes de plus en plus puissants, qui ont permis de reculer de plus en plus les limites de l'Univers observable. Ce fut d'abord la mise en évidence par Herschel, dans la seconde moitié du XVIIIe siècle, de la structure de notre galaxie, celle-ci étant constituée d'un noyau central, énorme condensation d'étoiles, d'où se détachent des bras en forme de spirale, composés d'étoiles et de matière gazeuse interstellaire, se développant dans le plan « équatorial » du noyau, l'ensemble étant en rotation très lente autour d'un axe perpendiculaire à ce plan.

Au début du XIXe siècle, les observations de Herschel et de Messier avaient, de plus, révélé l'existence de plusieurs centaines de nébuleuses, certaines ayant la forme de disques, d'autres étant elliptiques. La nature de ces nébuleuses est restée très longtemps — pendant près d'un siècle — une énigme : déjà, vers 1750, Swedenborg, Lambert, Wright et Kant avaient émis la conjecture qu'il pût exister d'autres systèmes stellaires semblables à notre galaxie et situés très loin d'elle (les « Univers-îles » de Kant, l'Univers hiérarchique de Kant et Lambert). La démonstration irréfutable de l'existence, parmi les nébuleuses observées jusqu'alors, de certaines situées en dehors de notre galaxie, dut cependant attendre 1924, et ce, après les discussions extrêmement vives entre partisans et opposants de cette hypothèse.

C'est grâce au plus grand télescope de l'époque, le télescope de 2,5 mètres de diamètre du Mont Wilson, que l'astronome Hubble devait déceler dans trois de ces nébuleuses, et notamment, dans la nébuleuse Andromède, des étoiles de type Céphéide. Ces étoiles, qui sont de précieux indicateurs de distance, permirent à Hubble de montrer que ces nébuleuses étaient bien situées au-delà de notre galaxie : il s'agit, en fait, d'autres galaxies semblables à la nôtre. Pour situer l'échelle des distances, disons que le diamètre de notre galaxie est de l'ordre de 100 000 années-lumière (une année-lumière équivaut à 10 000 milliards de km), alors que la distance entre notre galaxie et Andromède est de plus de deux millions d'années-lumière, soit plus de vingt fois le diamètre galactique.

Les conséquences de cette découverte allaient évidemment se révéler extrêmement importantes : pour la première fois, en effet, le regard de l'homme pouvait sortir de sa galaxie et s'étendre même virtuellement bien au-delà. Ainsi donc, avec la reconnaissance potentielle de l'étendue spatiale réelle de l'Univers matériel découlant des observations de Hubble, la cosmologie scientifique allait pouvoir prendre naissance. Depuis, grâce aux grands télescopes, tels que celui de 5 m du Mont Palomar, aux Etats-Unis, celui de 3,6 m de l'ESO au Chili ou encore, celui de 6 m de Zelenchuk, en Union Soviétique, c'est par milliards que les galaxies sont apparues sur les clichés photographiques. Aujourd'hui, avec le développement de détecteurs très performants du rayonnement électromagnétique, souvent placés à bord de fusées et de satellites artificiels, l'Univers nous est accessible sur la presque totalité du spectre électromagnétique, allant des ondes radio et des micro-ondes au rayonnement gamma, en passant par l'infrarouge, l'ultraviolet et les rayons X.

D'autre part, sur le plan théorique, avec la découverte, en 1915, par Einstein, de la théorie de la relativité générale, le problème de la structure globale de l'Univers allait pouvoir être abordé de manière théorique et ce, pour la première fois dans l'histoire de la pensée humaine. En fait, l'interprétation géométrique du phénomène de la gravitation, qui constitue la caractéristique essentielle de la relativité générale, débouche sur une véritable définition scientifique de l'Univers, en termes de géométrie globale d'espace-temps : c'est cette définition qui est à la base de la cosmologie théorique moderne.

Cette convergence inattendue et fortuite de deux itinéraires a priori distincts, celui de la théorie physique et celui de l'observation astronomique, permettait ainsi, dans les années vingt, de poser pour la première fois le problème cosmologique de manière scientifique. La science prenait ainsi le relais de la philosophie pour essayer d'apporter une réponse objective à ces grandes questions concernant l'Univers qui, depuis des millénaires, n'ont cessé de préoccuper l'homme, à savoir :

- **Etendue spatiale de l'Univers :**
L'Univers est-il fini ou infini ?

- **Evolution :**
Est-il statique ou stationnaire ou en évolution ? Dans ce dernier cas, cette évolution est-elle cyclique ?

- **Commencement :**
A-t-il connu un commencement absolu dans le temps ou est-il de durée infinie dans le passé ?

- Quelle est **l'origine de la matière** dont sont faits tous les constituants de l'Univers, depuis les galaxies jusqu'aux êtres vivants ?

- **Le problème cosmogonique :**
Quelle est l'origine des structures à grande échelle qui emplissent l'Univers, c'est-à-dire les galaxies et les groupements de galaxies, qu'on appelle amas de galaxies ?

CHAPITRE I

ANNEXE

COMMENCEMENT ET CRÉATION DE L'UNIVERS : QUELQUES CONSIDÉRATIONS MÉTAPHYSIQUES

Les considérations qui suivent sont basées en grande partie sur les remarquables travaux, d'une part, de C. Tresmontant[7] sur la métaphysique du christianisme et, d'autre part, de P. Duhem[8] sur l'histoire des doctrines cosmologiques.

Ce n'est que progressivement que la différence existant entre les concepts de **commencement** et **création** de l'Univers s'est faite jour parmi les philosophes chrétiens ; il a fallu, en fait, attendre le XIIIe siècle et, tout spécialement, l'œuvre de saint Thomas d'Aquin pour voir établir clairement cette distinction capitale.

Auparavant, au cours des premiers siècles de notre ère, les philosophes chrétiens avaient essayé de défendre l'originalité de la doctrine hébraïque de la création et, en particulier, la thèse du commencement de l'Univers contre les critiques

7. C. Tresmontant, *La métaphysique du christianisme et la naissance de la philosophie chrétienne*, Editions du Seuil, Paris, 1961 ;
La métaphysique du christianisme et la crise du treizième siècle, Editions du Seuil, Paris, 1964 ;
Sciences de l'Univers et problèmes métaphysiques, Editions du Seuil, Paris, 1976.

8. Cf. note 4.

des métaphysiciens néo-platoniciens tels que Plotin et, plus tard, Proclus. Ces critiques portaient sur une création du Monde par Dieu, qui aurait commencé à un instant défini d'un temps infini (sans début ni fin), de telle sorte que durant la période infinie précédant cet instant, le Monde n'existait pas, un type de raisonnement attribué à nombre de philosophes chrétiens et qui conduit à certaines difficultés, voire absurdités.

Ces objections ont été réfutées au cours des siècles par différents penseurs chrétiens, le point essentiel de leur réflexion étant la prise de conscience très nette que la création du Monde n'a pas pu s'opérer **dans le temps** « Comment la création aurait-elle pu être faite dans le temps, puisque le temps a été fait avec les êtres » (Clément d'Alexandrie, Stromates VI) ; « C'est au commencement du temps que Dieu a créé le Ciel et la Terre. Car le temps existe depuis qu'existe ce Monde, il n'existait pas avant le Monde » (Ambroise de Milan, Hexaéméron, I).

C'est à saint Augustin, au début du IVe siècle, que l'on doit, cependant, le réfutation décisive des arguments des Néoplatoniciens et le premier exposé réellement autoritaire de l'idée que le temps est une mesure des choses existantes et qu'en l'absence d'objets pouvant subir des modifications physiques, il n'existerait pas de temps. Cette « théorie relationnelle » du temps, selon laquelle celui-ci ne peut exister que lorsque l'Univers est, présente un caractère étonnamment moderne, puisque dans certaines formulations de la théorie de la relativité générale (voir Chapitre II), la définition du temps est directement liée au changement de la géométrie spatiale de l'Univers.

C'est dans « La Cité de Dieu » que l'on trouve l'exposé le plus clair et le plus achevé de la doctrine de saint Augustin concernant la création : « ... il n'y a pas de temps avant que le Monde ne fût. », « Le temps n'existe pas sans un changement qui s'opère par le mouvement, tandis que dans l'éternité, il n'y a aucun changement ». « Proculdubio, non est Mondus factus in tempore, sed cum tempore », c'est-à-dire : « Dès lors, il n'est point douteux que le Monde n'a pas été créé dans le temps, mais avec le temps », « Le Monde a été créé **avec** le temps, si le mouvement, producteur du changement, a été créé lors de la fondation du Monde ».

L'argumentation de saint Augustin n'est cependant pas parvenue à convaincre les philosophes néo-platoniciens que le Monde ait pu avoir un commencement : c'est ainsi que Proclus présente, en faveur de l'éternité du Monde, divers arguments que le philosophe chrétien Jean Philopon s'attache à réfuter, au cours de la première moitié du VIe siècle. Tout en affirmant que le Monde a commencé, Jean Philopon accorde à Proclus que le Monde a duré et durera de tout temps : « Le Monde existe de tout temps, bien que l'existence du temps ait eu un commencement » (« De aeternitate mundi contra Proclum »). Une telle affirmation est cependant loin d'être satisfaisante : en effet, elle ne résout aucunement le véritable problème, tel qu'il sera, plus tard, clairement posé par saint Thomas d'Aquin et, aujourd'hui, dans le cadre de la cosmologie relativiste (voir Chapitres II et III), à savoir, si l'Univers a réellement connu un passé fini ou infini : elle l'escamote plutôt.

Les discussions sur le problème du commencement de l'Univers reprendront avec une ferveur nouvelle au XIIIe siècle, lorsque les livres d'Aristote et ceux des philosophes arabes : Averroes, Avicenne, Al-Gazzâli et Maïmonide, pénétreront dans les milieux philosophiques chrétiens.

Maïmonide, en particulier, émet une opinion originale sur le sujet : en effet, il pense qu'on ne peut pas **démontrer** le commencement du Monde, mais qu'il est cependant possible de réfuter les arguments de ceux qui prétendent que l'éternité du Monde est nécessaire : « La question de savoir si le Monde est éternel ou créé ne saurait être résolue par une démonstration décisive, et c'est un point où l'intelligence s'arrête » (« Le guide des égarés »). Saint Thomas d'Aquin atteindra plus tard la même conclusion, à savoir que ce problème ne peut être résolu par une discussion philosophique a priori.

L'enseignement de Guillaume d'Auvergne et d'Albert le Grand sur ce point se situe dans la ligne directe de la doctrine de saint Augustin; c'est, en effet, en des termes semblables à ceux de ce dernier qu'ils répondent aux critiques des adversaires des thèses défendues par les philosophes chrétiens : « De même, en effet, que le Monde n'a pas de dehors, n'a pas d'au-delà, puisqu'il contient et embrasse toute chose, de même le temps, qui a commencé à la création du Monde, n'a pas d'auparavant ni de précédemment, puisqu'il contient en lui tous les temps qui sont ses parties. », « Celui qui pose cette question : Avant le commencement du temps, y a-t-il eu quelque chose ? alors que le mot **avant** implique l'idée de temps, fait exactement comme s'il demandait : Dans le temps, qui a précédé le commencement du temps, quelque chose a-t-il existé ? » (Guillaume d'Auvergne, De Universo) ; « Notre pensée se résume en ceci : Dieu n'a pas précédé le Monde dans le temps, mais par l'éternité ; il n'y a pas eu de temps avant le Monde, ni matière ; le temps a commencé avec la matière, le ciel et le mouvement du ciel » (Albert le Grand, Physica).

De plus, Albert le Grand délimite clairement le rôle que le physicien peut jouer dans les problèmes de nature philosophique : pour lui, le physicien doit s'en tenir au niveau de ce qui est connaissable par la raison et l'observation de la réalité empirique : « Le physicien doit démontrer ce qu'il avance par les méthodes qui sont propres à la science qu'il a l'intention de considérer, ou bien il doit se taire » (« Physica »). C'est ainsi que « le commencement du Monde par création n'est pas physique et ne peut être prouvé au niveau de la physique » (« Physica ») (cette opinion est à mettre en contraste avec les récentes tentatives d'expliquer la « création » de l'univers dans le cadre des théories cosmologiques scientifiques actuelles ; cf. Chapitre VII).

C'est à saint Thomas d'Aquin que l'on doit l'introduction de la distinction capitale entre **commencement** et **création** de l'Univers, deux concepts qui ont souvent été — et sont d'ailleurs encore fréquemment aujourd'hui — identifiés par de nombreux scientifiques.

Ainsi, dire que le Monde est créé, ce n'est pas dire nécessairement qu'il a commencé et dire qu'il est éternel, ce n'est pas dire inévitablement qu'il est incréé, car il pourrait être créé de toute éternité. Le concept de **création** relève d'une analyse rationnelle, située sur le plan philosophique ou métaphysique. Plus précisément, pour saint Thomas d'Aquin, la **création** est une relation actuelle de dépendance ontologique de l'ensemble de la réalité physique, le Monde, par rapport à celui qui est l'Etre lui-même et par lui-même, et qui ne dépend d'aucun autre. Par contre, tout comme pour Maïmonide et Albert le Grand, la question du commencement de l'Univers ne peut être élucidée par un discours philosophique a priori, ni d'ailleurs par la physique de l'époque ; il faut, sur ce point, s'en remettre entièrement à la révélation : « Que le Monde ait commencé est donc objet de foi, mais cela n'est pas démontrable, ni objet de science » (« Summa Theologica »).

A la même époque, saint Bonaventure s'est opposé, au cours d'une controverse fameuse, à saint Thomas sur la question de la distinction entre création et commencement. Ainsi, saint Bonaventure pensait que, bien qu'**en droit** et absolument, ces deux concepts sont distincts, **en réalité,** commencement et création sont indissociables : tout être créé doit avoir commencé ; il est impossible qu'un être créé soit éternel. C. Tresmontant, dans son étude sur la métaphysique du christianisme au XIIIe siècle, se demande si, tout compte fait, le point de vue pressenti par saint Bonaventure ne serait pas correct : « [...] Nous nous demandons [...] s'il n'y aurait pas, en effet, dans la réalité des choses, et non plus seulement au plan formel, contradiction interne dans l'idée de création éternelle [...]. La temporalité ne serait plus un caractère contingent du créé, mais un caractère essentiel du créé. »

Le problème n'a guère progressé avant l'avènement de la cosmologie relativiste. Au XVIIIe siècle, au temps de Kant, celui-ci, dans son ouvrage fondamental : « Critique de la raison pure[9] », et, plus précisément, dans ses fameuses antinomies sur l'espace et le temps, avait prétendu démontrer que les questions concernant le caractère fini ou infini de l'âge de l'Univers, ainsi que de son extension spatiale, n'avaient pas de sens. Plus précisément, il pensait que la raison pouvait démontrer simultanément et donc, d'une matière contradictoire, la thèse et l'antithèse de ses antininomies, ce qui prouvait, à tout le moins, qu'elle s'égarait hors de son champ d'exercice normal.

9. E. Kant, *Critique de la raison pure,* Garnier-Flammarion, Paris, 1976.

Les deux premières antinomies kantiennes

Thèse : « Le Monde a un commencement dans le temps, et pour ce qui regarde l'espace, il est borné. »

Antithèse : « Le Monde n'a pas de commencement, ni de limites dans l'espace; il est infini dans l'espace et dans le temps. »

Les conclusions de Kant ont été critiquées à plusieurs reprises dans la suite, et Bertrand Russell[10], notamment, a montré que le raisonnement de Kant, dans le domaine cosmologique était fallacieux et dépourvu de fondement logique. Il est admis actuellement par la grande majorité des philosophes que les antinomies de Kant ont pu être résolues grâce aux développements récents des fondements des mathématiques[11].

Aujourd'hui, en cette fin du xxe siècle, le problème du commencement de l'Univers est radicalement transformé : il n'apparaît plus comme un problème métaphysique, mais bien comme un problème physique qui relève de la science expérimentale, et essentiellement de l'astrophysique et de la cosmologie relativiste (voir Chapitres II et III). C'est en tout cas la thèse de la majorité des cosmologistes qu'il est dans le pouvoir de leur discipline de résoudre ce problème. Nous aurons à examiner plus tard, et notamment au Chapitre VII, dans quelle mesure cette entreprise est aujourd'hui couronnée de succès.

10. B. Russell, *La méthode scientifique en philosophie,* Payot, Paris, 1971, sixième conférence, p. 164. Voir aussi : J.J.C. Smart, *Problems of Space and Time,* Collier-Mcmillan, Londres, 1964, Introduction et le texte de Russell en version originale, p. 145-159.

11. B. Ellis, The Australasian Journal of Philosophy, *33,* 1955, p. 32. Pour un point de vue différent, selon lequel les antinomies de Kant n'ont pas encore été résolues de manière satisfaisante, voir : G. J. Whitrow, British Journal for the Philosophy of Science, *5,* 1954, p. 215. Le problème de la validité d'une démonstration philosophique a priori de la possibilité (ou de l'impossibilité) d'un passé infini pour notre Univers continue à soulever régulièrement des polémiques, comme en témoignent, par exemple, les discussions qui ont opposé, il y a une dizaine d'années, un certain nombre de philosophes des sciences : G. J. Whitrow, British Journal for the Philosophy of Science, *29,* 1978, p. 38 ; K. Popper, ibidem, *29,* 1978, p. 47 ; J. Bell, ibidem, *30,* 1979, p. 161 ; W. L. Craig, ibidem, *30,* 1979, p. 165 ; R. Weingard, ibidem, *30,* 1979, p. 170.

D'autre part, la solution de ce problème a-t-elle des conséquences métaphysiques ? Il est tout d'abord manifeste que n'importe quelle doctrine philosophique ou même n'importe quelle théologie ne sont pas compatibles avec la réalité que nous dévoilent les sciences et, en particulier, la cosmologie. Le cas de la philosophie grecque est édifiant à ce sujet : les astres y sont divins et l'Univers y est également divin, constituant l'Etre lui-même existant de toute éternité, une doctrine en contradiction flagrante avec un éventuel commencement de l'Univers. La philosophie de Marx, Engels et Lénine est basée sur le même présupposé, à savoir que l'Univers est l'Etre premier, absolu, unique, et donc incréé et éternel.

Si l'on adopte le principe métaphysique du philosophe grec Parménide, selon lequel l'Etre absolu, c'est-à-dire la totalité de l'Etre, ne peut avoir commencé, on se voit alors obligé de conclure avec C. Tresmontant que si l'Univers a **réellement** commencé, celui-ci ne peut pas constituer l'Etre incréé : l'Univers doit alors son existence à un Etre absolu nécessairement distinct de lui. La véracité de cette conclusion est intimement liée à l'existence d'un véritable commencement absolu de l'Univers (ou encore d'un commencement absolu d'un premier cycle dans le cas d'un Univers cyclique). Comme nous le verrons au Chapitre VII, il ne paraît cependant pas possible, dans l'état actuel de nos connaissances, d'attribuer avec certitude un caractère absolu au commencement de la phase d'expansion dans laquelle est entraîné notre Univers depuis quelque quinze milliards d'années.

D'un autre côté, l'existence d'un Univers éternel dans le passé, si la cosmologie y conduisait (par exemple, le modèle stationnaire avec création continuelle de matière de Bondi, Gold et Hoyle (§ 3.10) ou encore l'Univers de Linde (voir Annexe 2, ch. VI) avec naissance spontanée et continue de « mini-univers ») invaliderait-elle la possibilité d'une création de l'Univers, au sens métaphysique du terme ? C. Tresmontant pense que non : il ne lui semble pas que, du point de vue théologique, un modèle cosmologique à passé infini soit contraire aux fondements essentiels du monothéisme juif et chrétien : Origène d'Alexandrie n'avait-il pas, dès le IIIe siècle, admis qu'à côté de l'Univers dont nous faisons partie et qui aurait connu un commencement, le Créateur crée éternellement des Mondes nouveaux ?

Ce problème du commencement de l'Univers réapparaîtra à plus d'une reprise tout au long de cet essai : la plupart des recherches actuelles en cosmologie théorique et observationnelle s'articulent d'ailleurs autour de cette quête des origines du Monde, et donc de notre possibilité d'être.

CHAPITRE II

LES FONDEMENTS DE LA COSMOLOGIE RELATIVISTE

2.1. LE CADRE THÉORIQUE : LA RELATIVITÉ GÉNÉRALE

Le point de départ de la cosmologie contemporaine est la théorie de la relativité générale : c'est elle qui a permis, en effet, la construction de modèles d'Univers constituant le cadre dans lequel se posent actuellement les grands problèmes cosmologiques. Cette théorie élaborée par Einstein, au début du siècle, directement après le développement de la relativité restreinte, est une théorie du champ de gravitation qui visualise ce phénomène d'une tout autre manière que la théorie de Newton : alors que pour Newton, la gravitation était une force agissant de manière instantanée entre deux corps, pour Einstein, la gravitation est intimement liée à la nature de l'espace et du temps, ceux-ci pouvant être déformés sous son action.

Cette idée de déformation de l'espace et du temps, qui est encore souvent considérée aujourd'hui comme mystérieuse n'est, en fait, nullement ésotérique, ni difficile à saisir : elle découle directement d'une expérience très simple et, depuis, très célèbre, réalisée par Galilée à la tour de Pise, en 1600. Cette expérience montre que deux objets de masse différente, lâchés au même moment au sommet de la tour, arrivent au sol exactement au même instant (pour autant que l'expérience ait été réalisée dans des conditions idéales de vide parfait). Par conséquent, il est possible d'annuler la force de gravitation agissant sur un corps : il suffit que celui-ci soit en chute libre. Il est bien connu, en effet, qu'un observateur en chute libre dans un champ de gravitation a l'impression de ne pas avoir de poids : c'est la fameuse sensation d'apesanteur, la force d'inertie orientée vers le haut (puisque agissant dans le sens opposé à l'accélération) compensant exactement la force de gravitation dirigée elle vers le bas. Pour le physicien, le message de l'expérience de Galilée est que gravitation et inertie sont des phénomènes de même nature.

Imaginons, à présent, l'expérience suivante[1] : dans un ascenseur dont on a coupé le câble et qui est donc en chute libre dans le champ de gravitation de la terre, nous disposons quatre objets en losange (sans aucun lien matériel entre eux) (voir fig. 2.1). En accord avec le résultat de l'expérience de Galilée, ces quatre objets vont tomber avec la même vitesse que l'ascenseur et la forme initiale du losange ne devrait donc pas se modifier. Cependant, la terre n'étant pas plate, la direction de la verticale change de point en point, si bien que les deux objets extrêmes vont se rapprocher en tombant vers le centre de la terre, qui joue le rôle de centre attracteur. Quant à l'objet à la base, étant plus proche du centre de la terre que l'objet au sommet, il est soumis à une force de gravitation plus intense que ce dernier, en vertu de la loi de Newton; par conséquent, il tombera un peu plus vite que celui au sommet, le retard de celui-ci ne faisant que s'accroître au cours du temps. Ainsi donc, la forme initiale du losange se modifie graduellement; elle s'allonge tout en se rétrécissant progressivement et, au centre de la terre, elle devrait être infiniment allongée et complètement aplatie. Les forces responsables de cette modification sont dues au caractère inhomogène du champ de gravitation terrestre, celui-ci variant de point en point : dans le langage newto-

1. P. C. W. Davies, *The Edge of Infinity*, M. Dent, Londres, 1981, Chapitre 1.

nien, elles sont appelées forces de marée, car ce sont des forces de ce type qui sont responsables des marées, dans le cas du système terre-lune.

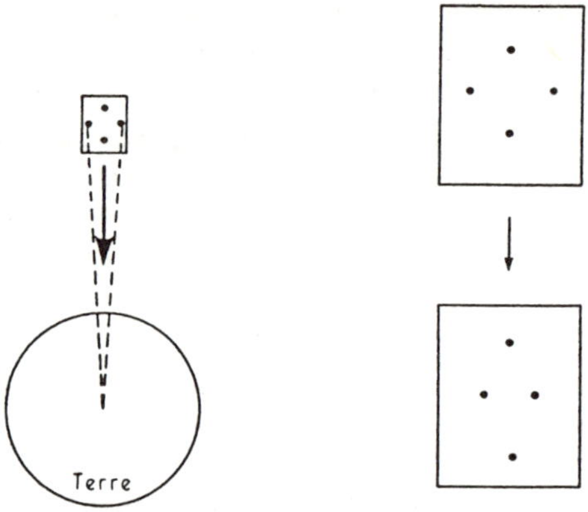

Fig. 2.1 : *Suite à la nature inhomogène du champ de gravitation de la terre (matérialisée notamment par le non-parallélisme des normales à la surface terrestre), la forme initiale du losange constitué par quatre objets situés en ses sommets se modifie progressivement lors de la chute de l'ascenseur. Cette déformation a été attribuée par Einstein à la courbure de l'espace-temps provoquée par le champ de gravitation créé par la masse terrestre.*

Mais, du fait que tous les corps, quelles que soient leur masse et leur composition, réagissent de la même manière sous l'effet d'un champ de gravitation, nous commençons à soupçonner que ce qu'on appelle « force de gravitation » est, en fait, bien différent d'une force, au sens habituel du terme. En effet, la modification de la forme de notre losange ne peut manifestement pas être attribuée à une propriété des objets qui le matérialisent, puisque n'importe quel corps en chute libre subirait exactement la même déformation. Il paraît, dès lors, beaucoup plus naturel de la considérer comme une propriété de l'espace ; c'est l'espace qui est déformé : l'objet en forme de losange ne fait que glisser librement dans l'espace courbe.

Ce fut là la grande idée d'Einstein : abolir la vision de la gravitation en tant que force et la remplacer par une description en termes de géométrie de l'espace. Sa théorie de la relativité générale explicite quantitativement cette idée révolutionnaire.

En relativité générale, cependant, lorsqu'on parle de géométrie, il s'agit de celle d'un espace à quatre dimensions, qui constitue le tissu de notre Univers, avec trois dimensions d'espace et une de temps. La donnée de quatre coordonnées (donc de quatre nombres), trois d'espace et une de temps, permet, en effet, de localiser n'importe quel événement dans l'Univers. L'espace à quatre dimensions correspondant est appelé **espace-temps.** Il est courbé sous l'influence de la gravitation. La réalité de cet effet qui se manifeste localement, par exemple, par la courbure des rayons lumineux émis par les étoiles et défléchis lorsqu'ils passent au voisinage du soleil, a été mise en évidence au cours d'une éclipse solaire par Eddington, dès 1919 (voir fig. 2.2.). Les mesures se révélèrent en plein accord avec les prévisions quantitatives de la relativité générale.

Visualiser un espace courbe est assez facile lorsque celui-ci est à deux dimensions : l'exemple le plus simple, mais néanmoins très instructif, est celui de la surface d'une sphère plongée dans l'espace habituel à trois dimensions. A trois dimensions et, a fortiori, à quatre dimensions, il nous est impossible de visualiser un espace courbe, car il faudrait le plonger, respectivement dans un espace à au moins quatre et à cinq dimensions. Par contre, du point de vue du mathématicien, la description d'un espace courbe à trois, quatre et même plus de dimensions, se fait exactement de la même manière que celle d'un espace à deux dimensions : elle constitue la branche des mathématiques appelée géométrie riemannienne. La géométrie d'une surface courbe est très différente de celle du plan euclidien : ainsi, par exemple, sur la surface de la sphère, la somme des angles d'un triangle constitué d'arcs de grands cercles est supérieure à 180°, alors qu'en géométrie euclidienne, la somme des angles d'un triangle plan est exactement égale à 180°.

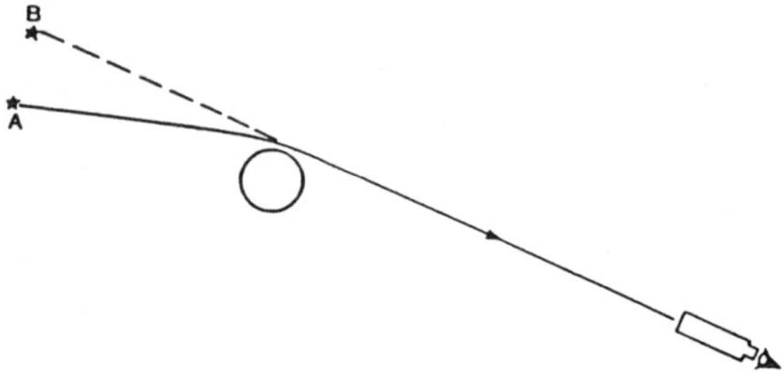

Fig. 2.2 : *Les rayons lumineux émis par l'étoile A sont courbés lorsqu'ils passent au voisinage du Soleil, si bien que l'observateur terrestre attribue à l'étoile la position B, légèrement différente de A. Cet effet ne peut être mis en évidence qu'au cours d'une éclipse solaire.*

Il peut subsister, malgré tout, encore un certain malaise face au concept d'espace courbe. Dans le cas de la surface d'un ballon, nous savons ce qui est courbé, c'est la membrane de caoutchouc constituant le ballon ; mais qu'est-ce qui, dans le cas de l'espace, peut bien être courbé puisque l'espace réel n'a lui, manifestement, aucune consistance matérielle ? En fait, et c'est là probablement une des plus grandes découvertes scientifiques du XXe siècle, l'espace-temps, comme l'a suggéré le premier Einstein, est, en quelque sorte, une substance qui, à bien des égards, ressemble à un bloc de caoutchouc, emplissant les espaces entre les corps. Bien que nous ne puissions ressentir aucun effet de notre présence dans l'espace ou toucher l'espace comme nous touchons un corps matériel, l'espace, selon la conception einsteinienne, peut être déformé, courbé, étiré, comme dans le cas de l'expansion de l'Univers, et même tordu, voire déchiré, comme au cours de l'effondrement catastrophique d'une étoile massive sur elle-même, conduisant à un trou noir ; le temps peut, lui aussi, être étiré.

Dans la théorie de la relativité générale, c'est la matière présente dans l'Univers qui détermine la courbure de l'espace-temps ; les équations qui permettent cette détermination sont appelées les **équations du champ d'Einstein :** il s'agit de dix équations d'une structure mathématique complexe. Les particules en chute libre suivent des trajectoires particulières de la géométrie spatio-temporelle, appelées géodésiques, qu'on pourrait visualiser comme des rigoles de l'espace-temps. Les géodésiques de la surface d'une sphère sont les grands cercles, celles du plan euclidien, les droites habituelles.

Dans le cas de champs de gravitation faibles et pour des vitesses des corps petites par rapport à celle de la lumière, la théorie de la relativité générale se réduit à celle de Newton : c'est ainsi que pour calculer, par exemple, les orbites des planètes autour du soleil ainsi que de la lune et des satellites artificiels autour de la terre, on continue à utiliser la mécanique céleste basée sur la théorie de Newton.

La raison du rôle capital que joue le phénomène de gravitation et, en particulier, la théorie de la relativité générale en cosmologie, alors que l'interaction gravitationnelle est, de loin, la plus faible des interactions connues en physique, a déjà été mentionnée dans le contexte de la théorie newtonienne. Ce sont les propriétés fondamentales de la gravitation, c'est-à-dire son caractère universel et cumulatif et le fait qu'elle soit toujours attractive, ainsi que la présence d'énormes quantités de matière dans les grandes structures cosmiques et donc dans l'Univers entier, qui expliquent pourquoi l'étude de la structure globale de l'Univers (à part, ses toutes premières phases) relève exclusivement de la relativité générale.

2.2. FRIEDMANN, ROBERTSON, WALKER ET LES PREMIERS MODÈLES ÉVOLUTIFS

L'Univers constitue donc, selon la relativité générale, un espace continu à quatre dimensions, l'espace-temps, rempli de matière et d'énergie. C'est la distribution de matière et d'énergie dans l'Univers qui détermine la structure géométrique de l'espace-temps, via les équations du champ d'Einstein : la géométrie spatio-temporelle, solution de ces équations, est typiquement riemannienne (non euclidienne), c'est-à-dire courbe.

Malheureusement, les équations d'Einstein sont extrêmement difficiles à résoudre et, aujourd'hui encore, leur solution générale n'est pas connue. Mais, si on veut les appliquer à l'Univers dans son ensemble, du moins dans son état actuel, on peut se permettre des simplifications justifiées, tout à fait providentielles. La première consiste à adopter le **principe cosmologique,** selon lequel nous n'occupons pas dans l'Univers une position privilégiée qui se distinguerait en moyenne de toutes les autres : si on suppose ainsi que les propriétés de l'Univers sont les mêmes en tout point, à un instant donné, on qualifie l'Univers de **spatialement homogène.** De plus, on postule que l'Univers est **isotrope,** c'est-à-dire qu'il possède les mêmes propriétés dans toutes les directions autour de nous et il en sera alors de même par rapport à tout point.

Ce principe cosmologique n'a pas, en fait, le statut d'un véritable principe physique comme, par exemple, le principe de conservation de l'énergie. Tout au plus, peut-on le considérer comme une hypothèse de travail que l'observation devra se charger de confirmer ou d'infirmer. Il s'agit certainement d'une hypothèse assez forte puisque, ne pouvant réellement observer qu'une partie de l'Univers, nous postulons cependant que toutes les régions que nous n'avons pas encore pu observer ou que nous ne pourrons jamais observer sont, en moyenne, exactement les mêmes que notre environnement cosmique. Aussi, certains cosmologistes comme Ellis considèrent-ils l'hypothèse d'homogénéité spatiale de l'Univers comme une hypothèse **a priori,** de nature purement philosophique, puisque invérifiable expérimentalement.

La seconde hypothèse à la base des modèles cosmologiques relativistes orthodoxes consiste à supposer que l'Univers est rempli d'un gaz matériel, dont les constituants élémentaires actuels seraient les galaxies ou même les amas de galaxies.

Ces deux hypothèses, introduites dans les équations du champ d'Einstein, conduisent de manière univoque aux **modèles d'Univers dits de Friedmann-Robertson-Walker**[2] : ils ont été obtenus, en 1923, par le météorologiste russe Friedmann et, en 1935, par les physiciens américains, Robertson et Walker. Ces modèles quadridimentionnels possèdent, à tout instant, une géométrie spatiale (c'est-à-dire à 3 dimensions) caractérisée, en vertu du principe cosmologique, par un rayon de courbure (l'équivalent du rayon de la surface sphérique) identique en tout point, mais la propriété essentielle de ces surfaces tridimensionnelles est que leur rayon de courbure varie au cours d'un temps commun à tous les observateurs dans l'Univers, appelé temps cosmique.

Si l'on suppose la pression du gaz de galaxies nulle, ce qui est une excellente approximation pour l'Univers actuel, vu que les galaxies n'interagissent pratiquement pas entre elles (leur vitesse d'agitation aléatoire est, en effet, très faible vis-à-vis de la vitesse de la lumière), on peut résoudre exacte-

2. A. Friedmann, Zeitschrift für Physik, *10,* 1922, p. 377. H. Robertson, Reviews of Modern Physics, *5,* 1933, p. 62. Pour plus de détails sur les propriétés géométriques des modèles de Friedmann-Robertson-Walker, voir : C. W. Misner, K. S. Thorne et J. A. Wheeler, *Gravitation,* Freeman, San Francisco, 1973, Chapitre 27. S. Weinberg, *Gravitation and Cosmology : Principles and Applications of the General Theory of Relativity,* Wiley, New York, 1972, Chapitre 14. On trouvera un exposé plus accessible de la géométrie des modèles cosmologiques dans les ouvrages suivants : *Aux confins de l'Univers : Faut-il croire au Big Bang ?,* coordonné par J. Schneider, Fayard, Fondation Diderot, Paris, 1987, et principalement l'article de J.-P. Luminet : *Géométries de la variété l'Univers,* p. 105. E. R. Harrison, *Cosmology-The Science of the Universe,* Cambridge University Press, Cambridge, 1981, Chapitres 7 et 15. L'ouvrage de J. Merleau-Ponty, *Cosmologie du XXe siècle,* Gallimard, Paris, 1965, constitue une excellente étude des aspects épistémologiques et historiques des théories cosmologiques relativistes et essentiellement des modèles de Friedmann-Robertson-Walker.

ment les équations du champ. On obtient alors trois types possibles de modèles d'Univers spatialement homogènes et isotropes, c'est-à-dire vérifiant le principe cosmologique.

— Il y a, tout d'abord, le modèle de **courbure constante positive** ; dans ce cas, l'espace est **sphérique** et **fermé** ; son volume est **fini** (c'est l'analogue tridimensionnel de la surface sphérique). Ce type de géométrie est caractérisé par la somme des angles d'un triangle supérieure à 180°.

— Quant au modèle à **courbure spatiale constante négative,** il est de type **hyperbolique** ; il est **ouvert** et de volume **infini.** Une représentation à deux dimensions de ce modèle est plus difficile à imaginer que dans le cas précédent : ce pourrait être, par exemple, une surface infinie qui serait partout localement semblable à une selle de cheval. La somme des angles d'un triangle y est inférieure à 180°.

— Le troisième modèle possible, intermédiaire entre les deux précédents, est à **courbure spatiale nulle :** il s'agit du modèle **euclidien ouvert,** dit d'**Einstein-de Sitter** ; sa géométrie spatiale est la géométrie euclidienne habituelle ; son volume est infini. Une représentation à deux dimensions de cet espace de courbure nulle est évidemment le plan infini.

La caractéristique tout à fait révolutionnaire de ces modèles de Friedmann-Robertson-Walker est qu'ils sont globalement en **évolution,** puisque leur rayon de courbure spatiale varie au cours du temps cosmique. D'un point de vue théorique, les deux types d'évolution (expansion ou contraction) sont possibles ; c'est à l'observation astronomique de trancher : elle l'a fait, depuis les travaux de Hubble que nous examinerons plus loin, en faveur de l'expansion, du moins pour l'Univers actuel.

Dans le cas du modèle fermé de géométrie sphérique, cette expansion ne doit pas durer indéfiniment ; elle devra se ralentir, s'arrêter et être suivie d'une phase de contraction symétrique : c'est, en tout cas, ce que prédit la relativité générale pour les modèles fermés vérifiant le principe cosmologique (voir fig 2.3). Une bonne représentation à

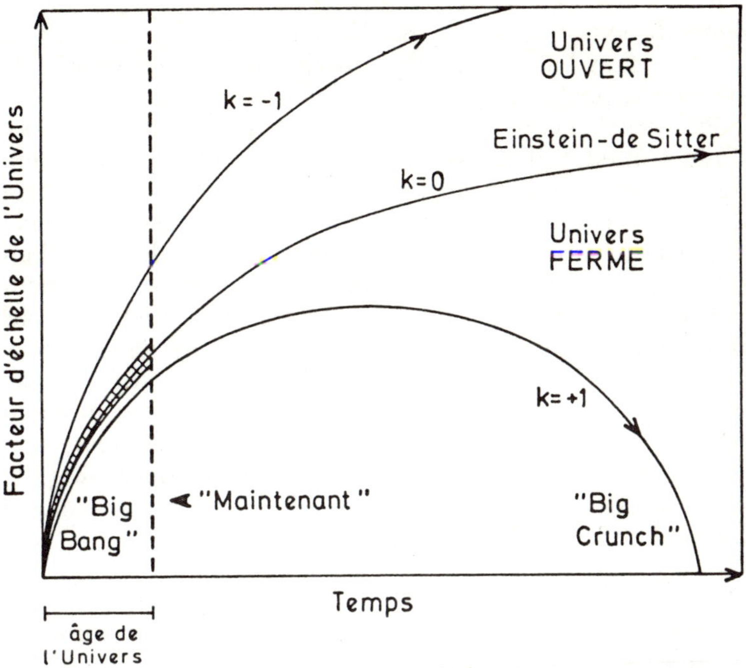

Fig. 2.3 : *Les modèles cosmologiques spatialement homogènes et isotropes (c'est-à-dire de Friedmann-Robertson-Walker) sans constante cosmologique peuvent être classés, du point de vue de l'évolution temporelle de leur taille, en deux grands types : d'une part, ceux pour lesquels l'expansion est perpétuelle, c'est-à-dire les modèles de géométrie spatiale ouverte (caractérisée par un paramètre de courbure $k = -1$) et ceux de géométrie spatiale plane, c'est-à-dire les modèles d'Einstein-de Sitter ($k = 0$) et, d'autre part, ceux de géométrie spatiale sphérique, pour lesquels l'expansion se ralentit, s'arrête et est suivie d'une phase de contraction symétrique ($k = 1$). Diverses observations suggèrent que l'Univers actuel se situe dans la zone hachurée, à cheval sur la courbe $k = 0$, mais très proche de cette courbe (donc d'un modèle d'Einstein-de Sitter).*

Tous ces modèles sont passés, il y a un temps fini (estimé à quinze milliard d'années) par une **singularité,** *baptisée «* **Big Bang** *» et caractérisée par une densité de matière et une courbure infinies. La théorie prévoit que les modèles fermés doivent se recontracter vers une singularité de même type, baptisée «* **Big Crunch** *».*

deux dimensions de ce modèle fermé est fournie par la surface d'un ballon que l'on gonfle, puis dégonfle afin de simuler le phénomène d'expansion-contraction.

Par contre, l'expansion des modèles ouverts, soit hyperbolique, soit euclidien, est perpétuelle ; elle se ralentit, cependant, progressivement au cours du temps. La vitesse d'expansion ne s'annulera jamais dans le cas du modèle hyperbolique ; au contraire, pour le modèle euclidien d'Einstein-de Sitter, elle devrait tendre asymptotiquement vers zéro à l'infini (voir fig. 2.3). Ce type d'évolution n'est pas modifié qualitativement quand la pression du gaz matériel emplissant l'Univers n'est pas nulle, ce qui est le cas au cours des premières phases de son expansion, au moment où, comme nous le verrons, l'Univers était tellement comprimé que sa pression ne pouvait plus être négligée ; seul, est différent alors le taux d'expansion de l'Univers par rapport au modèle à pression nulle.

2.3. EINSTEIN, L'UNIVERS STATIQUE ET LA CONSTANTE COSMOLOGIQUE.

D'un point de vue historique, il est intéressant de noter, cependant, que le tout premier modèle cosmologique élaboré dans le cadre de la relativité générale, l'a été par Einstein[3] lui-même et ce, dès 1917 ; ce modèle était sphérique et fini, mais aussi statique, en ce sens que son rayon ne variait pas avec le temps. La possibilité d'un Univers fini représentait, en 1917, un bouleversement des concepts en vogue alors : il était, en effet, impensable, depuis le XVIe siècle, que l'Univers pût ne pas être infini. Par contre, le fait, pour Einstein, d'avoir imposé **a priori** un caractère statique à son modèle était en accord avec le préjugé philosophique mentionné précédemment, selon lequel l'Univers devrait

3. A. Einstein, Sitzungsberichte der königlichen preussischen Akademie der Wissenchaften zu Berlin, *VI*, 1917, p. 142.

être intemporel. D'ailleurs, pour obtenir ce résultat, Einstein avait dû introduire dans ses équations un terme supplémentaire — toujours compatible, cependant, avec les principes de base de la relativité générale — contenant une nouvelle constante, appelée depuis **constante cosmologique.** Dans le modèle d'Einstein, cette constante, supposée positive, a un effet répulsif qui s'oppose à la tendance à l'effondrement de cette gigantesque sphère matérielle sous l'action de son champ de gravitation : sa valeur est ajustée de manière à assurer un équilibre parfait entre ces deux forces, ce qui induit le caractère statique du modèle. Nous aurons l'occasion de revenir plus loin sur le statut de cette constante cosmologique, qui a suscité pas mal de controverses et n'a pas encore été réellement élucidé à l'heure actuelle.

2.4. LEMAÎTRE, HUBBLE ET L'EXPANSION DE L'UNIVERS

C'est cependant au chanoine Lemaître que revient le mérite d'avoir fait sortir l'Univers en expansion du domaine de la pure abstraction. En effet, le travail de Friedmann était purement théorique : Friedmann avait bien démontré l'existence de modèles non statiques, dans le cadre de la relativité générale, mais il ne s'était pas soucié des éventuelles conséquences pour l'observation astronomique d'un modèle non statique. Quelques années plus tard, en 1927, dans un travail intitulé : « Un Univers homogène de masse constante et de rayon croissant, rendant compte de la vitesse radiale des nébuleuses extragalactiques[4] », Lemaître proposait un modèle d'Univers relativiste en expansion qui prévoyait le phénomène de décalage vers le rouge des raies spectrales des galaxies, identique à celui dont Hubble allait, en 1929,

4. G. Lemaître, Annales de la Société Scientifique de Bruxelles, *47* A, 1927, p. 49. O. Godart et M. Heller, *Cosmology of Lemaître,* Pachart Publishing House, Tucson, 1985.

apporter la preuve irréfutable de l'existence. Cette solution des équations du champ de la relativité générale appartenait, en fait, à la classe des modèles de Friedmann, mais Lemaître l'ignorait à cette époque, n'ayant pas eu connaissance des travaux de celui-ci. Dès 1927, la problématique de la cosmologie contemporaine était donc fixée : la science prenait à son compte, sans cependant pouvoir encore y apporter de réponse définitive, les questions jusqu'alors purement philosophiques de la finitude ou de l'infinitude de l'Univers, de son commencement, de son évolution globale et de son éternité : la réponse à ces questions appartenait désormais à l'observation astronomique.

Dans ce domaine, Hubble[5], en 1929, après plusieurs années de mesures de spectres de galaxies, mettait en évidence l'existence d'un décalage vers le rouge (« redshift ») systématique des raies spectrales des galaxies, décalage augmentant d'ailleurs proportionnellement à la distance de ces objets : cette loi purement observationnelle porte le nom de **loi de Hubble** et la constante de proportionnalité qui y intervient est appelée **constante de Hubble** (voir fig. 2.4) : il s'agit, en fait, d'une constante spatiale, c'est-à-dire identique en tout point de l'Univers à un instant donné, mais non temporelle, car elle peut, en principe, varier au cours du temps.

Lemaître, deux ans plus tôt, avait déjà expliqué un tel décalage vers le rouge en termes d'un effet Doppler causé par l'éloignement systématique des galaxies, dû à une expansion de l'Univers en bloc. Cet effet Doppler est bien connu dans le cas des ondes sonores : un signal sonore émis par un corps en mouvement sera perçu plus aigu ou plus grave par un auditeur fixe, suivant que la source sonore se rapproche ou s'éloigne de celui-ci. Il en va de même pour une source de rayonnement électromagnétique et donc, en particulier, visible, en mouvement ; dans ce cas, la longueur

5. E. P. Hubble, Proceedings of the National Academy of Sciences of U.S.A., *15*, 1929, p. 169.

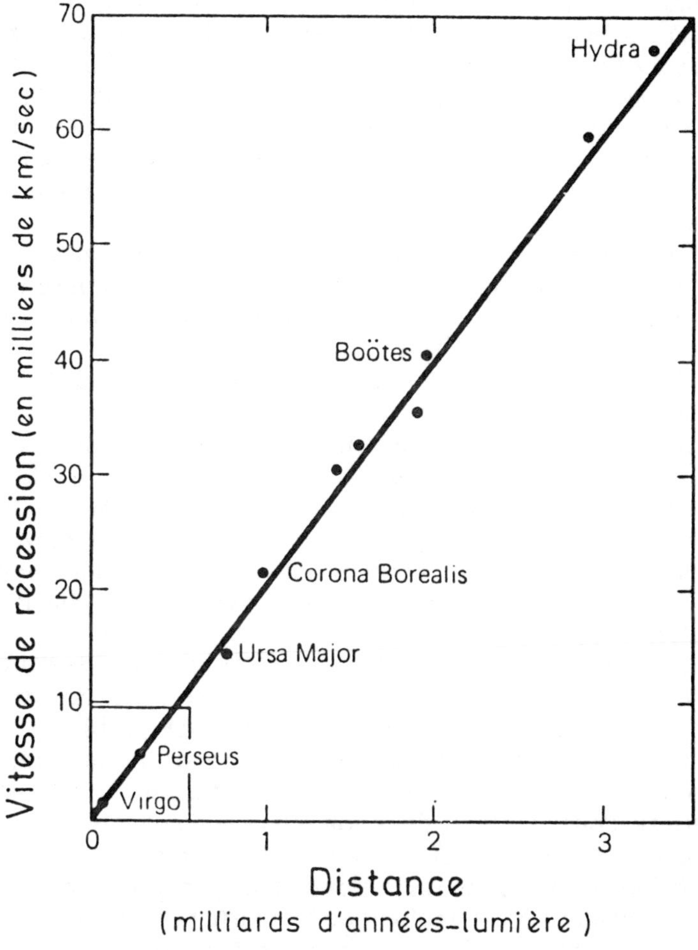

Fig. 2.4 : *Illustration de la* **loi de Hubble.** *La relation entre la vitesse de récession (proportionnelle au décalage vers le rouge) d'une série de galaxies et la distance de ces objets se présente sous la forme d'une droite, dont la pente fournit la* **constante de Hubble.** *La partie du diagramme construite en 1929 par Hubble se situe dans le coin inférieur gauche.*

d'onde du rayonnement reçu par l'observateur fixe diminue (décalage vers le violet) ou s'accroît (décalage vers le rouge) dans les mêmes conditions, respectivement, que dans le cas de la source sonore. Non seulement, l'interprétation qualitative du décalage vers le rouge des raies spectrales des galaxies était présente dans le modèle de Lemaître, mais aussi la loi quantitative de Hubble en découlait très aisément.

Cette loi de Hubble apparaissait donc comme la première loi de physique de portée cosmologique et, aujourd'hui encore, elle reste la loi observationnelle fondamentale à la base de tout modèle d'Univers.

L'importance du phénomène d'**expansion de l'Univers** — pour autant évidemment qu'il constitue l'explication correcte du décalage vers le rouge des raies spectrales des galaxies — est telle qu'il vaut la peine de s'attarder quelque peu à essayer d'en comprendre la signification réelle. En effet, l'existence d'une évolution dynamique de l'Univers sous-tend toutes les recherches actuelles en cosmologie et ses implications métaphysiques sont évidemment considérables.

En réalité, l'acceptation de l'idée de l'expansion de l'Univers dans le monde scientifique ne s'est faite que très progressivement et très difficilement et le problème de l'interprétation de la loi de Hubble, dès sa découverte, a suscité de nombreuses controverses. C'est ainsi que Jacques Merleau-Ponty écrivait dans son ouvrage épistémologique : « Cosmologie du XXe siècle [6] » : « Avec le recul du temps, mille indices deviennent visibles que la science a dû franchir là un " obstacle épistémologique " de forte taille et que, sans doute, elle n'a pas fini de le franchir. Qu'il suffise, pour le moment, de noter non seulement l'acharnement insolite contre l'idée de l'expansion de savants de réputation mondiale dans leur spécialité, comme F. Zwicky, mais encore la réserve de l'inventeur même du " red-shift ", du grand

6. J. Merleau-Ponty, *Cosmologie du XXe siècle*, op. cit., p. 28-29.

Hubble. » En effet, Hubble lui-même n'était pas tout à fait convaincu de la véracité de l'interprétation cinématique (en termes d'effet Doppler) des décalages vers le rouge ; s'il s'y est finalement rallié, c'est en restant cependant ouvert à une explication qui lui aurait paru meilleure. Les explications rivales de l'interprétation cinématique des décalages vers le rouge, proposées à ce jour, sont, en fait, pratiquement toutes basées sur l'hypothèse du vieillissement de la lumière au cours de son trajet à travers l'espace intergalactique. Le « red-shift » apparaît alors comme une propriété de la lumière elle-même et correspond à une perte d'énergie des photons. Aucune des théories du vieillissement proposées jusqu'à présent n'a cependant pu rendre compte de manière satisfaisante de toutes les caractéristiques du phénomène observé : elles sont souvent incohérentes du point de vue théorique et la plupart font prévoir dans le rayonnement des objets extragalactiques des effets importants (comme un certain flou de l'image des objets distants) qui n'ont jamais été observés. Il est vrai que les contraintes observationnelles sur toute théorie visant à expliquer le décalage vers le rouge sont très strictes : ainsi, on a pu montrer, dans le cas des raies d'absorption d'un objet extragalactique particulier (une radio-source de type BC Lacertae) que le « red-shift » était exactement le même sur une échelle de longueurs d'onde allant du visible à la raie hyperfine de l'hydrogène neutre à 21 cm, c'est-à-dire sur une gamme de longueurs d'onde égale à 400 000 fois la longueur d'onde de la région centrale du visible ! Il y a quelques années, cependant, cette controverse sur l'interprétation du « red-shift » est revenue à la surface, suite aux travaux de Pecker, Vigier et de leur groupe. Ceux-ci ont tenté d'expliquer les décalages vers le rouge à l'aide d'un nouveau type de mécanisme de fatigue de la lumière, basé sur l'existence d'un type de particule hypothétique de masse très faible, quelque peu semblable au photon. Ce mécanisme conduit alors à un modèle statique pour l'Univers. Cet essai de ressusciter un Univers statique et éternel, probablement motivé, en grande partie, par le désir d'éviter les conséquences philosophiques voire théologiques qu'entraîne un Univers ayant connu un commencement (pour autant que celui-ci soit réellement absolu), paraît aujourd'hui infructueux.

Actuellement, à part quelques francs-tireurs, la grande majorité de la communauté scientifique admet l'interprétation cinématique du « red-shift » des galaxies, impliquant donc l'expansion de l'Univers. Jacques Merleau-Ponty[7] écrivait déjà en 1965 : « On peut dire maintenant que cette controverse n'a plus qu'un intérêt historique ; le ralliement officiel de la science soviétique, en la personne d'Ambartsumian, à l'idée de l'expression du système des galaxies fut, en 1958, le signe certain que la cause était entendue. » L'astronome Couderc[8], quant à lui, jugeait très sévèrement, dès 1950, toute tentative d'éviter un Univers évolutif en expansion en interprétant le « red-shift » dans le cadre d'un Univers statique : « La vanité, la stérilité des efforts faits depuis vingt ans pour combattre la récession est caractéristique d'une mauvaise discipline intellectuelle. Chercher une interprétation **ah hoc,** vouloir écarter un phénomène hautement suggéré par l'observation parce qu'il conduit à des conclusions " trop grandes " est assurément contraire à toute méthodologie scientifique véritable. »

Le phénomène d'expansion de l'Univers n'en reste pourtant pas moins difficile à saisir conceptuellement. La meilleure façon de le comprendre intuitivement est de reprendre le modèle bidimensionnel de la surface du ballon que l'on gonfle et d'y représenter les galaxies (ou les amas de galaxies) par de petites taches. Lorsque le rayon du ballon croît, les taches, donc les galaxies, se fuient les unes par rapport aux autres avec des vitesses apparentes d'autant plus grandes qu'elles sont éloignées les unes des autres et, en

7. *Ibid.*, p. 29.
8. P. Couderc, *L'expansion de l'Univers*, Presses Universitaires de France, Paris, 1950, p. 86.

fait, directement proportionnelles à leur distance. Ainsi, se trouve aussi simulée la loi de Hubble.

Ce phénomène d'expansion doit, d'autre part, s'observer de la même manière à partir de n'importe quelle galaxie et ce, en vertu du principe cosmologique : aucun point de l'espace ne joue un rôle particulier.

Ce mouvement d'expansion est, en réalité, très différent d'un mouvement au sens ordinaire du terme. En effet, dans le cas d'un mouvement ordinaire d'un objet, celui-ci se déplace par rapport à son environnement immédiat. Rien de tel dans le cas du mouvement d'expansion de l'Univers : une galaxie ne se déplace pas par rapport à la matière voisine, car celle-ci est animée du même mouvement d'expansion.

Ce serait, d'autre part, une très mauvaise image de se représenter ce phénomène comme le résultat de l'explosion mécanique d'une boule de matière dans un espace vide environnant. Au contraire, il n'existe pas, pour l'Univers, d'espace environnant dans lequel il pourrait exploser ; c'est l'espace tout entier qui est en expansion, qui est, en quelque sorte, étiré : on pourrait parler, à cet égard, de « création d'espace ». Selon les termes mêmes du chanoine Lemaître[9] : « Cette expansion ne doit pas être conçue comme une expansion dans quelque chose ; il n'y a rien d'autre que l'espace, c'est une expansion interne, une séparation progressive uniforme de tous les objets qui s'y trouvent. C'est une variation de la grandeur de l'espace. »

Il est aussi incorrect d'attribuer cette expansion à une cause physique agissant à l'intérieur de l'Univers comme, par exemple, une pression très élevée : en effet, dans un Univers spatialement homogène, la pression est la même partout, donc il ne peut pas exister de variation spatiale de pression qui engendrerait une force pouvant provoquer l'expansion de l'Univers.

Comme, dans le cadre de la relativité générale, la géométrie de l'Univers est considérée comme un champ physique

9. G. Lemaître, Revue des Questions Scientifiques, *138*, 1967, p. 153.

obéissant aux équations du champ d'Einstein, alors, selon le physicien John Wheeler[10], la meilleure façon de caractériser l'expansion de l'Univers, est de parler de « géométrie dynamique de l'Univers ».

Il serait évidemment hautement souhaitable de disposer de tests positifs directs de l'hypothèse de l'expansion de l'Univers, ne faisant pas appel au mécanisme du « redshift ». De tels tests, basés sur l'étude d'observations détaillées des propriétés physiques des galaxies et de supernovae extra-galactiques, certains déjà discutés en 1935 par Hubble et Tolman, ont été examinés ces dernières années. Les données observationnelles dont nous disposons ne semblent cependant pas encore suffisamment précises, si bien que les résultats de ces divers tests ne sont pas encore entièrement concluants, bien qu'apparemment favorables à l'hypothèse d'expansion de l'Univers.

Il est courant aujourd'hui d'affirmer qu'un argument important en faveur de l'expansion est fourni par le **« paradoxe du ciel nocturne »**[11]. Ce paradoxe, discuté principalement par Cheseaux en 1743 et par Olbers en 1823, est fondé sur la constatation qu'un Univers infini, statique et homogène, possédant donc une infinité d'étoiles, devrait contenir une telle quantité de lumière que le ciel nocturne devrait nous apparaître très brillant, ce qui est manifestement contraire à l'observation. Si le décalage spectral dû à l'expansion de l'Univers, ayant pour effet de réduire l'énergie des photons observés, a un rôle à jouer dans l'élucidation de ce paradoxe, ce n'en est pas la seule explication possible et aujourd'hui encore, il n'y a pas unanimité des astrophysiciens sur l'explication définitive du paradoxe du ciel nocturne : l'âge fini de l'Univers et le temps de vie trop faible des étoiles pour saturer l'Univers en rayonnement sont

10. C. W. Misner, K. S. Thorne et J. A. Wheeler, *Gravitation*, op. cit., p. 740.

11. Voir, par exemple, E. R. Harrison, *Cosmology-The Science of the Universe*, op. cit., Chapitre 12. E. R. Harrison, *Le noir de la nuit, une énigme du cosmos*, Editions du Seuil, Paris, 1990.

certainement aussi à prendre en considération dans l'explication de la noirceur du ciel nocturne.

Il existe cependant, comme nous le verrons, une série d'arguments indirects en faveur de la réalité de l'expansion qui montrent, en fait, que les conditions physiques de l'Univers ont dû être différentes dans le passé de ce qu'elles sont à présent : l'Univers a dû être plus condensé et plus chaud autrefois, ce qui n'est possible que s'il a subi depuis une expansion globale.

2.5. SINGULARITÉ INITIALE ET BIG BANG

Observons, à présent, sur la figure 2.3, les courbes donnant le comportement au cours du temps de la taille de l'Univers, plus précisément du facteur d'échelle, c'est-à-dire, de la séparation entre deux galaxies arbitraires (le terme « rayon » n'est, en toute rigueur, correct que dans le cas d'un modèle fermé) pour les trois types de modèles de Friedmann-Lemaître-Robertson-Walker (FLRW) : nous constatons, en suivant l'évolution à rebours, qu'une caractéristique essentielle, commune à tous ces modèles, est l'existence d'un état dit « singulier », situé à un temps fini dans le passé : à ce moment, l'Univers entier était comprimé en un point mathématique, baptisé **singularité**, car le facteur d'échelle correspondant y était nul et la densité de matière ainsi que la courbure de l'espace-temps, infinies. L'élucidation du statut de ce point singulier constitue un des problèmes majeurs de la cosmologie contemporaine, auquel il est impossible d'échapper si l'on veut tenter d'apporter une solution au problème du commencement de l'Univers.

L'état singulier, caractéristique des modèles FLRW, est « explosif » en ce sens que la vitesse d'expansion y est théoriquement infinie, ce qui n'est cependant pas en contradiction avec la limitation relativiste habituelle des vitesses à celle de la lumière, car le mouvement de récession des galaxies n'étant pas un mouvement propre physique, sa vitesse n'est dès lors pas soumise à cette limitation. L'expansion de l'Univers doit alors, dans le cadre de ces modèles, être considérée comme le résultat direct de cet état initial explosif. L'expression imagée « Big Bang », due à l'astrophysicien Fred Hoyle et très souvent utilisée aujourd'hui, caractérise un tel état initial d'un modèle cosmologique : point singulier, avec vitesse d'expansion infinie, situé à un temps fini dans le passé.

2.6. DÉCÉLÉRATION ET DESTIN DES UNIVERS FLRW

La concavité des courbes caractéristiques de l'évolution des trois types de modèles FLRW est tournée vers le bas, si bien que l'expansion de l'Univers est décélérée (voir fig. 2.3) : ce ralentissement est dû à la présence de matière dans l'Univers, dont le champ gravitationnel tend à s'opposer à l'expansion. Les théoriciens ont introduit un paramètre permettant de faire la distinction entre ces divers types de modèles. Cette distinction, peu importante en ce qui concerne les toutes premières phases d'expansion où les trois courbes tendent à se confondre est, par contre, cruciale pour ce qui est du problème du destin de l'Univers, directement lié au type de géométrie spatiale du modèle. Ce paramètre, appelé **paramètre de décélération** et désigné par q_0 (l'indice « 0 » représentant l'époque actuelle), mesure le taux de ralentissement de l'expansion de l'Univers. Ce paramètre qui varie, en général, au cours du temps, est positif pour tous les modèles FLRW, du moins avec constante cosmologique nulle ($\Lambda = 0$), ces modèles étant tous décélérés. C'est la valeur critique : 1/2 pour q_0, qui permet de discriminer les divers types de modèles FLRW. Si $q_0 > 1/2$, l'Univers est **fermé,** de géométrie spatiale sphérique ; il devra un jour s'effondrer vers un point singulier (« Big Crunch »). Par contre, $q_0 < 1/2$ caractérise des modèles **ouverts,** de géométrie spatiale hyperbolique, en expansion continuelle. La valeur critique correspond, elle, au modèle intermédiaire dit d'**Einstein-de-Sitter,** lui aussi en expansion perpétuelle, mais de géométrie spatiale euclidienne. Ainsi donc, les modèles FLRW avec $\Lambda = 0$ ont leur destin temporel et leur géométrie spatiale intimement liés et ce, de manière univoque (voir encadré p. 60).

Il est heureux que la théorie puisse relier ce paramètre, q_0, à une grandeur physique en principe observable, à savoir la **densité actuelle de l'univers,** désignée par ρ_0. Cette densité doit comprendre toutes les contributions possibles : matière des galaxies (aussi bien la matière lumineuse que la matière invisible), matière intergalactique, mais aussi éventuels trous noirs et même particules élémentaires, dont l'existence est prévue par la théorie mais qui n'ont pas encore pu être détectées : celles-ci pourraient même constituer la plus grande partie de la masse de l'Univers ! A la valeur critique du paramètre de décélération, $q_0 = 1/2$ correspond, comme le montre la théorie, une densité critique $\rho_{c,0}$, dont la valeur précise dépend de la constante de Hubble, H_0. Par conséquent, s'il y a assez de matière dans l'Univers, plus précisément, si $\rho_0 > \rho_{c,0}$ (ou bien, si $\Omega_0 = \rho_0 / \rho_{c,0}$, appelé **paramètre de densité,** est supérieur à 1), l'Univers est fermé ; dans le cas contraire, il est ouvert ; quant à l'Univers d'Einstein-de Sitter, il a exactement — et cela, à tout moment — une densité égale à la densité critique. Ainsi donc, par le biais de l'observation de la quantité de matière présente dans l'Univers, se voit offerte la possibilité de déterminer la géométrie et le destin de l'Univers.

2.7. ÂGE D'UN MODÈLE FLRW

Une autre propriété importante des modèles FLRW est leur âge, compté comme le temps, t, séparant la « singularité » à laquelle on associe la valeur $t = 0$, de l'instant actuel (voir fig. 2.3). Cet âge est toujours inférieur à l'inverse de la constante de Hubble, si bien que la connaissance de cette

LES MODÈLES FLRW (SPATIALEMENT HOMOGÈNES ET ISOTROPES) AVEC CONSTANTE COSMOLOGIQUE NULLE

q_0 = **paramètre de décélération** actuel du modèle FLRW
$q_0 \geq 0$ pour tous les modèles FLRW avec $\Lambda = 0$

$$q_0 = \frac{1}{2}\frac{\rho_0}{\rho_{c,0}}$$

ρ_0 = densité totale actuelle de matière énergie
$\rho_{c,0}$ = densité critique du modèle à l'instant actuel

$$\rho_{c,0} = \frac{3H_0^2}{8\pi G} = 1{,}88 \times 10^{-29} \left(\frac{H_0}{100}\right)^2 \text{ g/cm}^3$$

H_0 = **constante de Hubble** actuelle en km/(s.Mpc)
G = constante de la gravitation newtonienne

$$q_0 = \frac{1}{2}\,\Omega_0$$

avec : $\Omega_0 = \frac{\rho_0}{\rho_{c,0}}$ = **paramètre de densité**

Classification des modèles FLRW avec $\Lambda = 0$

$\rho_0 < \rho_{c,0}$	$\rho_0 = \rho_{c,0}$	$\rho_0 > \rho_{c,0}$
⇕	⇕	⇕
$q_0 < 1/2$	$q_0 = 1/2$	$q_0 > 1/2$
↓	↓	↓
Univers **ouvert** (infini) en **expansion** continuelle	Univers **ouvert** (infini) en **expansion** continuelle **(Einstein-de Sitter)**	Univers **fermé** (fini) d'abord en **expansion** puis en **contraction**
↓	↓	↓
géométrie spatiale de type **hyperbolique**	géométrie spatiale **plane** (ou **euclidienne**)	géométrie spatiale de type **sphérique**

constante nous fournit directement une limite supérieure à l'âge de l'Univers qui, pour des raisons de consistance du modèle, devra évidemment être confrontée à l'âge des objets les plus anciens présents dans l'Univers.

CHAPITRE III

LA COSMOLOGIE RELATIVISTE FACE A L'OBSERVATION

Le cadre théorique étant maintenant planté, le moment est venu d'examiner si les observations astronomiques de portée cosmologique peuvent apporter une réponse aux problèmes de l'âge de l'Univers, de sa géométrie globale, de son évolution et de son destin. Cette réponse est donc liée, dans le cadre de la cosmologie relativiste et plus particulièrement des modèles FLRW, à la connaissance de 3 nombres : H_0, q_0 et Ω_0 (les deux derniers étant directement proportionnels ($q_0 = 1/2\ \Omega_0$) si la constante cosmologique est réellement nulle).

3.1. L'HOMOGÉNÉITÉ SPATIALE DE L'UNIVERS

Avant tout, cependant, il convient de s'assurer que les hypothèses d'homogénéité spatiale et d'isotropie, à la base du principe cosmologique, donc des modèles FLRW, sont bien vérifiées par les observations actuelles.

Il est tout d'abord certain que notre Univers n'est pas parfaitement spatialement homogène : on y distingue, en effet, une hiérarchie de structures de différentes échelles, allant de la planète à l'amas de galaxies, en passant par l'étoile, l'amas d'étoiles et la galaxie. Du point de vue de la cosmologie, l'entité structurelle de base est la **galaxie,** ou peut-être même l'**amas de galaxies**, puisqu'un grand nombre de galaxies font partie d'amas, dont le nombre de constituants est variable (de quelques unités à plusieurs centaines), et dont la dimension caractéristique est de l'ordre de 3 millions d'années-lumière (c'est-à-dire environ 30 fois la taille moyenne d'une galaxie). Ainsi, notre galaxie fait partie d'un amas appelé le **groupe local** qui contient 27 galaxies — dont la principale (en masse), à part la nôtre, est Andromède, les autres étant des galaxies naines de masse 10 000 à 100 000 fois plus faible que celle de notre galaxie — et cet amas local fait lui-même partie d'une superstructure, appelée **superamas local**, contenant quelques dizaines d'amas et dont la taille caractéristique est de l'ordre de 100 millions d'années-lumière. Le centre du superamas local coïncide à peu près avec l'amas de la Vierge et notre galaxie y occupe une position excentrique. Tous les amas ne font cependant pas partie de superamas et, jusqu'il y a peu, il ne semblait pas exister de structures plus grandes.

Des observations récentes semblent indiquer cependant la présence dans notre Univers de gigantesques structures, appelées « le grand attracteur » et « le grand mur »[1]. Ainsi, le « grand mur » est un système comprenant des milliers de galaxies, se présentant sous la forme d'une immense membrane de 500 millions d'années-lumière d'extension, située à quelque 300 millions d'années-lumière de notre galaxie. Quant au « grand attracteur », il aurait à peu près la même envergure et son centre serait localisé à environ 150 millions d'années-lumière de notre galaxie, mais dans une direction différente (quasi opposée) de celle du « grand mur ».

Aussi, si la majorité des cosmologistes admet généralement que l'Univers actuel peut être considéré comme

1. Pour les caractéristiques du « grand attracteur », voir : D. Lynden-Bell, S. M. Faber, D. Burstein, R. L. Davies, A. Dressler, R. J. Terlevich et G. Wegner, The Astrophysical Journal, *326*, 1988, p. 19. A. Dressler, The Astrophysical Journal, 329, 1988, p. 519.

L'article suivant : M. J. Geller et J. P. Huchra, Science, *246*, 1989, p. 897 fait le point sur nos connaissances sur le « grand mur ».

spatialement homogène, ce ne peut être qu'à une échelle très grande, englobant nécessairement des régions de taille supérieure à celle des structures les plus vastes connues, celles-ci pouvant atteindre, au vu des dernières observations, une fraction non négligeable — un trentième au moins — de la taille de l'Univers observable, actuellement estimée à 15 milliards d'années-lumière.

Des inventaires détaillés de la distribution des galaxies sur des régions typiques de la sphère céleste (comme celui obtenu à l'aide de comptages de galaxies réalisées au Lick Observatory, incluant un million de galaxies s'étendant jusqu'à un milliard d'années-lumière) ont cependant récemment révélé que les superamas n'étaient pas distribués de manière uniforme : ils sont, en fait, essentiellement concentrés dans des structures en forme de filaments et de feuillets, minces par rapport à leurs séparations typiques de 100 à 400 millions d'années-lumière et entourant des régions de l'espace presque complètement dépourvues de galaxies lumineuses; de plus, ces filaments et feuillets ne sont pas peuplés uniformément : les grands amas riches et les superamas sont situés, de manière préférentielle, aux points d'interaction de ces structures. On pourrait comparer la strucutre fine cellulaire de la distribution des galaxies à l'image que l'on obtiendrait en effectuant une coupe à travers une éponge.

On constate cependant que, si l'on considère des régions suffisamment vastes, l'Univers, malgré sa structure fine manifestement hétérogène, présente à peu près la même apparence d'une région à l'autre, ce qui justifie l'hypothèse d'homogénéité à la base des modèles FLRW. Il n'en reste pas moins vrai que l'explication de la distribution particulière de la matière dans l'Univers constitue un des problèmes les plus importants, mais aussi l'un des plus difficiles de la cosmologie théorique contemporaine. Ce problème semble cependant avoir reçu récemment un début de solution encourageant.

L'hypothèse contraire, celle d'une hétérogénéité réelle de

l'Univers à grande échelle, a pourtant trouvé plusieurs défenseurs au cours des dernières années : ainsi, certains cosmologistes comme de Vaucouleurs ont adopté un modèle d'Univers non homogène, dit hiérarchisé, du type de celui proposé par Charlier entre 1908 et 1922 et dans lequel les galaxies sont groupées en amas, les amas en superamas et, ainsi de suite, jusqu'à l'infini, la densité moyenne de l'Univers pouvant éventuellement être nulle. Ce modèle n'est pas sans rappeler l'Univers hiérarchisé, conçu par Kant et Lambert, il y a plus de deux siècles. Les observations astronomiques dont nous disposons actuellement semblent cependant avoir définitivement sonné le glas pour ce type de modèle.

Le cosmologiste britannique Ellis[2] s'est livré récemment à un exercice intéressant : il a essayé de trouver des substituts non homogènes aux modèles FLRW en construisant, dans le cadre de la théorie de la relativité générale, des modèles à symétrie sphérique, centrés sur notre galaxie, l'un statique, d'autres en expansion et dans lesquels les variations temporelles présentes dans les modèles FLRW sont remplacées par des variations avec la distance par rapport à l'observateur central. Si le modèle statique est définitivement en désaccord avec l'observation (ce qui constitue, par le fait même, une vérification indirecte de l'expansion de l'Univers), certains parmi les modèles hétérogènes en expansion pourraient se trouver sur pied d'égalité avec les modèles FLRW, en ce qui concerne l'accord de leurs prédictions avec les observations : les modèles d'Ellis possèdent cependant leurs difficultés propres, notamment leur caractère artificiel souligné par l'introduction d'un certain nombre d'éléments invérifiables posés **ad hoc.**

Aujourd'hui, pour la grosse majorité des cosmologistes, l'homogénéité spatiale est considérée comme une propriété

2. G. F. R. Ellis, General Relativity and Gravitation, *9*, 1978, p. 87. — G. F. R. Ellis, R. Maartens et S. Nel, Monthly Notices of the Royal Astronomical Society, *184*, 1978, p. 439.

fondamentale de l'Univers observé ; aussi, se retrouve-t-elle à la base de la quasi-totalité des modèles cosmologiques relativistes étudiés actuellement, à l'exception peut-être de certains modèles qui ambitionnent de décrire l'évolution des toutes premières phases de l'Univers, celles proches de la singularité, qui auraient pu, éventuellement, être hétérogènes.

3.2. L'ISOTROPIE DE L'UNIVERS ET LE RAYONNEMENT FOSSILE A 2,7 KELVINS

Plus claire est la situation dans le cas de l'isotropie de l'Univers. Celle-ci est vérifiée avec une précision de quelques pour cent par les comptages des radiosources (c'est-à-dire les galaxies émettant dans le domaine radio) et par les mesures de la constante de Hubble dans diverses directions d'observation. Cependant, la meilleure preuve de l'isotropie de l'Univers est incontestablement celle qui découle des observations d'un rayonnement cosmique de fond à une température de 2,7 Kelvins (environ – 270° Celsius). La mise en évidence en 1964 de ce rayonnement, dans le domaine des ondes centimétriques, par les physiciens américains Penzias et Wilson constitue une découverte extrêmement importante, à mettre sur le même pied que celle de la loi de Hubble : elle est considérée aujourd'hui comme un des piliers des modèles de type Big Bang et est à l'origine du développement récent de la cosmologie physique.

C'est au printemps 1964 que Penzias et Wilson [3] détectè-

3. A. A. Penzias et R. W. Wilson, The Astrophysical Journal, *142*, 1965, p. 419. Pour des revues détaillées des aspects observationnels et théoriques du rayonnement cosmologique de fond, voir : R. Weiss, Annual Reviews of Astronomy and Astrophysics, *18*, 1980, p. 489. R. A. Sunyaev et Ya. B. Zel'dovich, Annual Review of Astronomy and Astrophysics, *18*, 1980, p. 537. On trouvera dans l'ouvrage suivant un excellent compte rendu de l'histoire de la découverte de ce rayonnement : S. Weinberg, *Les trois premières minutes de l'Univers*, Editions du Seuil, Paris, 1978.

rent, à l'aide d'une antenne des laboratoires de la Bell Telephone destinée à assurer la télécommunication avec le satellite Echo, un signal significatif, à une longueur d'onde de 7,35 centimètres. Ce signal devait se révéler indépendant de la direction d'observation et, de plus, il ne variait pas avec le temps, ni durant la journée, ni avec les saisons. Cette absence totale de variation directionnelle indiquait avec force que ces ondes radio ne provenaient ni de notre galaxie, ni d'un corps céleste, mais bien de l'Univers entier. Depuis, ce rayonnement a été exploré dans les ondes millimétriques à partir des couches supérieures de l'atmosphère et ce, par ballons et fusées : l'intensité et la forme spectrale mesurées ne laissent plus de doute sur son assimilation à un rayonnement de corps noir à la température de 2,7 Kelvins (voir fig. 3.1).

Par définition, le rayonnement de corps noir est un rayonnement dont la densité d'énergie, dans chaque intervalle de longueur d'onde, est la même que celle du rayonnement émis par un corps totalement absorbant chauffé à une température donnée. Ainsi, le rayonnement du corps noir est caractérisé par une distribution déterminée de l'énergie selon la longueur d'onde, donnée par une formule universelle qui ne dépend que de la température. Aux températures ordinaires, ce rayonnement ne s'étend pas au domaine de la lumière visible — d'où son nom de corps noir — mais à des longueurs d'onde bien plus élevées. Une augmentation de température déplace le rayonnement vers les longueurs d'onde plus courtes, comme le montre l'exemple du fer qui devient rouge lorsqu'on le chauffe, puis jaune-orange quand il entre en fusion. Le rayonnement du soleil peut, lui aussi, être assimilé grossièrement à celui d'un corps noir à la température d'environ 6 000 Kelvins, ce qui correspond à une émission prédominante dans le domaine de la lumière visible, débordant sur l'infrarouge et l'ultraviolet.

Comment alors le rayonnement cosmologique de corps noir à 2,7 K, observé dans l'Univers, a-t-il pu prendre naissance ? Sa température est actuellement bien trop faible

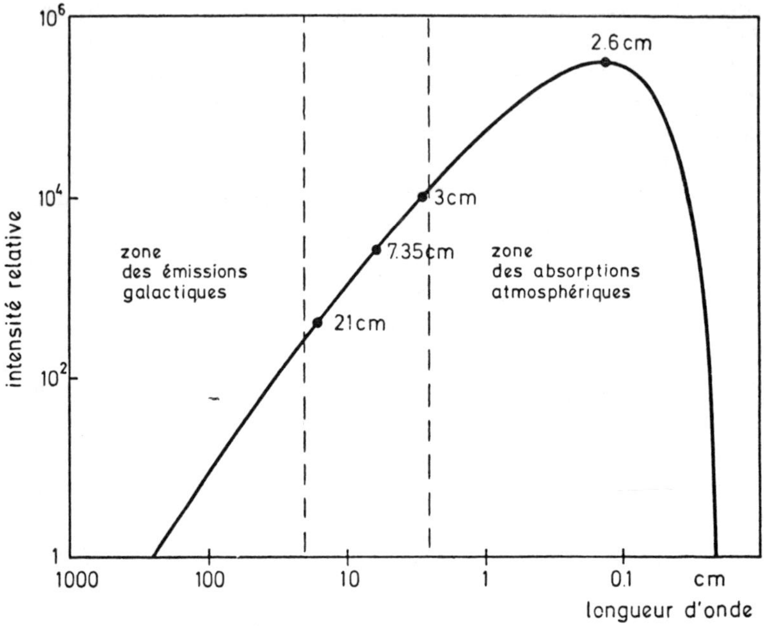

Fig. 3.1 : *Courbe théorique donnant l'intensité du rayonnement de corps noir à une température de 2,7 K, en fonction de la longueur d'onde. Cette courbe présente un maximum à 2,6 cm de longueur d'onde. L'observation originale de Penzias et Wilson a été effectuée à 7,35 cm, c'est-à-dire dans la « fenêtre » entre la zone des émissions galactiques et celle des absorptions par l'atmosphère terrestre. Les mesures à d'autres longueurs d'onde, et notamment au voisinage de 2,6 cm et dans les ondes millimétriques, réalisées à l'aide de ballons et de fusées à partir des couches atmosphériques supérieures, sont en excellent accord avec cette courbe théorique.*

pour que les photons qu'il contient puissent interagir de manière significative avec la matière présente dans l'Univers : celle-ci est, en effet, transparente à grande échelle pour le rayonnement et les photons peuvent se déplacer sans subir pratiquement aucune absorption ni diffusion. Mais, il n'en fut pas toujours ainsi... Adoptant un modèle de type Big

Bang, on est conduit, en remontant le temps, à admettre l'existence dans le passé d'une époque où la densité de matière était plus d'un milliard de fois la densité actuelle. La température était alors supérieure à 3 000 Kelvins et l'agitation thermique décomposait les atomes ou leurs constituants : les nucléons (protons et neutrons) et les électrons. Les collisions des neutrons, protons et électrons avec les photons étaient alors fréquentes. On estime ainsi que durant le premier million d'années qui suivit l' « explosion » originelle, les photons interagissaient avec la matière : l'Univers était alors opaque au rayonnement. Durant cette période, l'expansion était suffisamment lente pour que chaque particule présente (photon, électron ou nucléon) puisse être diffusée, absorbée et réémise un grand nombre de fois : le taux d'expansion était alors inférieur au taux des réactions entre ces particules. La physique statistique nous apprend que tout système dans lequel les particules ont le temps de réagir un grand nombre de fois finit par atteindre un état d'équilibre de nature statistique, appelé thermodynamique et caractérisé par une température définie, uniforme dans tout le système.

Le rayonnement cosmologique au-dessus de 3 000 Kelvins était donc celui d'un corps noir à la même température que la matière. Mais, lorsque, suite à l'expansion, la température est descendue en dessous de 3 000 Kelvins, les électrons et les protons ont pu se combiner pour former des atomes d'hydrogène neutre avec lesquels les photons n'interagissent pas. D'opaque au rayonnement, l'Univers est ainsi devenu transparent. Les photons ont alors évolué indépendamment de la matière, ils se sont découplés et le gaz de photons s'est refroidi continuellement, le nombre de photons présents dans l'Univers ne variant dès lors plus. La distance moyenne entre deux photons a simplement augmenté en proportion de la taille de l'Univers et leur longueur d'onde s'est « étirée » simultanément à l'expansion de l'Univers. Les photons reliques sont donc restés groupés autour d'une certaine longueur d'onde, exactement comme ceux d'un corps noir de température décroissant avec le temps. Ce sont ces photons qui constituent le rayonnement aujourd'hui à la température de 2,7 Kelvins et d'intensité maximale dans le domaine des micro-ondes, tel qu'il a été observé pour la première fois par Penzias et Wilson.

Aucune autre explication de l'origine du rayonnement de fond cosmologique n'a pu rivaliser avec celle-ci. Ainsi, les tentatives basées sur l'existence de sources discrètes possédant des propriétés **ad hoc,** c'est-à-dire émettant suffisamment d'énergie dans la gamme des ondes centimétriques, paraissent tout à fait gratuites puisque de telles sources n'ont jamais pu être observées jusqu'à présent. De même, un autre essai d'explication de ce rayonnement, postulant l'existence, dans le cadre d'un Univers supposé initialement froid, d'une génération primitive d'étoiles beaucoup plus massives que le soleil, sources d'un rayonnement thermalisé par des grains de poussière, ne semble pas couronné de plus de succès que les précédentes. Ainsi, l'origine cosmologique paraît-elle la seule viable. D'ailleurs, l'existence d'un tel rayonnement avait été prédite, dès 1948, par les physiciens Alpher, Gamow et Herman[4].

L'importance de ce rayonnement de fond à 2,7 K est considérable. Tout d'abord, il constitue évidemment un argument de poids en faveur du caractère évolutif de l'Univers, puisqu'il implique l'existence, dans le passé, de phases de densité et de température élevées. Par le fait même, il nous donne accès à la connaissance de l'Univers, lorsque celui-ci n'avait qu'un million d'années. Il constitue également une contrainte sévère pour tout modèle cosmologique qui doit obligatoirement en expliquer l'existence. C'est ainsi que plusieurs cosmologies rivales de la cosmologie relativiste de type Big Bang, dont le célèbre modèle de l'état stationnaire (« steady state ») se sont trouvées en

4. R. A. Alpher et R. Herman, Nature, *162*, 1948, p. 774 ; Physical Review, *75*, 1949, p. 1089. G. Gamow, Nature, *162*, 1948, p. 680 ; Vistas in Astronomy, édité par A. Beers, Pergamon Press, New York, II, 1956, p. 1726.

grande difficulté, suite à leur incapacité à rendre compte du rayonnement de fond (voir § 3.10). La valeur actuelle de la température de ce rayonnement fournit aussi aux cosmologistes une donnée numérique importante, permettant de préciser de manière quantitative l'évolution de l'Univers.

Enfin — et nous revenons ainsi à notre point de départ, la question de l'isotropie de l'Univers — ce rayonnement est remarquablement **isotrope**, comme l'ont montré, avec une précision toujours croissante, divers expérimentateurs : sa température ne varie pas, en effet, de plus d'un millième de degré sur diverses régions du ciel et ce, à diverses longueurs d'onde. La nature cosmologique de ce rayonnement étant assurée, son isotropie, à moins de 0,1 % près, est la meilleure preuve dont nous disposions de l'isotropie de l'Univers actuel.

La représentation de l'Univers actuel (en tout cas, depuis l'époque où les photons du rayonnement de fond cosmologique ont interagi pour la dernière fois avec la matière, c'est-à-dire environ un million d'années après la singularité initiale, cette période critique étant souvent appelée **période de découplage**) par un modèle FLRW, donc spatialement homogène et isotrope, paraît donc bien justifiée par les observations astronomiques effectuées jusqu'à présent.

3.3. TROIS NOMBRES QUI CARACTÉRISENT L'UNIVERS ACTUEL : H_0, q_0 ET Ω_0

Quelles sont, maintenant, les valeurs des paramètres (H_0, q_0 et Ω_0) que nous fournissent les observations de portée cosmologique ?

La **constante de Hubble, H_0,** tout d'abord : elle peut s'obtenir, en vertu de la loi de Hubble, en mesurant la pente de la droite représentant le décalage vers le rouge en fonction de la distance, pour une série de galaxies dont on connaît la distance et dont on a mesuré le décalage vers le rouge des raies spectrales (voir fig. 2.4). La principale difficulté de cette méthode est la mesure de la distance des galaxies, qui constitue une entreprise délicate et encore bien controversée, à l'heure actuelle. La valeur standard pour H_0 qui a fait autorité ces dernières années est celle due à Sandage : $H_0 \sim 55$ km/(seconde. Mpc), ce qui signifie qu'une galaxie située, par exemple, à 100 Mpc de nous, c'est-à-dire à 326 millions d'années-lumière (le parsec (pc) étant une unité de distance utilisée par les astronomes et valant 3,26 années-lumière et 1 Mpc = 1 million de parsecs) s'éloigne de nous avec une vitesse de 5 500 km/seconde. L'inverse de la constante de Hubble, c'est-à-dire le temps de Hubble, serait alors de l'ordre de 18 milliards d'années ce qui constituerait la durée maximale de la phase d'expansion actuelle de l'Univers. Il est amusant de noter qu'en 1929, Hubble avait trouvé pour cette constante une valeur à peu près dix fois plus élevée, si bien que l'âge de l'Univers qui en découlait était, au plus, de deux milliards d'années, alors que l'âge de la terre, évalué à l'aide de méthodes basées sur la radioactivité des roches terrestres, était estimé à 5 milliards d'années ! Cette discordance avait d'ailleurs poussé le chanoine Lemaître à proposer un modèle d'Univers avec constante cosmologique différente de zéro, en l'occurrence positive et légèrement supérieure à la valeur critique du modèle statique d'Einstein. La caractéristique essentielle de ce modèle est que la courbe représentative de son facteur d'échelle en fonction du temps présente un palier, c'est-à-dire une phase stationnaire durant laquelle l'expansion s'arrête (voir fig. 3.5), ce qui permet d'allonger arbitrairement l'âge de l'Univers, en choisissant de façon appropriée la constante cosmologique, un paramètre sur lequel l'observation ne nous fournit malheureusement que très peu de renseignements. Avec le changement radical de la valeur de la constante de Hubble, ce modèle de Lemaître a certainement perdu une grande partie de son intérêt originel.

Le problème s'est cependant compliqué ces derniers temps, car quelques astrophysiciens ont proposé une valeur de H_0 plus élevée, de l'ordre de 80 à 90 km/(seconde. Mpc).

Les spécialistes n'ont pas encore pu s'accorder, à l'heure actuelle, sur une valeur définitive de H_0. Le problème est d'importance, car l'âge de l'Univers dérivé à la constante de Hubble doit évidemment être plus élevé que l'âge des objets les plus vieux qu'il contient, c'est-à-dire les amas d'étoiles dits globulaires, constitués d'étoiles vieilles, dont l'âge maximum, selon les théories de l'évolution stellaire, serait de l'ordre de 10 à 14 milliards d'années ; d'autre part, les estimations récentes de l'âge de notre galaxie, conduisent à une valeur comprise entre 10 et 20 milliards d'années. Ces âges sont en bon accord avec l'âge de l'Univers déduit de la valeur de H_0, due à Sandage ; quant à la valeur élevée, proposée récemment, elle pourrait, sans doute, poser un problème pour certains modèles FLRW, mais il semble, cependant, que les âges des divers constituants de l'Univers ne soient pas connus avec une précision suffisante pour réellement remettre en question toute la classe des modèles FLRW traditionnels. De toute manière, il serait toujours possible, si nécessaire, de ressusciter le modèle de Lemaître en faisant appel à une constante cosmologie adéquate de manière à allonger l'âge de l'Univers.

Le **paramètre de décélération, q_0,** quant à lui, nous renseigne sur la géométrie globale et le destin de l'Univers. Comme nous l'avons déjà remarqué, au cours de l'histoire de la pensée humaine, les opinions ont constamment varié entre univers infini, d'une part, et fini, d'autre part (voir fig. 3.2). Il en va d'ailleurs encore de même, aujourd'hui, dans le cadre de la cosmologie relativiste, où la solution de ce problème est liée à la connaissance de q_0. La mesure du paramètre de décélération constitue, en fait, une entreprise très délicate : elle a été tentée, de manière directe, à plusieurs reprises et ce, essentiellement, en examinant la variation de caractéristiques d'objets extragalactiques en fonction du décalage vers le rouge de leurs raies spectrales. Si nous reprenons, par exemple, le diagramme utilisé par Hubble et donnant le décalage vers le rouge en fonction de la distance (déduite de l'observation de la luminosité appa-

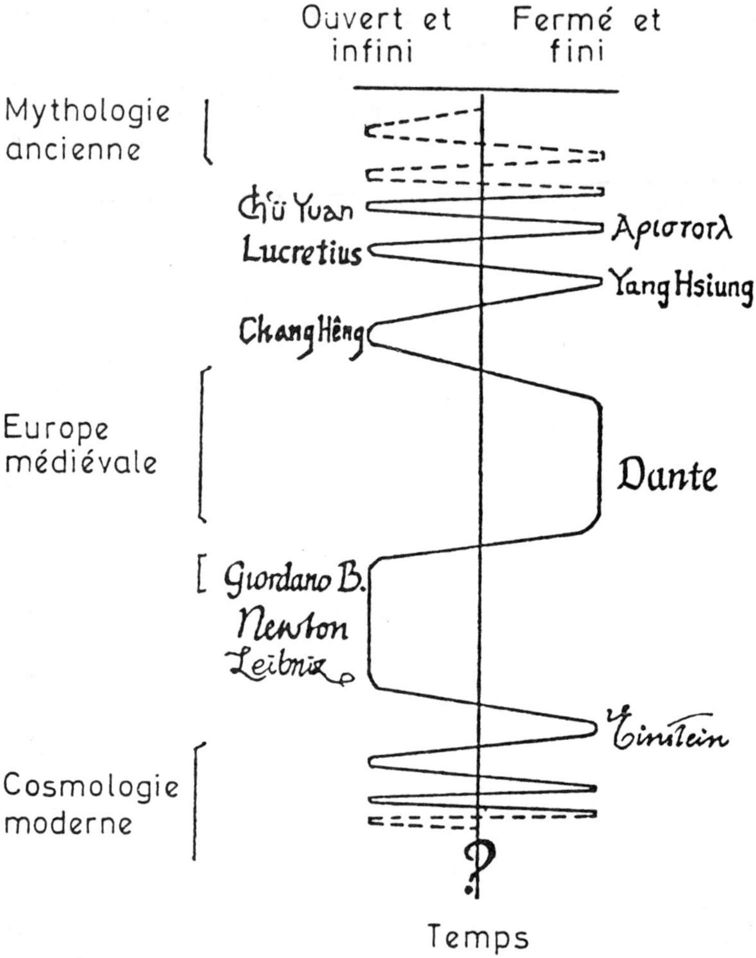

Fig. 3.2 : *L'Univers est-il fini ou infini ? Les réponses à cette question ont constamment varié au cours de l'histoire de le pensée humaine et, aujourd'hui encore, dans le cadre de la cosmologie relativiste.*

rente) d'une série d'objets extragalactiques, supposés posséder toutes les mêmes caractéristiques intrinsèques (dans ce cas, la luminosité absolue) et si nous le prolongeons vers les distances et décalages vers le rouge élevés, nous voyons se séparer les courbes représentatives des divers types de modèles FLRW et ce, d'autant plus que les objets extragalactiques sont distants (voir fig. 3.3) : les effets de la décélération de l'expansion universelle croissent donc avec l'éloignement des structures cosmiques observées. Ainsi le problème de la détermination de q_0 paraît, en principe, très facile à résoudre : il suffit de trouver une série d'objets extragalactiques de propriétés intrinsèques identiques et situés le plus loin possible, d'estimer ensuite leur luminosité absolue, de mesurer leur luminosité apparente et le décalage vers le rouge de leurs raies spectrales et, enfin, de construire le diagramme de Hubble correspondant. La découverte en 1963 des quasars[5] (c'est-à-dire d'objets extragalactiques d'apparence stellaire, possédant des décalages vers le rouge très élevés et dont l'émission d'énergie est considérable, si on les place à la distance cosmologique indiquée par leur « red-shift ») avait suscité beaucoup d'espoir quant à la résolution du problème de la structure globale de l'Univers. Malheureusement, il a fallu déchanter car les quasars présentent des variations de luminosité et de densité spatiale très importantes, qui sont très difficiles à évaluer et qui, masquant les effets de la décélération cosmologique, empêchent ainsi de préciser la valeur de q_0. Jusqu'à présent, il n'a pas encore été possible de trouver des « chandelles standard », c'est-à-dire des objets extragalactiques de luminosité absolue identique et suffisamment stable au cours du temps pour permettre la détermination de q_0, à l'aide de cette méthode directe.

Le paramètre de décélération étant relié de manière

5. Pour une revue des propriétés des quasars, voir : J. Demaret, *L'énigme des objets quasi-stellaires,* dans Revue des Questions Scientifiques, *140,* 1969, p. 453; *141,* 1970, p. 73, 257, 417 et 513.

Fig. 3.3 : *Relation entre le décalage vers le rouge (en ordonnée ; plus précisément, c'est le logarithme décimal de cette grandeur qui est porté sur la figure) et la magnitude apparente (en abscisse) pour les objets extragalactiques (la magnitude apparente est une quantité égale à – 2.5 fois le logarithme de sa luminosité apparente, si bien que plus une galaxie nous apparaît lumineuse, plus sa magnitude apparente est faible).*

Pour des décalages vers le rouge suffisamment élevés ($z \geq 0,2$) on voit que les courbes correspondant à divers modèles cosmologiques s'écartent progressivement. Les modèles considérés ici sont des modèles FLRW, respectivement fermé ($q_0 = 1$), d'Einstein-de Sitter ($q_0 = 1/2$) et ouvert ($q_0 = 0$) et le modèle stationnaire de Hoyle (désigné en pointillés et caractérisé par $q_0 = -1$).

Les objets extragalactiques sont supposés semblables et donc possèdent la même luminosité intrinsèque (absolue). Comme les trois classes d'objets considérés (galaxies, radiogalaxies, quasars) possèdent des luminosités intrinsèques différentes, respectivement croissantes, il a été nécessaire de calibrer l'axe des abscisses différemment pour chacune de ces classes.

Il semble que l'on puisse espérer mesurer des décalages spectraux d'objets de 23e magnitude : les trois lignes verticales indiquent les limites correspondantes pour les trois classes d'objets. Le diagramme de Hubble de la figure 2.4 correspond à la partie inférieure gauche de la figure 3.3 (jusque $z \sim 0,22$)

A l'aide des observations actuelles, il est impossible de déterminer sur la base de ce diagramme la valeur de q_0, mais des valeurs négatives et, en particulier, $q_0 = -1$ semblent exclues.

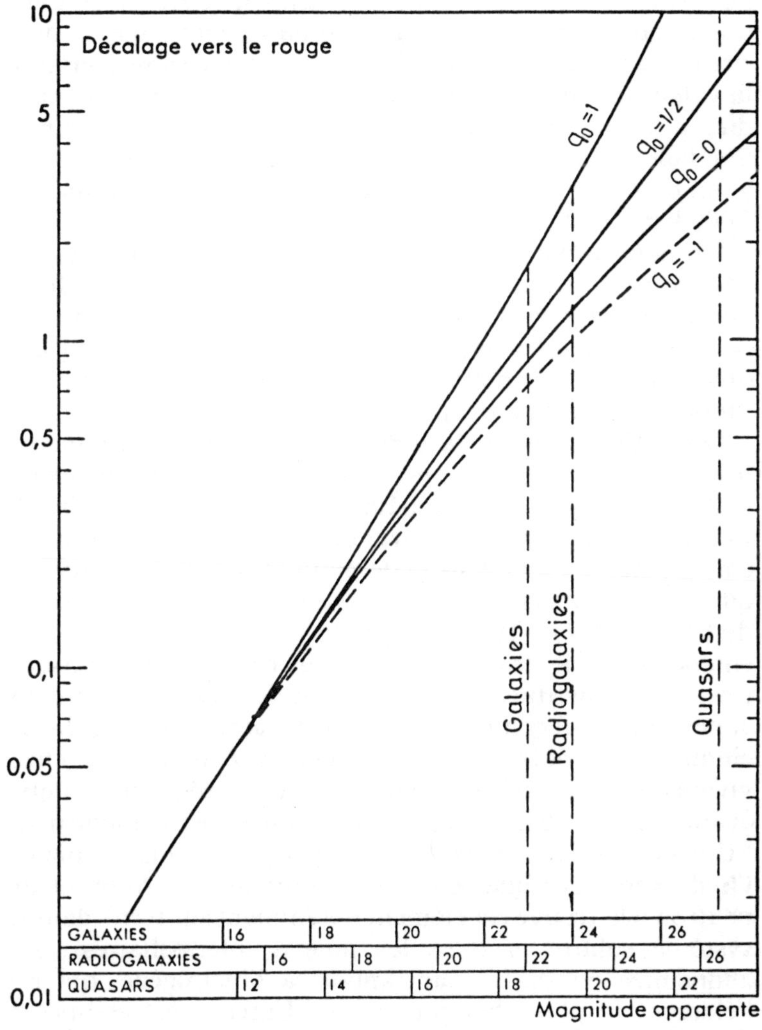
10
5
1
0,5
0,1
0,05
0,01
Décalage vers le rouge
q0 =1
q0 =1/2
q0 =0
q0 = -1
Galaxies
Radiogalaxies
Quasars
GALAXIES 16 18 20 22 24 26
RADIOGALAXIES 16 18 20 22 24 26
QUASARS 12 14 16 18 20 22
Magnitude apparente

univoque à la densité de matière dans l'Univers, une autre méthode de détermination de q_0, que l'on pourrait qualifier de locale, consiste à évaluer localement, c'est-à-dire dans une région suffisamment vaste de notre entourage, la densité moyenne actuelle de l'Univers, ρ_0, et à la comparer avec la valeur critique séparant Univers ouvert et fermé, c'est-à-dire, $\rho_{c,0}$: cette dernière, si l'on adopte pour H_0 la valeur de Sandage, vaut 5×10^{-30} gramme par cm^3, ce qui correspond à environ 3 atomes d'hydrogène pour un volume de 1 000 litres.

La détermination de la valeur exacte de ρ_0 est une entreprise très difficile, car il existe certainement de la matière cachée et ce, sous plusieurs formes ; tout ce que l'on peut probablement espérer, en faisant le bilan direct des diverses formes de matière dans l'Univers, c'est obtenir une limite inférieure pour ρ_0.

Les estimations de la densité de la matière lumineuse présente dans l'Univers, essentiellement dans les galaxies, n'atteignent guère plus de 1/100 de la densité critique, $\rho_{c,0}$. Il existe, d'autre part, une évaluation indirecte mais assez contraignante de la densité de matière sous forme baryonique dans l'Univers (par matière baryonique (voir Annexe fin du Chapitre IV : « De quoi est fait l'Univers matériel ? »), on entend la forme de matière qui nous est familière, puisque c'est celle constituée essentiellement des nucléons : protons et neutrons, qui composent les noyaux atomiques des divers éléments de notre environnement, y compris les êtres vivants et nous-mêmes, par voie de conséquence). Cette évaluation est obtenue à partir de l'abondance actuelle dans l'Univers du deutérium, qui est l'isotope le plus simple de l'hydrogène, puisque son noyau contient un proton et un neutron. On trouve cet élément notamment sur terre, dans le système solaire et dans les nuages interstellaires : son abondance en masse par rapport à l'hydrogène, qui est l'élément le plus abondant dans l'Univers, est estimée à deux cent-millièmes. Les astrophysiciens pensent que le deutérium s'est formé très tôt après la singularité initiale, plus précisément au cours d'une phase importante de la vie de l'Univers, appelée **nucléosynthèse cosmologique**, qui s'est déroulée quelques minutes après le début de l'expansion (voir § 4.9). La température était alors de l'ordre du milliard de Kelvins et la densité, approximativement 10^{28} fois la densité actuelle, c'est-à-dire environ 1/100 de g/cm^3. A ce moment, les réactions de fusion thermonucléaire entre protons et neutrons ont conduit à la formation de noyaux de deutérium, d'hélium (25 % de la masse totale du matériau cosmique) ainsi que d'éléments légers, comme le lithium et le béryllium (ceux-ci en très faibles quantités). La théorie de ce processus de nucléosynthèse montre que l'abondance du deutérium ainsi fabriqué est extrêmement sensible à la densité actuelle de matière de l'Univers : elles varient, en fait, en sens inverse l'une de l'autre (voir fig. 3.4.)

D'autre part, comme l'ont montré les astrophysiciens théoriciens, le deutérium ne peut qu'être détruit ultérieurement, et ce, au cœur des étoiles, si bien que la densité actuellement observée est une limite inférieure à la densité réellement fabriquée au cours de la phase de nucléosynthèse cosmologique. Ainsi donc, la valeur observée de l'abondance de deutérium peut être exploitée pour obtenir une borne supérieure pour la valeur de la densité en baryons de l'Univers actuel. On arrive, de cette façon, à une valeur de 8 % de la densité critique pour la densité baryonique de l'Univers, correspondant donc à une valeur du paramètre de densité Ω_0, de 0,08, soit $q_0 = 0,04$ ($< 1/2$), ceci, si l'on admet que la constante cosmologique est nulle (voir fig. 3.4). Ce résultat impliquerait alors, si cette contribution baryonique est réellement prédominante, que notre Univers soit de géométrie spatiale hyperbolique, donc ouvert et infini et en expansion perpétuelle.

3.4. LA MASSE CACHÉE DE L'UNIVERS.

Mais, ceci est loin d'être la fin de l'histoire !... En effet, la considération de structures cosmiques de plus en plus

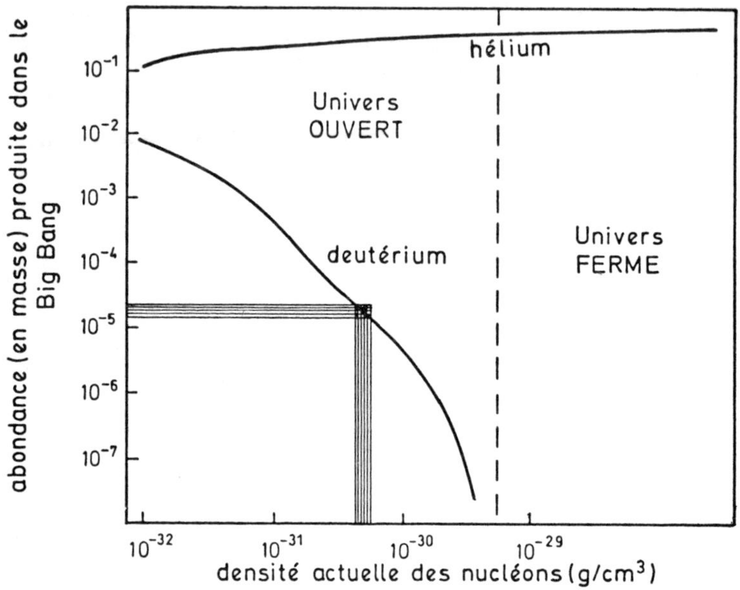

Fig. 3.4 : *Environ trois minutes après l'explosion originelle, la température universelle était voisine du milliard de Kelvins. C'est alors qu'a débuté la fusion des noyaux légers à partir des protons et des neutrons. Cette nucléosynthèse cosmologique s'est achevée lorsque l'Univers n'était âgé que de 15 minutes. Cette figure représente l'abondance (en masse) de l'hélium et du deutérium (hydrogène lourd) formés à cette période reculée de notre histoire en fonction de la densité actuelle des nucléons de l'Univers. On remarque le peu de sensibilité de l'abondance de l'hélium et l'extrême sensibilité de celle du deutérium à la densité des nucléons. De la valeur observée de l'abondance cosmologique du deutérium, 2.10^{-5} environ, on déduit une valeur de 4.10^{-31} g/cm^3 pour la densité actuelle, soit 8 % de la densité critique estimée à environ 5.10^{-30} g/cm^3 (séparant Univers ouvert et Univers fermé). Ce résultat implique un Univers ouvert, autrement dit en expansion éternelle, si l'on admet que la contribution des nucléons à la masse totale est prépondérante.*

grandes fait apparaître qu'une partie de plus en plus importante de la masse qu'elles contiennent, révélée par l'étude de leur champ gravitationnel, se trouve sous forme non lumineuse ; c'est en cela que consiste le problème de la « **masse manquante** », un problème majeur de l'astrophysique contemporaine (une terminologie plus correcte serait peut-être : « masse invisible », puisqu'en fait, la matière non lumineuse ne « manque » pas, elle est bien là, mais elle n'émet pas de rayonnement électromagnétique détectable).

Ainsi, les petits amas de galaxies semblent contenir plus de masse que celle présente sous forme d'étoiles visibles. La discordance est encore plus forte pour les superamas de galaxies et peut atteindre, dans certains cas, un facteur de l'ordre de la centaine. Le problème se pose d'ailleurs aussi pour les galaxies spirales telles que la nôtre, où la majorité de la masse semble devoir se trouver dans un immense halo extérieur invisible. Une série d'arguments cosmologiques relatifs à la nucléosynthèse primordiale des éléments légers, à la dynamique des amas et à l'expansion globale de l'Univers, suggèrent qu'à l'échelle des grandes structures, la masse « manquante » ne peut se trouver sous la forme de matière « ordinaire », c'est-à-dire baryonique. Ainsi, se voit éliminée la possibilité que la masse manquante existe, soit sous forme d'hydrogène gazeux entre les amas de galaxies, soit sous forme d'étoiles ou de galaxies naines en dehors des galaxies visibles, ce qui paraît corroboré par l'observation astronomique.

Il y a donc place pour l'imagination des physiciens. C'est ainsi qu'on peut imaginer que cette masse manquante puisse se trouver sous la forme de **mini-trous noirs primitifs,** formés au cours des toutes premières phases de certains types de modèles d'Univers, avant la nucléosynthèse cosmologique (voir en fin de Chapitre, Annexe : « Qu'est-ce qu'un trou noir ? »). Dans ce cas, la limitation de la contribution baryonique à la densité de l'Univers, déduite de l'abondance du deutérium ne jouerait pas. Il n'existe cependant, actuellement, aucune preuve de l'existence de ces mini-trous noirs :

il semble, en tout cas, qu'ils ne puissent être bien nombreux, la densité de masse correspondante ne pouvant certainement pas dépasser un millionième de la densité critique, ρ_{c0}, sinon leur explosion finale libérerait une quantité de rayons gamma supérieure à celle que nous détectons.

L'hypothèse la plus en vogue, pour le moment, est celle qui fait appel à des **particules élémentaires,** reliques des toutes premières phases de l'histoire de l'Univers, telles que des neutrinos supposés massifs ou encore des particules hypothétiques, nées de l'imagination fertile des physiciens et qui portent des noms étranges comme photinos, gravitinos, axions, toutes particules dont l'existence est prévue dans le cadre des récentes théories visant à unifier les quatre interactions qui régissent la physique de notre Univers. De telles particules, présentes en grand nombre, pourraient éventuellement, à elles seules, fermer l'Univers. Ainsi, paradoxalement, le destin de l'Univers se trouverait peut-être entre les mains de particules aussi modestes, voire insignifiantes, du point de vue de l'architecture de notre environnement matériel et vivant. Nous aurons à examiner si la physique des particules élémentaires ne pourrait pas, en fin de compte, détenir la clé de cette énigme cosmologique, tout comme d'ailleurs de certaines autres qui n'ont été perçues que très récemment.

3.5. OUVERT OU FERMÉ ?

Revenant à présent à la détermination du paramètre de décélération, q_0, nous pouvons conclure que sa valeur est actuellement très incertaine. Les diverses estimations obtenues pour q_0 se situent entre les limites — 1 et 2 et même, avec une probabilité d'erreur extrêmement faible, entre 0 et 2, alors que la valeur critique est, rappelons-le, de 1/2. Il est clair que la mise en évidence d'une valeur négative de q_0 impliquerait une expansion de l'Univers accélérée au cours du temps, nécessitant alors obligatoirement l'existence d'une constante cosmologique : cette éventualité paraît cependant peu probable au vu des observations actuelles.

Le fait que le paramètre de décélération réel de l'Univers se situe pratiquement au voisinage de la valeur critique n'avait pas, jusqu'il y a quelques années, suscité d'intérêt particulier chez les cosmologistes ; il en va tout autrement aujourd'hui où le problème de la « platitude » de l'Univers — signifiant par là que sa géométrie spatiale est proche de la géométrie euclidienne plane du modèle critique d'Einstein-de Sitter — est considéré comme un problème majeur, nécessitant une explication en termes de physique fondamentale. C'est dans ce contexte que se sont développés les modèles d'Univers de type « inflationnaire », qui présentent un grand intérêt et rencontrent aujourd'hui un succès considérable. Nous en examinerons les remarquables propriétés au Chapitre VI.

Les problèmes de la structure globale de l'Univers et de son destin n'ont donc pas encore reçu de réponse définitive. Bien qu'un certain nombre d'arguments dérivés directement de l'observation astronomique soient plutôt en faveur d'un modèle ouvert en expansion éternelle, la possibilité qu'il existe suffisamment de matière cachée pour fermer l'Univers, sous quelque forme que ce soit, est loin d'être exclue.

Certains arguments a priori ont aussi été avancés en faveur du modèle **fermé :** un tel Univers devrait donc s'effondrer sur lui-même dans un avenir fini, pour éventuellement renaître de ses cendres et recommencer un nouveau cycle expansion-contraction, un problème essentiel de la cosmologie d'aujourd'hui sur lequel nous reviendrons plus loin.

Du côté des philosophes et des théologiens, il s'est trouvé évidemment des défenseurs acharnés du modèle fermé, de durée et d'extension spatiale finies, plus proche des conceptions bibliques en matière de cosmologie ; c'est ainsi qu'en 1931, l'évêque anglais Barnes[6] déclarait en termes pas-

6. Cette opinion a été émise par l'évêque E. Barnes, en 1931, lors d'une réunion de la British Association sur l'évolution de l'Univers.

sionnés : « Il est tout à fait certain que notre espace est fini, bien que sans bornes. L'espace infini est tout simplement un scandale pour la pensée humaine. »

Du côté des scientifiques, le physicien américain Wheeler[7], par conviction à la fois philosophique et scientifique, a toujours été le leader des partisans de l'Univers fermé. Il insiste sur le fait qu'un tel modèle présente évidemment l'avantage, du point de vue de sa visualisation, de constituer un système bien délimité, refermé sur lui-même, contenant un nombre fini de galaxies. D'autre part, pour le théoricien, il est aussi plus facile à étudier qu'un Univers ouvert qui nécessite, lui, l'imposition de conditions à l'infini, souvent difficiles à formuler. De tels arguments, basés sur un critère de simplicité, sont évidemment loin d'être convaincants...

Quant aux récents modèles inflationnaires (voir Chapitre VI), ils privilégient le modèle intermédiaire d'Einstein-de Sitter avec, comme conséquence, l'impérieuse nécessité de découvrir la masse « manquante » sous une forme ou l'autre. Ici, en effet, comme en tout autre domaine de la science, le dernier mot reste à l'observation : les arguments a priori que l'on peut avancer en faveur de l'un ou l'autre type de modèle sont évidemment extrêmement fragiles s'ils ne reçoivent pas de support observationnel et, à eux seuls, ils sont insuffisants pour apporter une solution définitive au problème.

Il existe cependant un argument a priori, de nature philosophique, contre l'adoption d'un modèle **ouvert** de type FLRW de notre Univers[8] ; cet argument, souvent négligé, nous paraît pourtant avoir un poids certain. Si l'Univers était réellement spatialement homogène et ouvert, donc infini, il faudrait bien admettre, en effet, que tout processus physique qui s'y produit avec une probabilité non nulle doit

7. Voir, par exemple : C. W. Misner, K. S. Thorne et J. A. Wheeler, *Gravitation,* op. cit., Chapitres 27 et 43.

8. G. F. R. Ellis et G. B. Brundrit, Quarterly Journal of the Royal Astronomical Society, *20,* 1979, p. 37.

s'y produire une infinité de fois et, en particulier, toute caractéristique particulière de notre environnement devrait y être présente en un nombre infini d'exemplaires identiques. On serait donc conduit à la conclusion tout à fait surprenante, vertigineuse même, qu'il existe dans l'Univers non seulement une infinité d'êtres humains, mais aussi une infinité de répliques parfaitement identiques de chacun d'entre eux et donc de nous-mêmes ! La seule manière d'éviter cette conclusion, assurément déroutante du point de vue philosophique, serait de renoncer à l'hypothèse d'homogénéité spatiale, donc aux modèles FLRW, ce qui impliquerait alors que nous occupions une position privilégiée dans l'Univers. Un tel modèle d'Univers, inhomogène et infini, dans lequel il existe certaines régions en expansion, telles que notre Univers observable, et éventuellement d'autres en contraction, a été imaginé par Ellis : Univers séduisant à plus d'un titre que nous rencontrerons de nouveau en liaison avec le Principe Anthropique.

3.6. L'ABONDANCE DE L'HÉLIUM COSMOLOGIQUE

Revenant à présent à l'observation astronomique, il nous faut mentionner un dernier argument de poids en faveur de l'existence de phases chaudes et condensées aux premiers moments de l'expansion de l'Univers. Si l'on décompte la faible quantité d'hélium, soit 3 à 4 %, fabriquée au cours des réactions thermonucléaires se déroulant au cœur des étoiles, on observe dans l'Univers une abondance moyenne d'hélium de l'ordre de 25 % de la masse du matériau cosmique, l'hydrogène étant l'élément le plus abondant et les éléments lourds ne contribuant que pour 1 %. Or, cette valeur observationnelle est en excellent accord avec l'abondance théorique de l'hélium obtenue à l'aide de calculs théoriques de nucléosynthèse cosmologique effectués dans le cadre des modèles FLRW (voir fig. 3.4) et on voit mal comment on pourrait rendre compte de manière cohérente, par d'autres processus physiques, de tout cet hélium présent dans l'Univers.

3.7. LA MEILLEURE THÉORIE DE LA GRAVITATION ?

L'ensemble des divers arguments qui viennent d'être exposés suggère donc fortement que l'Univers est passé, il y a quelque quinze milliards d'années, par une phase condensée de haute température. Quelle confiance peut-on accorder à une telle conclusion qui découle directement de modèles d'Univers construits dans le cadre de la relativité générale ?

Cette théorie est-elle bien la théorie correcte du champ de gravitation ? On pourrait, en effet, penser que les modèles cosmologiques construits dans d'autres théories de la gravitation pourraient être différents des modèles relativistes. Les théories de la gravitation proposées depuis le début du siècle ne manquent pas : ce n'est cependant que récemment qu'elles ont été étudiées systématiquement et que leurs prédictions ont été comparées avec celles de la relativité générale dans un certain nombre de situations réalistes propices à l'observation. C'est ainsi que les résultats des tests classiques réalisés à l'intérieur du système solaire, portant donc sur des champs gravitationnels faibles, permettent déjà d'éliminer un bon nombre de ces théories, tout en présentant un accord remarquable avec les prévisions de la relativité générale. Les plus connus de ces tests concernent la déviation par le soleil de rayons lumineux en provenance d'objets stellaires et le décalage du périhélie de Mercure. Cependant, le meilleur test des théories gravitationnelles dont nous disposions actuellement est incontestablement celui dérivé des observations du pulsar binaire PSR 1913 + 16 : il s'agit là d'un système binaire serré, découvert en 1974 par Hulse et Taylor[9] et qui contient un pulsar (étoile très condensée, constituée essentiellement de neutrons, de

9. R. A. Hulse et J. H. Taylor, The Astrophysical Journal, *195*, 1975, p. L 51.

petit diamètre (environ dix kilomètres), de densité très élevé (un million de tonnes par cm^3 de matière !), dotée d'une rotation très rapide et émettant des pulsations radio de période égale à la période de rotation) et un autre objet stellaire, dont la nature n'a pas encore pu être confirmée de manière irréfutable par l'observation : il doit s'agir probablement d'un objet compact, de type étoile de neutrons, voire trou noir. Si c'est le cas, les effets de relativité générale doivent être importants dans un tel système, beaucoup plus importants que dans le système solaire : par exemple, l'avance du périastre dans ce système serait de l'ordre de quatre degrés par année (alors que celle du périhélie de Mercure n'est que de quarante secondes d'arc par siècle), valeur en excellent accord avec la valeur théorique prédite par la relativité générale.

De plus, la faible diminution de la période orbitale de ce système binaire, que l'on observe depuis plusieurs années, semble ne pouvoir être expliquée que par l'émission d'ondes gravitationnelles, et ce, avec le taux prévu par la relativité générale : ces ondes gravitationnelles ne peuvent cependant, dans l'état actuel de notre technologie, être observées directement ; on aurait là alors, en cas de confirmation de l'explication théorique, une éclatante validation d'une prédiction essentielle de la relativité générale. D'autre part, la plupart des autres théories de la gravitation — celles qui ont survécu aux tests réalisés dans le système solaire — prévoient plutôt, dans les mêmes circonstances physiques, une augmentation de la période du système et se verraient donc éliminées sur la base des observations du pulsar binaire PSR 1913 + 16.

Il est clair qu'à l'heure actuelle, la relativité générale apparaît comme la théorie de la gravitation à la fois la plus simple conceptuellement et la mieux vérifiée par l'observation [10]. Elle n'a encore jamais pu être mise en défaut jusqu'à

10. Pour une excellente revue des tests observationnels de la relativité générale, voir : C. M. Will, *Was Einstein right ?*, Basic Books, New York, 1986.

présent et les récentes interprétations des observations du pulsar binaire, si elles se confirment, ne peuvent que renforcer la confiance que l'on peut avoir en elle.

3.8. DES MODÈLES À PASSÉ INFINI

Il existe cependant, dans le cadre de la relativité générale classique, une façon d'obtenir des modèles spatialement homogènes et isotropes ne présentant pas le début condensé, voire singulier, localisé à un temps fini dans le passé : c'est d'incorporer une **constante cosmologique** appropriée dans les équations du champ de la relativité générale. La constante cosmologique détruit, en général, le lien univoque remarquable entre le taux de décélération de l'expansion de l'Univers et sa géométrie globale, qui caractérise les modèles FLRW habituels mais, ce qui nous intéresse ici, c'est qu'il existe, pour certaines valeurs de cette constante, une large classe de modèles non singuliers ayant une durée de vie infinie dans le passé, donc ayant toujours existé (voir fig. 3.5) : il y a, tout d'abord, les modèles d'Eddington-Lemaître, dont le « rayon » diminue progressivement vers une valeur finie (celle caractérisant l'Univers statique d'Einstein) lorsqu'on se rapproche d'un temps infini dans le passé (le modèle de Sitter appartient à cette classe de modèles, mais possède une densité de matière nulle et un « rayon » initial nul) ; il y a ensuite une classe de modèles débutant par une phase de contraction, puis rebondissant lorsque leur rayon atteint une valeur critique non nulle, pour finalement présenter la phase d'expansion typique des modèles habituels de type FLRW.

Eddington[11] s'était fait le défenseur d'un modèle à passé infini pour exorciser, en quelque sorte, le spectre d'un début catastrophique se produisant à un temps fini dans le passé,

11. A. S. Eddington, Monthly Notices of the Royal Astronomical Society, *90*, 1930, p. 668.

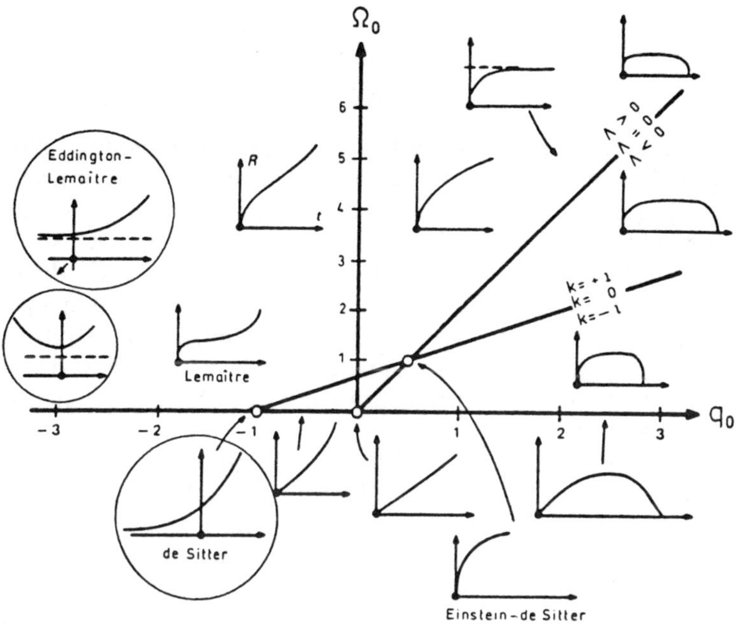

Fig. 3.5 : *A tous les points du plan (Ω_o, q_0), correspond un modèle FLRW (avec pression du gaz de galaxies nulle), qui est représenté par l'évolution temporelle de son facteur d'échelle. Les modèles FLRW sans constante cosmologique sont situés sur la droite $\Lambda = 0$ (par exemple, le modèle d'Einstein-de Sitter pour $q_0 = \frac{\Omega_0}{2} = \frac{1}{2}$) ; ceux avec constante cosmologique positive (négative) se trouvent au-dessus (en dessous) de cette droite. Quand aux modèles à courbure spatiale nulle, ils se distribuent sur la droite $k = 0$, tandis que ceux à courbure positive ($k = +1$) et négative ($k = -1$) correspondent à des régions du plan situées respectivement au-dessus et en dessous de cette droite.*

La considération d'une constante cosmologique non nulle détruit manifestement le lien univoque entre q_0 et la géométrie spatiale, caractéristique des modèles FLRW avec $\Lambda = 0$, et conduit ainsi à l'existence d'une classe de modèles beaucoup plus riche, au comportement temporel plus varié. Particulièrement remarquable est la classe de modèles non singuliers, possédant une durée infinie dans le passé. Le comportement temporel de trois modèles typiques appartenant à cette classe est représenté explicitement : les modèles d'Eddington-Lemaître, le modèle de de Sitter, et les modèles avec rebond pour une valeur critique non nulle de leur « rayon ». Tous ces modèles, caractérisés par $q_0 \leq -1$, sont situés dans la partie du plan (Ω_0, q_0) à l'extrême gauche et sont entourés par des cercles. Dans leur voisinage, se trouvent les modèles de Lemaître avec singularité passée et palier temporel.

une situation qu'il estimait tout à fait déplaisante, d'un point de vue esthétique. Afin que l'Univers ait pu commencer de manière « naturelle », Eddington pensait qu'il était nécessaire qu'il ait disposé d'un temps infini. Ainsi, le modèle favori d'Eddington débute par une phase de durée infinie durant laquelle il est identique à l'Univers statique d'Einstein ; celui-ci étant instable, une faible perturbation, dont l'origine n'est pas connue, suffira à l'éveiller de sa longue torpeur : il commencera alors une phase d'expansion accélérée.

Indépendamment du problème de la plausibilité de l'existence d'une constante cosmologique de valeur appropriée pour obtenir de tels modèles non singuliers à passé infini, il paraît possible de les éliminer, en tant que modèles représentatifs de notre Univers, sur la base d'une série d'observations astronomiques. La plus décisive d'entre elles concerne le paramètre de décélération, q_0, qui, pour l'ensemble de ces modèles à passé infini, doit obligatoirement être inférieur à moins un, ce qui est en contradiction flagrante avec les observations disponibles actuellement.

3.9. ET LA CONSTANTE COSMOLOGIQUE ?

Quant à la question de savoir s'il y a réellement lieu de tenir compte d'une constante cosmologique dans les équations de la relativité générale pour traiter des problèmes concernant la structure globale de l'Univers, elle n'a pas encore reçu de réponse définitive : les avis restent, aujourd'hui encore, partagés tout comme aux temps héroïques des débuts de la cosmologie relativiste. Que l'on en juge : Einstein considérait l'introduction de la constante cosmologique, support de son modèle statique, comme « la plus grande bêtise de sa vie »[12]. Eddington[13], par contre, décla-

12. Cité par G. Gamow, *My World Line : An Informal Autobiography*, Viking Press, New York, 1970.
13. A. S. Eddington, *The Expanding Universe*, Cambridge University Press, Cambridge, 1933, p. 107.

rait en 1933 : « Je préférerais revenir à la théorie newtonienne plutôt que d'abandonner la constante cosmologique : si la théorie de la relativité devait tomber, la constante cosmologique serait le dernier bastion à s'écrouler ; abandonner cette constante, ce serait, en effet, priver l'espace de son fondement. » Le chanoine Lemaître avait aussi fait de cette constante le fondement de sa cosmologie, culminant en un modèle possédant un palier durant laquelle l'expansion s'arrête, ce qui permet d'allonger l'âge de l'Univers et favorise la formation de structures à grande échelle telles que les galaxies (voir fig. 3.5).

A plusieurs reprises, lorsque certaines observations semblaient mettre en difficulté les modèles FLRW habituels, certains astrophysiciens ont proposé de réintroduire la constante cosmologique dans la théorie, sans beaucoup de succès cependant. Aussi, jusque il y a quelque temps, la plupart des cosmologistes étaient d'opinion qu'aucune raison physique impérieuse ne nécessitait vraiment de tenir compte d'une telle constante. Un nouveau point de vue s'est fait jour récemment avec l'identification, de manière naturelle, dans le cadre des théories récentes de la physique des particules élémentaires, de la constante cosmologique à la densité d'énergie du « vide » quantique, celle-ci étant d'ailleurs le moteur de la phase d'expansion accélérée, caractéristique de la classe des modèles cosmologiques inflationnaires (voir Chapitre VI). Cependant, la constante cosmologique impliquée est extrêmement élevée, beaucoup plus élevée, en fait, que la valeur tolérée dans l'Univers actuel. Aussi aujourd'hui, le problème de la constante cosmologique a-t-il changé complètement de nature : si l'on fait confiance aux récentes théories unifiées — il faut insister sur le fait qu'elles n'ont pas encore reçu de vérification expérimentale — l'essentiel n'est donc plus tant alors de rendre compte de l'existence d'une telle constante, mais bien de pouvoir expliquer pourquoi elle est si petite actuellement...

3.10. BONDI, GOLD, HOYLE ET LA CRÉATION CONTINUE DE MATIÈRE

Une théorie cosmologique, différente de la cosmologie relativiste traditionnelle et conduisant à un modèle à passé infini, a connu un grand retentissement au cours des années cinquante et au début des années soixante. C'est en 1948 que Bondi, Gold et Hoyle[14] ont proposé la théorie dite de l'**état stationnaire,** selon laquelle l'Univers est supposé le même pour tout observateur, non seulement à un instant donné, mais également à tout temps : le principe cosmologique à la base des modèles FLRW est donc abandonné et remplacé par le principe cosmologique parfait. Si l'on désire alors maintenir le phénomène d'expansion de l'Univers, considéré comme un fait acquis, on se voit obligé de postuler que de la matière soit créée continuellement « ex nihilo » de manière à compenser la diminution de densité due à l'expansion (voir fig. 3.6). Il s'agit là de l'hypothèse de la **création continue.** Le taux de création, deux atomes d'hydrogène par année dans un cube d'un km de côté, est cependant beaucoup trop faible pour être directement observable. Ce modèle ne possède pas de commencement : il est éternel, aussi bien dans le passé que dans le futur et, à tout moment, il est d'extension infinie.

Le succès d'un tel modèle peut probablement être attribué à une double cause : tout d'abord, il a été proposé au moment où la valeur de la constante de Hubble était largement supérieure à la valeur mesurée aujourd'hui, ce qui conduisait à un âge de l'Univers beaucoup trop faible par rapport à celui que l'on déduit directement de l'estimation de l'âge des divers constituants cosmiques. Ensuite, une raison philosophique : un modèle éternel dans le passé paraissait bien plus satisfaisant aux yeux des adversaires

14. H. Bondi et T. Gold, Monthly Notices of the Royal Astronomical Society, *108*, 1948, p. 252. — F. Hoyle, Monthly Notices of the Royal Astronomical Society, *108*, 1948, p. 372.

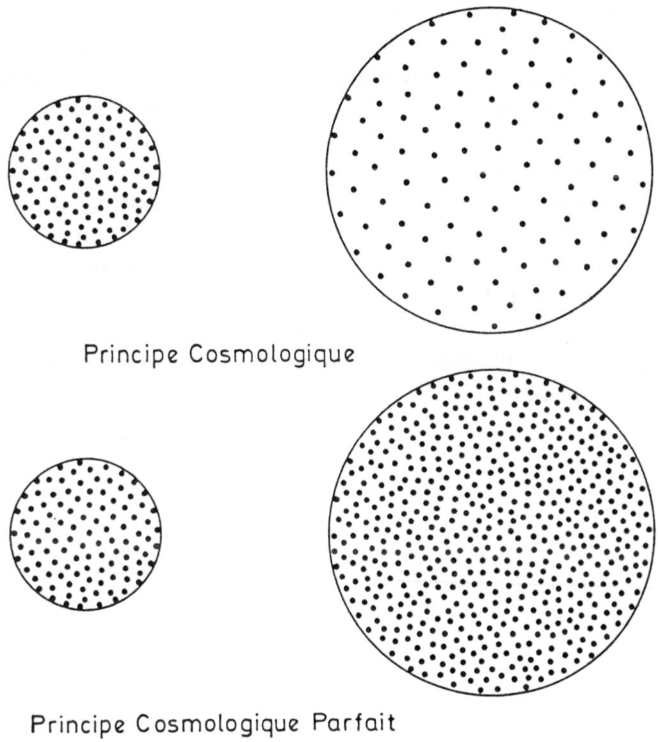

Fig. 3.6 : *Ce schéma illustre la différence essentielle entre le principe cosmologique, à la base des modèles FLRW, et le principe cosmologique parfait, qui sous-tend la théorie de l'état stationnaire. Il représente, dans chacun des deux cas, l'Univers à deux moments différents de son expansion (les points symbolisent les galaxies ou amas de galaxies). Alors que, dans le premier cas, la densité de matière décroît suite à l'expansion, dans le second cas, il y a création continuelle de matière, à partir de laquelle se forment de nouvelles galaxies, de manière à maintenir dans l'Univers une densité de matière constante, en accord avec le principe cosmologique parfait.*

d'un modèle présentant un commencement situé à un temps fini dans le passé.

Aujourd'hui, ce modèle est pratiquement abandonné suite essentiellement à la mise en évidence d'effets d'évolution importants dans les radiosources et les galaxies, incompatibles avec l'hypothèse de stationnarité à la base de la théorie sous-jacente, mais aussi parce qu'il est caractérisé par un paramètre de décélération égal à moins un, en contradiction avec l'observation. C'est cependant la découverte du rayonnement de fond à 2,7 K qui a définitivement sonné le glas pour la théorie de l'état stationnaire de Bondi, Gold et Hoyle. En effet, l'absence de commencement, donc de phase condensée et chaude dans un passé fini, ne permet pas l'apparition, de manière naturelle, d'un tel rayonnement dans ce modèle.

CHAPITRE III

ANNEXE

QU'EST-CE QU'UN TROU NOIR ?

« Fantômes de l'espace-temps », « Gouffres de l'espace »..., les qualificatifs n'ont pas manqué pour caractériser ces étranges objets que constituent les trous noirs [15]. Les spéculations les plus extravagantes ont vu le jour concernant les trous noirs, certains auteurs envisageant même pour l'homme une possibilité de réincarnation et d'immortalité, grâce à un passage dans un autre univers, par l'intermédiaire d'un trou noir en rotation...

Qu'en est-il réellement ? Quelles sont exactement les propriétés de ces objets dont la théorie de la relativité générale prévoit l'existence possible ? Y a-t-il dans notre Univers des astres qui ont terminé leur vie sous forme de trous noirs ?

Le concept de trou noir ne peut se comprendre que dans le cadre de l'étude de la gravitation. Déjà, à la fin du XVIIIe siècle, le physicien britannique, John Michell, et le mathématicien français, le marquis de Laplace, avaient remarqué que si un astre était suffisamment massif pour qu'à sa surface, la vitesse d'échappement dépasse la vitesse de la lumière, cet astre serait totalement invisible puisque les rayons lumineux ne pourraient s'en échapper. En fait, ce premier type de trou noir newtonien n'a qu'une ressemblance superficielle avec le véritable trou noir étudié aujourd'hui et qui est un phénomène authentiquement relativiste dont l'explica-

15. On trouvera une excellente introduction à la physique des trous noirs dans : J.-P. Luminet, *Les trous noirs*, Editions Pierre Belfond, Paris, 1987.

tion nécessite le recours à la théorie de la relativité générale. Celle-ci doit se substituer à la théorie de Newton lorsqu'on considère les champs de gravitation forts, tels que ceux qui règnent au voisinage et à l'intérieur des trous noirs.

Du point de vue astrophysique, le **trou noir** est considéré comme le stade ultime de l'évolution de certaines étoiles, celles qui ont une masse suffisamment élevée. Les divers types d'étoiles observées dans l'Univers sont dus aux divers résultats possibles de la bataille titanesque qui règne dans leur intérieur, entre pression interne du gaz chaud et force de gravitation : le fluide vital d'une étoile alimentant le rayonnement qu'elle émet, c'est le combustible nucléaire (l'hydrogène dans le cas du soleil puis, plus tard, l'hélium, le carbone, l'oxygène et les élements plus lourds jusqu'au fer dans des étoiles plus évoluées). Le fer étant, du point de vue nucléaire, l'élément le plus stable, il n'est plus possible, par réactions de fusion thermonucléaire, d'en extraire de l'énergie. L'étoile ayant atteint ce stade ne peut plus alors supporter son propre poids : elle va s'effondrer sur elle-même, de façon brutale et très rapide ; l'issue de cette phase de « collapse » catastrophique dépend de la masse de l'étoile.

Pour des étoiles de masse inférieure à environ trois fois la masse du soleil, ce collapse peut être arrêté et donner lieu à une série de configurations stellaires bien connues des astronomes **(naines blanches, étoiles de neutrons, supernovae, pulsars).** Pour des étoiles de masse supérieure à cette limite, rien ne semble pouvoir arrêter leur contraction gravitationnelle ultime : la théorie de la relativité générale prévoit que cet effondrement global de l'objet va s'accélérer sans cesse vers le point central où toute la matière serait en principe comprimée (**singularité** de densité infinie). Le champ de gravitation devient tellement intense qu'à partir d'un certain rayon critique, la lumière elle-même ne peut plus s'échapper de la configuration : l'étoile est devenue un **trou noir** dans l'espace (c'est au physicien américain Wheeler que l'on doit cette dénomination).

Depuis une vingtaine d'années, des centaines de physiciens et astrophysiciens de toutes orientations se sont rués sur les problèmes posés par l'issue du collapse et les trous noirs : des progrès considérables (à la fois du point de vue de l'observation et de celui de la théorie) ont été réalisés dans notre compréhension d'un des phénomènes les plus mystérieux et fascinants de notre Univers.

Voici quelques résultats marquants de ces études :

— Le **rayon critique** d'un trou noir dépourvu de rotation (appelé **rayon de Schwarzschild**) s'exprime en kilomètres par trois fois la masse de l'objet qui s'effondre en unités de masse solaire. Ainsi, le rayon critique d'un hypothétique trou noir d'une masse solaire serait de 3 kilomètres (pour la terre, 1 cm, pour l'homme, 1/10 de milliardième de la taille d'un atome, mais, pour une galaxie très massive, ~ 1 année-lumière).

— Un observateur extérieur au trou noir ne peut jamais recevoir d'information ou de signal (lumineux ou radio) de l'intérieur d'un trou noir. Le dernier signal lumineux émis par l'objet au moment où il atteint le rayon critique mettra un temps infini pour atteindre cet observateur. Par contre, pour l'explorateur téméraire qui se risquerait à accompagner l'étoile dans son collapse catastrophique, rien de spécial ne se passerait, en principe, lorsqu'il franchirait le rayon critique, mais il serait définitivement détruit par le champ de gravitation intense.

— Si le trou noir est en **rotation** (on sait que tous les corps célestes sont en rotation), il possède des propriétés assez extraordinaires : on pourrait, en principe, dans des circonstances physiques très favorables, extraire une partie de son énergie. D'autre part, l'observateur qui franchirait le rayon critique ne serait pas nécessairement condamné à atteindre la singularité : il pourrait peut-être émerger dans un autre univers (ou autre part dans notre Univers) via une sorte de « tunnel spatio-temporel » (cf. Chapitre X). Une telle hypothèse semble plutôt relever de la fiction, mais elle n'est peut-être pas définitivement exclue : des modifications quantiques à la relativité générale pourraient, en effet, en cas de champs gravitationnels très intenses, invalider des conclusions basées sur une théorie classique (voir Chapitre VII).

— Il n'est pas possible de détruire ou de briser un trou noir : par contre, l'agglomération de deux trous noirs pourrait libérer une quantité d'énergie considérable (de l'ordre de 5 à 40 % de la masse au repos de ces objets, soit beaucoup plus que via des réactions thermonucléaires).

— Un grand nombre de sites possibles où des trous noirs pourraient exister dans notre Univers ont été suggérés (amas globulaires, noyaux de galaxies, y compris la nôtre, quasars). Le meilleur candidat trou noir est, cependant, la binaire **Cygnus X-1,** située dans notre galaxie, dans la constellation du Cygne, à une distance d'environ 10 000 années-lumière de la Terre. L'étoile invisible de la binaire pourrait être un trou noir de 9 masses solaires qui aspirerait de la matière de l'autre étoile : cette matière spiralant vers le trou noir constituerait un disque d'accrétion et, en s'échauffant, pourrait atteindre des températures suffisantes pour émettre une grande quantité de rayons X.

— Le physicien britannique Hawking a émis l'hypothèse qu'il a pu se former au début de l'Univers de tout petits trous noirs, des **mini-trous noirs primordiaux,** dont la masse serait nettement inférieure à celle des trous noirs stellaires (elle pourrait varier entre 10^{-5}g et 10^{-15}g ; par exemple, dans ce dernier cas, ce mini-trou noir aurait la masse entière d'une montagne concentrée dans le volume d'une particule élémentaire). Pour les étudier, il faut alors faire appel à la mécanique quantique, qui est la discipline scientifique qui étudie les interactions entre composants élémentaires de la matière (molécules, atomes, particules élémentaires). Ces mini-trous noirs pourraient alors s'évaporer graduellement, explosant littéralement à la fin de leur vie et émettant alors des quantités d'énergie considérables (par exemple, dans le dernier dixième de seconde, une énergie équivalente à celle libérée lors de l'explosion simultanée de dix millions de bombes d'hydrogène d'une mégatonne !). Il n'existe actuellement aucune preuve observationnelle d'existence de tels mini-trous noirs.

Le trou noir joue donc aujourd'hui dans notre description de l'Univers et des grandes structures cosmiques un rôle extrêmement important : en effet, alors que, par définition, il est totalement invisible s'il est nu, il peut, s'il est habillé de gaz ou d'étoiles, être la clé des phénomènes les plus lumineux connus ; ce concept a ainsi changé, de manière radicale, notre vision de l'Univers physique.

De plus, du point de vue théorique, l'étude des trous noirs (un sujet interdisciplinaire par excellence !) pourrait, en mettant en évidence des connexions profondes et insoupçonnées entre les diverses branches de la physique, apporter une intéressante contribution à la recherche d'une véritable théorie unifiée des phénomènes physiques, susceptible d'éclairer, sous un jour neuf, ces questions capitales que constituent, d'une part, le destin final de la matière engagée dans un processus de collapse catastrophique et, d'autre part, l'origine de la matière et donc de notre Univers.

CHAPITRE IV

UNE RECONSTITUTION DE L'HISTOIRE DE L'UNIVERS : LE MODÈLE STANDARD DU BIG BANG

Ainsi donc, les observations actuelles sont certainement favorables à un modèle de type FLRW sans constante cosmologique, pour décrire les phases de l'Univers de température inférieure à 3 000 K, correspondant à un temps, compté depuis le début de la phase d'expansion, supérieur à un million d'années. Si, de plus, la théorie de la nucléosynthèse cosmologique est correcte, ce modèle pourrait s'appliquer jusqu'à des températures de l'ordre du milliard de Kelvins, c'est-à-dire dès que l'Univers a atteint l'âge de quelques minutes. Enfin, si l'on suppose l'Univers spatialement homogène et isotrope depuis la singularité initiale (c'est-à-dire, si l'on adopte un modèle FLRW depuis $t = 0$) et si l'on admet que la température était extrêmement élevée au cours des toutes premières phases ayant suivi le début de l'expansion, on obtient le **modèle standard du « Big Bang » chaud,** encore appelé **modèle canonique du « Big Bang »** [1]. C'est ce modèle que, dans un premier temps, nous allons étudier.

Au fur et à mesure que l'on se rapproche de la singularité initiale, la température augmente comme l'inverse du

1. L'évolution du modèle standard du Big Bang est remarquablement décrite dans : S. Weinberg, *Les trois premières minutes de l'Univers,* op. cit. J. Silk, *The Big Bang,* Freeman, New York, 1980. M. Lachieze-Rey, *Connaissance du cosmos,* Albin Michel, Paris, 1987.

« rayon » de l'Univers; la densité d'énergie associée à la matière et celle de radiation croissent aussi toutes deux. Actuellement, la densité d'énergie de la radiation, c'est-à-dire celle du rayonnement de fond cosmique, est à peu près mille fois plus faible que celle de la matière, mais comme cette dernière augmente moins vite lorsqu'on remonte dans le passé, il a dû exister une période au début de l'expansion, durant laquelle l'Univers était essentiellement un Univers de radiation (ceci n'est pas sans rappeler le récit de la Genèse, le « Fiat lux » du premier jour de la création...) (voir fig. 4.1). Le moment où la radiation devient prédominante coïncide à peu près d'ailleurs — mais ce n'est là apparemment qu'une pure coïncidence — avec la phase de découplage de la radiation, séparant la période où la matière est ionisée de celle se prolongeant actuellement, où des atomes neutres peuvent exister.

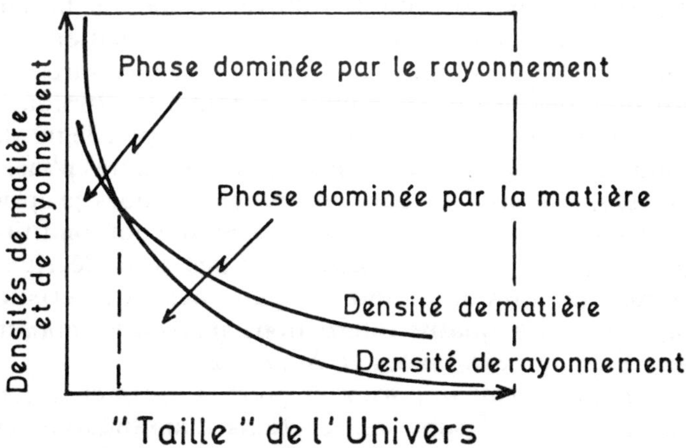

Fig. 4.1 : *Au cours de l'expansion de l'Univers, les densités de matière et de rayonnement décroissent toutes deux, à des taux différents, cependant. Initialement, c'est la radiation qui était prépondérante, tandis qu'à présent, c'est la matière. L'époque de transition qui se situe environ un million d'années après le début de l'expansion, correspond à l'intersection des deux courbes.*

Ainsi, si l'on suppose connues par l'observation les valeurs des paramètres suivants : H_0, q_0, densité actuelle de la matière ainsi que celle de la radiation, et si l'on adopte un modèle FLRW depuis $t = 0$, on peut décrire quantitativement l'histoire de l'Univers depuis le début de son expansion jusqu'à présent. Il convient évidemment, pour caractériser correctement chaque époque, d'utiliser les lois physiques correspondant aux conditions de pression, densité et température qui y règnent (par exemple, pression nulle pour l'Univers actuel, pression de radiation pour les périodes durant lesquelles le rayonnement est prédominant).

4.1. LA PHYSIQUE DES PARTICULES ÉLÉMENTAIRES À LA RESCOUSSE DE LA COSMOLOGIE

La physique des particules élémentaires[2] joue un rôle primordial dans l'histoire de l'Univers jeune, car la température est alors tellement élevée que la matière y est dissociée en ses composantes les plus élémentaires. C'est ainsi que, dès la fin des années soixante, la physique des hautes énergies est devenue l'instrument privilégié de la cosmologie. Pour en savoir plus sur les premières phases de l'Univers, il nous faut donc examiner quelques propriétés importantes des particules élémentaires qui ont conditionné l'évolution de l'Univers primitif. Elles sont décrites en Annexe 1 (à la fin du Chapitre) ; quant aux caractéristiques essentielles des quatre interactions physiques fondamentales, elles sont examinées en Annexe 2.

Particulièrement importantes pour la compréhension de l'Univers primitif sont les réactions d'**annihilation** entre particules et antiparticules et celles, inverses, de **matérialisation** de paires particule-antiparticule à partir du rayonne-

2. Deux excellents ouvrages récents font le point, dans un langage accessible, sur les progrès récents de la physique des particules élémentaires : G. Cohen-Tannoudji et M. Spiro, *La matière-espace-temps*, Fayard, Paris, 1986. M. Crozon, *La matière première*, Editions du Seuil, Paris, 1987.

ment de corps noir, ces processus étant d'ailleurs journellement observés dans les grands accélérateurs (voir Annexe 3).

4.2. LA FOURNAISE PRIMORDIALE

Nous pouvons maintenant esquisser une histoire de l'Univers jusqu'à la période de découplage, en mettant en évidence les phénomènes les plus marquants qui ont laissé des traces dans l'architecture et la composition de l'Univers actuel.

Si on remonte dans le passé jusqu'à la singularité initiale, la température croît très vite, jusqu'à une valeur théoriquement infinie. La matière est alors dissociée en électrons et nucléons (protons et neutrons) et ceux-ci, à leur tour, en leurs constituants, les quarks. Toutes les particules interagissent extrêmement rapidement selon les modes d'interaction (forte, électromagnétique et faible) propres à leur espèce (cf. Annexe 2). Dans cette fournaise, l'équilibre thermodynamique règne entre toutes les espèces de particules présentes et le rayonnement : la théorie du corps noir montre que les densités numériques de toutes les espèces de particules sont alors du même ordre de grandeur. Comme l'énergie moyenne par photon croît proportionnellement à la température, on peut, dans ces conditions extrêmes, atteindre le seuil de production d'une particule-antiparticule.

Il correspond, en effet, à chaque type de particule une température seuil proportionnelle à la masse, température qui doit être atteinte pour que des paires particule-antiparticule puissent être créées à partir du rayonnement du corps noir : cette température est de 6.10^9 K pour les paires électron-position et de 2.10^{12} K pour les paires proton-antiproton (cf. Annexe 3). C'est pourquoi l'exploration des phases de l'Univers de plus en plus proches de la singularité initiale fait intervenir une composition de plus en plus variée en particules et en antiparticules. Outre les particules connues, toutes les particules dont l'existence est prévue par les récentes théories unifiées, mais dont l'identification n'a pas encore été faite en laboratoire, doivent être présentes au début de l'Univers.

A l'inverse, l'écoulement du temps voit se produire une énorme simplification de la composition de l'Univers. La température décroît avec l'expansion ; à une certaine température, seules les particules dont l'énergie de masse est inférieure à l'énergie thermique du rayonnement subsistent en grand nombre. Les autres, ne pouvant plus être renouvelées par le processus de création de paires, s'annihilent avec leurs partenaires d'antimatière et vont donc disparaître progressivement. Dans la fournaise initiale, les réactions d'annihilation et de matérialisation sont suffisamment rapides pour que de la matière et de l'antimatière puissent être constamment créées à partir du rayonnement pour ensuite s'annihiler et ce, de manière continuelle. Dans ces conditions extrêmes, les nombres de particules de chaque type ne sont certainement pas conservés.

4.3. DES CONDITIONS PHYSIQUES INITIALES POUR L'UNIVERS

Cependant, les réactions de création et d'annihilation de paires ne peuvent se produire que si elles obéissent à un certain nombre de lois de conservation importantes. Ainsi, des particules ne peuvent être créées ou détruites qu'avec des charges électriques opposées : **la charge électrique** totale du système est donc constante. D'autre part, on ne connaît actuellement aucune réaction où l'on voit apparaître ou disparaître un baryon sans qu'apparaisse ou disparaisse simultanément un autre baryon. On attribue alors conventionnellement un nombre B = 1 à chaque baryon (B = 1/3 à chaque quark) et B = – 1 à chaque antibaryon (B = – 1/3 à chaque antiquark). La somme algébrique des nombres baryoniques individuels, qui constitue le **nombre baryonique** total, doit alors être constante (voir l'exemple de la création d'une paire proton-antiproton décrit dans l'Annexe 3). Une troisième grandeur conservée est le **nombre leptonique** total, un nombre leptonique individuel étant attribué à chaque lepton et son contraire à l'antilepton correspondant ; le nombre total de leptons diminué du nombre d'antileptons doit donc être conservé : plus précisément, le nombre leptonique associé à chacune des trois familles de leptons (électron, muon, tauon) doit être individuellement conservé, d'où l'introduction de trois nombres leptoniques distincts, respectivement appelés **électronique, muonique et tauonique** (l'exemple détaillé de la matérialisation d'une paire électron-positon est décrit dans l'Annexe 3).

L'intérêt de ces grandeurs conservées est capital, car elles sont les témoins des conditions physiques de l'Univers jeune. Ce sont elles qui nous permettent de retracer l'histoire de l'évolution cosmique. De plus, le nombre baryonique, le nombre leptonique et la charge électrique par unité de volume, d'une part, le nombre de photons par unité de volume, d'autre part, variant de la même manière au cours de l'expansion, plus précisément comme l'inverse du cube de la taille de l'Univers, on en déduit que le nombre baryonique, le nombre leptonique et la charge électrique par photon restent constants durant l'évolution de l'Univers. Il suffit, par conséquent, de les connaître au début de l'expansion. Ainsi donc, à la liste des paramètres énumérés plus haut et dont la connaissance est nécessaire pour reconstituer l'histoire de l'Univers dans le cadre de modèle standard du Big Bang, il convient d'ajouter la charge électrique, le nombre baryonique et le nombre leptonique par photon de l'Univers.

En ce qui concerne, tout d'abord, **la charge électrique de l'Univers,** celui-ci est généralement supposé électriquement neutre, si bien que la charge électrique globale de l'Univers est alors nulle.

Le nombre leptonique de l'Univers est très difficile à évaluer, suite à l'impossibilité dans laquelle nous nous trouvons actuellement d'observer les neutrinos et antineutrinos d'origine cosmologique, c'est-à-dire résiduels de la fournaise initiale, qui pourraient contribuer de manière importante au nombre leptonique.

Par contre, **le nombre baryonique par photon de l'Univers,** que nous désignerons par η, est accessible à l'observation : on peut l'évaluer actuellement, les baryons étant essentiellement ceux présents dans les noyaux atomiques répartis dans les grandes structures cosmiques, les photons étant ceux du rayonnement cosmologique à 2,7 K ; on estime la valeur de η à un milliardième, ce qui signifie qu'il y a, en moyenne dans tout l'Univers, un milliard de photons par baryon.

4.4. Y A-T-IL DE L'ANTIMATIÈRE DANS L'UNIVERS ?

Il existe une autre série d'observations d'importance dans le contexte de la caractérisation du contenu baryonique de l'Univers ; elles peuvent, en effet, s'interpréter en admettant que notre Univers ne contient pas d'antimatière primitive, c'est-à-dire autre que celle produite sans la forme d'antiprotons au cours des collisions à très haute énergie de particules matérielles, telles que les rayons cosmiques, avec la matière galactique. L'absence dans l'Univers d'une quantité suffisante de rayons gamma qui seraient produits au cours de réactions d'annihilation entre protons et antiprotons fait, en effet, penser qu'il ne peut pas exister d'antimatière dans l'Univers ; en fait, s'il en existe, elle doit être séparée de la matière au moins à l'échelle des amas de galaxies : c'est en tout cas là l'opinion majoritaire aujourd'hui.

Certains physiciens, convaincus d'un Univers composé en même quantité de matière et d'antimatière, se sont ingéniés à trouver un mécanisme permettant à la matière et à l'antimatière de survivre au refroidissement de la « soupe » originelle. Les premières tentatives pour construire un tel modèle symétrique[3] (c'est-à-dire de nombre baryonique nul) se sont cependant révélées peu fructueuses, les difficultés sérieuses auxquelles elles se sont heurtées n'ayant pu être surmontées.

Ainsi donc, se posent au cosmologiste théoricien les deux questions fondamentales suivantes : Pourquoi, d'une part, n'y a-t-il que de la matière dans l'Univers et pourquoi, d'autre part, en existe-t-il une telle quantité, c'est-à-dire un baryon par milliard de photons ?

Une réponse intéressante à ces questions a été avancée dans le cadre des récentes théories unifiées des interactions fondamentales, mais avant d'en parler, nous allons nous attacher à reconstituer dans ses grandes lignes l'histoire de l'Univers telle que permet de la visualiser le modèle standard du Big Bang chaud. Nous examinerons par après les modifications de ce scénario que suggèrent, d'une part, certaines critiques pertinentes et qu'entraîne, d'autre part, l'introduction des théories unifiées.

4.5. LES GRANDES PÉRIODES DE L'HISTOIRE DE L'UNIVERS

L'adoption du modèle standard permet de fixer l'échelle temporelle de l'Univers et donc de déterminer à quelle période se sont produits les événements marquants de l'évolution cosmique.

C'est ainsi que l'histoire de l'Univers peut être divisée en cinq grandes périodes, baptisées du nom de l'espèce de particules qui y prédomine, exception faite de la toute première dont l'appellation repose sur d'autres considérations (voir fig. 4. 2. et tableau 4.1.). Ainsi, en partant de la

3. R. Omnes, La Recherche, *3*, 1972, p. 462.
La problématique de la prépondérance de matière sur l'antimatière dans notre Univers, en relation avec le type de modèle cosmologique, est discutée dans : J. Demaret et J. Vandermeulen, Cahiers *Fundamenta Scientiae, 75*, Université Louis Pasteur, Strasbourg, 1977 et Impact : Science et Société, *29*, 1979, p. 61.

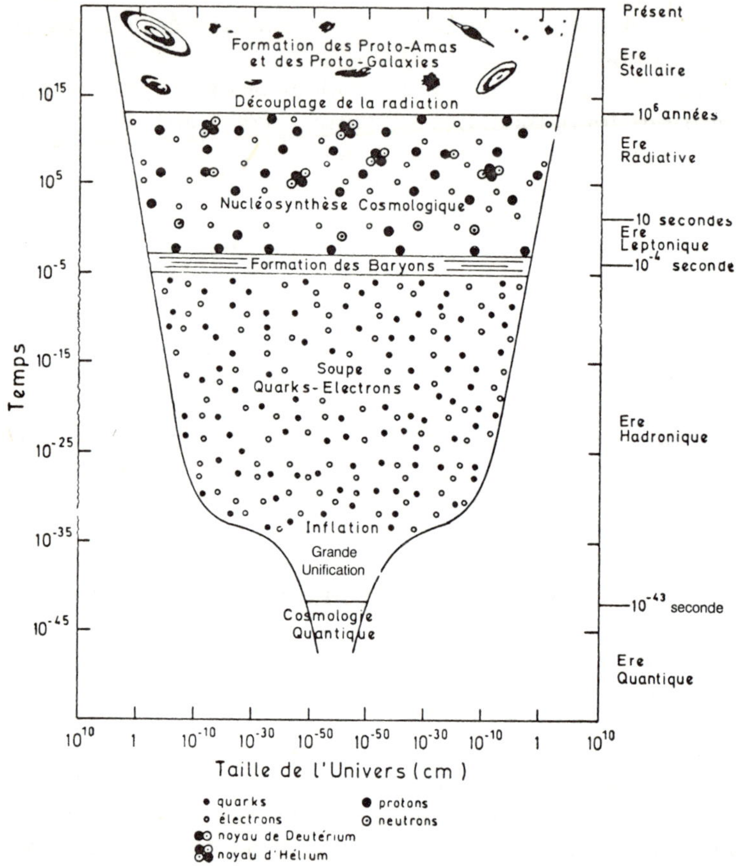

Fig. 4.2 : *Sur ce schéma donnant la taille de l'Univers en fonction du temps écoulé depuis le Big Bang, sont représentées les grandes époques de l'histoire cosmique. L'évolution de l'Univers est divisée en cinq grandes périodes baptisées selon l'espèce de particules qui y est prédominante, exception faite de la toute première, l'ère quantique. Les événements les plus marquants de l'histoire de l'Univers y sont indiqués.*

singularité initiale au temps zéro, on rencontre successivement l'**ère quantique, l'ère hadronique, l'ère leptonique, l'ère radiative** et, enfin, **l'ère stellaire,** certaines ères pouvant d'ailleurs se subdiviser en sous-ères lorsqu'on tient compte d'une description plus fine des phénomènes impliqués.

4.6. L'ÈRE QUANTIQUE ET L'ORIGINE DE LA MATIÈRE

La première ère, l'**ère quantique,** s'étend de t = 0 jusqu'au temps incroyablement faible de 10^{-43} seconde, appelé temps de Planck. La température et la densité totale de matière et de radiation y sont, respectivement, supérieures à 10^{32} K et 10^{94}g/cm^3. Cette ère nous est encore très mal connue, tant les conditions qui y règnent sont éloignées de celles que la physique d'aujourd'hui permet de décrire. L'Univers est alors tellement petit — pas plus grand en fait qu'une particule élémentaire — que pour en construire un modèle correct, il faut utiliser la discipline qui étudie les systèmes microscopiques, c'est-à-dire la mécanique quantique, ce qui implique l'intrusion des probabilités et l'abandon du concept de temps cosmique global (cf. § 7.6).

En réalité, dans ces conditions de gravité extrême, la mécanique quantique et la relativité générale devraient être complètement amalgamées en une théorie quantique cohérente de la gravitation, donc de la géométrie de l'Univers. Malgré de nombreuses propositions, dont certaines très intéressantes dont nous reparlerons brièvement, il n'existe malheureusement pas encore aujourd'hui de théorie satisfaisante de ce type. Peut-être même, faudra-t-il d'abord substituer à la relativité générale une théorie complètement unifiée des quatre interactions physiques, dont les prototypes actuels, les théories multidimensionnelles de la supergravité et des « supercordes », peuvent constituer une approche intéressante.

La recherche d'une théorie quantique unifiée des divers champs physiques constitue certainement le problème le

TABLEAU 4.1 : LES PRINCIPAUX EVENEMENTS DE L'HISTOIRE DE L'UNIVERS

Temps cosmique	Temperature de la radiation (K)	Densité (g/cm^3)	Epoque	Evénement
15 milliards d'années	2,7	$\sim 4 \times 10^{-31}$		Apparition de l'homme (il y a environ 2 millions d'années)
A partir de 14,4 millards d'années				Apparitions successives des formes de vie macroscopiques sur terre (poissons, reptiles, mammifères)
12 milliards d'années				Apparition des première formes de vie microscopiques sur terre
10 milliards d'années				Formation des planètes
9 milliards d'années				Effondrement de la nébuleuse protosolaire
4 milliards d'années				Formation des premières étoiles. Apparition des quasars
1 à 2 milliards d'années				Début de la formation des galaxies
			Début de l'ère stellaire	Univers devient transparent et dominé par la matière
1 million d'années	10^4	10^{-21}	**Epoque de découplage**	Découplage de la radiation
100 secondes				Synthèse de l'hélium et du deutérium
10 secondes	10^{10}	10^4	**Début de l'ère radiative**	Annihilation des paires électron-positon
10^{-4} seconde	10^{12}	10^{14}	**Début de l'ère leptonique**	Annihilation des paires proton-antiproton
10^{-5} seconde				Formation des baryons (protons, neutrons) Naissance de la prépondérance de la matière sur l'antimatière
10^{-35} seconde				Grande unification
			Début de l'ère hadronique	Inflation cosmique (théories de supergravité et de supercordes?)
10^{-43} seconde	10^{32}	10^{94}	**Temps de Planck**	Création de particules
0	∞ (théorie classique)	∞ (théorie classique)	**Singularité**	Big Bang

plus important et le plus difficile de toute la physique théorique contemporaine : c'est, en quelque sorte, le Graal du physicien. Que peut-on en attendre? Tout d'abord, probablement la résolution du problème de la singularité initiale de l'Univers, dont l'existence est prédite par la relativité générale et qui marque une limitation de cette théorie puisque celle-ci y perd tout pouvoir prédictif. Il est aussi possible que le problème de l'origine des particules élémentaires, donc de la matière, trouve une explication en termes d'effets quantiques durant cette période, plus particulièrement sous la forme du phénomène typiquement quantique de création de particules dans un champ de gravitation variant extrêmement rapidement.

4.7. L'ÈRE HADRONIQUE ET LA COMPOSITION BARYONIQUE DE L'UNIVERS

L'**ère hadronique** s'étend de 10^{-43} seconde à environ un dix-millième de seconde ; la température tombe de 10^{32} K à mille milliards de Kelvins et la densité chute de 10^{94}g/cm^3 à 10^{14} g/cm^3.

Comme nous l'avons déjà noté, l'Univers y est d'abord une sorte de pâte composée de quarks, d'antiquarks, de leptons et d'antileptons, y compris les neutrinos et antineutrinos, ainsi que de photons, toutes ces particules étant en équilibre thermodynamique et les densités numériques de chacune de ces espèces étant de même ordre de grandeur (les différences sont dues à la nature statistique des particules : fermions de spin demi-entier, tels que les baryons et les leptons, bosons de spin entier, tels que les photons et les mésons).

C'est une ère certainement capitale pour toute l'histoire ultérieure de l'Univers ; elle détient peut-être, en effet, la réponse à un certain nombre d'énigmes concernant l'Univers actuel, comme son caractère exclusivement matériel, son homogénéité spatiale, son isotropie et sa platitude, mais aussi son organisation en galaxies, amas et superamas.

Notre connaissance de cette ère extrêmement importante dépend évidemment des progrès réalisés en physique des particules élémentaires, ceux-ci étant liés aux expériences futures qui se dérouleront dans les grands accélérateurs, mais aussi à l'imagination des théoriciens.

On voit ici, au cours de cette ère hadronique, se rejoindre en une véritable symbiose la science de l'infiniment grand et celle de l'infiniment petit : la physique des particules élémentaires fournit évidemment des renseignements extrêmement précieux sur le comportement des particules de très haute énergie, nécessaires à l'élaboration de modèles des premières phases de l'Univers mais, d'autre part, les conditions physiques qui y règnent à ce moment ne pouvant pas actuellement être reproduites dans nos laboratoires terrestres, l'étude théorique de l'ère hadronique constitue pour le physicien un laboratoire privilégié qui lui permet de tester les théories et les modèles qu'il a élaborés : nous aurons l'occasion de rencontrer plus loin quelques exemples remarquables de ces contraintes imposées par la cosmologie à la physique des hautes énergies[4].

Ce n'est que grâce aux progrès récents dans le développement d'une théorie cohérente des interactions fortes, la chromodynamique quantique, et des théories de grande unification (cf. § 5.1) que des progrès déterminants ont pu être obtenus dans la compréhension de l'ère hadronique, qui était très mal connue jusqu'il y a peu. En particulier, la chromodynamique quantique permet d'étudier un des événements marquants qui s'est produit à la fin de l'ère hadronique, à savoir la combinaison des quarks en nucléons et antinucléons, qui s'opère vers 10^{-5} seconde. Quant aux théories de grande unification, ce sont elles qui détiennent peut-être, comme nous le verrons au § 5.1, le secret de la composition baryonique de l'Univers.

4. Pour une revue des liens privilégiés existant entre cosmologie et physique des particules élémentaires, voir : J. Demaret et J. Vandermeulen, La Recherche, *13*, 1982, p. 1152.

L'ère hadronique s'achève lorsque l'énergie thermique du rayonnement devient inférieure à l'énergie de masse du plus léger des hadrons, c'est-à-dire du méson π, ce qui se produit à une température de l'ordre de 10^{12} K, lorsque l'Univers est vieux d'un dix-millième de seconde.

Si l'on suppose, toujours dans le cadre du modèle standard, que l'Univers était initialement de composition symétrique en matière et en antimatière, c'est-à-dire possédait un nombre baryonique global nul, on calcule que le nombre de nucléons et d'antinucléons qui auraient dû subsister après l'annihilation massive marquant la fin de l'ère hadronique, est seulement de l'ordre de 10^{-18} par rapport au nombre de photons. Or, ce nombre doit se conserver jusqu'à l'époque actuelle ; si on le compare à la valeur observée actuellement du même rapport, c'est-à-dire $\eta = 10^{-9}$, on constate qu'il est donc un milliard de fois trop faible ! Ainsi donc, l'abondance de matière observée aujourd'hui, quoique modeste, est encore trop importante pour qu'on puisse l'expliquer dans le cadre de la physique des particules traditionnelle, en postulant un nombre baryonique initial nul pour l'Univers. Ce désaccord impressionnant entre observation et théorie « classique » montre évidemment toute la pertinence de la question fondamentale : Pourquoi y a-t-il autant de matière dans l'Univers ?

Dans le contexte du modèle standard initialement symétrique vis-à-vis de son contenu en particules et antiparticules, un seul des nucléons actuels sur environ un milliard pourrait donc être considéré comme rescapé de l'annihilation massive de la fournaise initiale. On se voit alors forcé de postuler qu'il a toujours existé un excès de nucléons sur les antinucléons de l'ordre de un nucléon par milliard de paires nucléon-antinucléon, c'est-à-dire un nombre baryonique initial différent de zéro pour l'Univers. L'annihilation en fin d'ère hadronique s'étant chargée de la destruction des paires, c'est de ce faible excès de baryons que serait issue la substance de l'Univers matériel. Ainsi donc, l'existence de la matière refléterait seulement une simple condition initiale.

La réponse du modèle canonique du Big Bang au problème de la prédominance dans l'Univers de la matière sur l'antimatière est la plus simple de toutes : parce qu'il en a toujours été ainsi, mais elle est affreusement dissymétrique et peu satisfaisante aux yeux de la plupart des scientifiques. Il serait évidemment à la fois plus attrayant et plus esthétique ainsi que moins arbitraire d'imaginer que, dans un Univers de nombre baryonique initial nul, une asymétrie entre baryons et antibaryons puisse naître dans les conditions particulières de la fournaise primitive. C'est précisément ce que les théories de grande unification (cf. § 5.1) proposent de manière naturelle comme solution au problème de la composition baryonique de l'Univers.

Avant d'aborder ces développements récents, poursuivons l'examen des diverses ères du modèle standard, en supposant qu'au sortir de l'ère hadronique, le bon nombre de nucléons, c'est-à-dire celui compatible avec les observations actuelles, s'est trouvé rescapé de l'annihilation massive.

4.8. L'ÈRE LEPTONIQUE ET LE DESTIN DES NEUTRINOS

Après l'ère hadronique, vient l'**ère leptonique,** qui s'étend d'un dix-millième de seconde à environ dix secondes ; la température y tombe de 10^{12} à 10^{10} K et la densité de 10^{14} g/cm^3 à 10^4 g/cm^3.

Durant cette ère, subsistent donc les nucléons rescapés dont nous venons de parler, ainsi que les leptons : essentiellement les électrons et les divers neutrinos, avec les antiparticules correspondantes. Ce sont ces leptons qui constituent alors la composante essentielle du rayonnement.

Afin que l'Univers soit globalement neutre du point de vue électrique, il faut évidemment qu'à côté des baryons chargés positivement, c'est-à-dire les protons, porteurs d'une charge positive, on trouve un nombre équivalent d'électrons porteurs chacun d'une charge identique mais négative. Dans le modèle dissymétrique, il est donc nécessaire de postuler en plus du nombre baryonique initial de l'Univers, le même nombre leptonique électronique initial. Un tel résultat pourrait, par contre, découler de manière naturelle des théories de grande unification, dans l'hypothèse d'un Univers de nombres baryonique et leptonique initialement nuls.

Au cours de l'ère leptonique, une seconde environ après l'explosion originelle, lorsque la température atteint dix milliards de Kelvins, les **neutrinos** vont se séparer de la matière et du rayonnement ; la température et la densité sont alors insuffisantes pour les maintenir en équilibre avec les leptons chargés, via les interactions faibles. Les neutrinos vont désormais évoluer indépendamment des autres particules, se refroidissant progressivement suite à l'expansion de l'Univers : leur température actuelle devrait être de l'ordre de deux Kelvins et, tout comme dans le cas des photons, il devrait exister de l'ordre d'un milliard de neutrinos et d'antineutrinos par nucléon. Malheureusement, des neutrinos d'énergie aussi faible interagissent tellement peu avec la matière qu'il est impossible de les détecter, du moins à l'heure actuelle. La découverte de tels neutrinos à une température en accord avec la valeur prédite théoriquement constituerait évidemment une confirmation éclatante de la validité du modèle du Big Bang canonique.

En fait, le rôle cosmologique des neutrinos peut être tellement fondamental, surtout s'ils sont massifs, qu'il vaut la peine de nous arrêter quelque peu à dresser le portrait de cette particule dépourvue de charge, traditionnellement considérée comme de masse nulle, et qui apparaît alors comme le corpuscule le plus fugitif qui soit : insensible aux interactions fortes et électromagnétiques, le neutrino se déplace, dans l'hypothèse de l'absence totale de masse, exactement avec la vitesse de la lumière et seul un neutrino sur dix milliards environ traversant toute la terre a une chance d'interagir avec une autre particule.

La convention de masse nulle pour les neutrinos ne repose cependant sur aucun fondement expérimental. L'expérience fournit seulement une limite supérieure à cette masse, qui est faible pour les neutrinos électronique et muonique (respectivement, environ un dix-millième de la masse électronique et une fois la masse de l'électron), mais plus élevée dans le cas du neutrino tauonique, environ 500 fois la masse de l'électron. Du côté théorique, cependant, les théories de grande unification prévoient l'existence d'une masse non nulle pour le neutrino. Dans ces conditions, la contribution des neutrinos à la masse de l'Univers pourrait fort bien n'être pas négligeable.

Ainsi, si les neutrinos cosmologiques reliques avaient une masse suffisamment élevée, la densité de masse correspondante pourrait, vu leur grand nombre, dépasser celle des baryons et ce seraient alors les neutrinos qui domineraient la dynamique de l'Univers : il suffirait pour cela que leur masse soit supérieure à 1 ev/c^2, c'est-à-dire dépasse deux millioniėmes de la masse de l'électron, à peine. Par ailleurs, si la masse de ces neutrinos reliques était supérieure à 10 ev/c^2, ils pourraient à eux seuls fermer l'Univers (cf. fig. 4.3). Les neutrinos à masse pourraient d'ailleurs aussi résoudre le problème de la « masse manquante », expliqué précédemment.

Si la physique des particules élémentaires peut avoir des conséquences importantes sur le destin de l'Univers, à l'inverse, la cosmologie impose des contraintes manifestes aux modèles et paramètres de la physique corpusculaire : ainsi, la limite supérieure à la densité de l'Univers actuel fournie par l'observation, c'est-à-dire $2.10^{-29} g/cm^3$ (correspondant à $q_0 = 2$), interdit aux neutrinos de posséder une masse supérieure à environ 50 ev/c^2 (cf. fig. 4.3).

Il existe une série d'expériences datant déjà de quelques années et dues à un groupe de physiciens soviétiques[5] qui paraissent indiquer une masse possible du neutrino associée à l'électron, comprise entre 14 et 46 ev/c^2. Des tentatives plus récentes de mesurer cette masse semblent fixer pour

5. V. A. Lubimov, E. G. Novikov, V. Z. Nozik, E. F. Tretyakov et V. S. Kosik, Physics Letters, *94* B, 1980, p. 266.

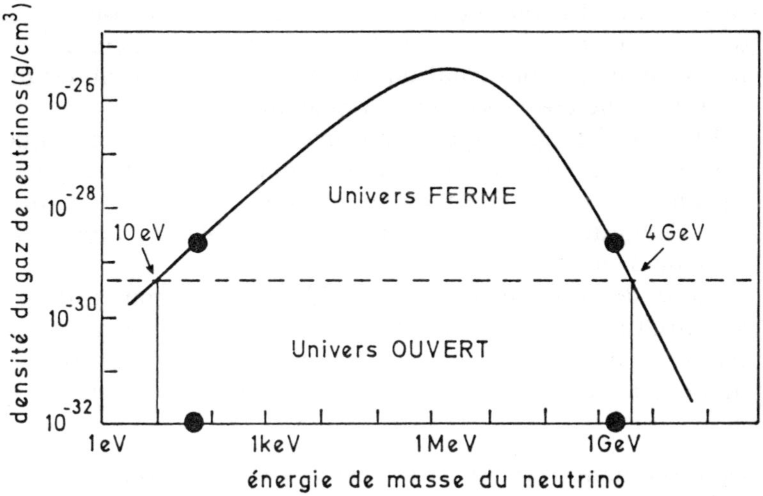

Fig. 4.3 : *Il devrait exister à l'heure actuelle de l'ordre de un milliard de neutrinos et antineutrinos par baryon (neutron, proton). Conventionnellement, la masse des neutrinos est nulle, mais les expériences ne fournissent que des limites supérieures à cette masse. Par conséquent, l'existence de neutrinos de masse non nulle n'est pas du tout exclue. Cette figure montre le résultat du calcul de la contribution d'un gaz de neutrinos massifs à la masse totale de l'Univers actuel, en fonction de l'énergie de masse de ces neutrinos. Des neutrinos reliques du début de l'Univers, dont la masse serait, d'une part, supérieure à 10 eV/c^2, dans le cas de neutrinos légers, ou d'autre part, inférieure à 4 GeV/c^2 pour d'éventuels neutrinos lourds, suffiraient à fermer l'Univers. Ainsi, la physique des particules a des conséquences sur le destin de l'Univers. A l'inverse, la cosmologie a des implications sur la physique des particules. En effet, l'observation fournit une limite supérieure à la densité de l'Univers actuel, 2.10^{-29} g/cm^3. Cette limite supérieure entraîne une contrainte pour la masse des neutrinos (valeurs indiquées par des cercles). Celle-ci doit être au maximum de 50 eV/c^2 pour les neutrinos légers et au minimum de 2 GeV/c^2 pour les neutrinos lourds.*

celle-ci une limite supérieure plus faible, de l'ordre, tout au plus, d'une dizaine d'ev/c^2. Ces expériences très délicates, qui ont été la cible de nombreuses critiques, demandent manifestement confirmation avant de pouvoir attribuer un éventuel rôle cosmologique au neutrino.

Etonnante fonction pour une particule aussi fantomatique née de l'imagination d'un physicien que de peut-être régir la dynamique de l'Univers global et déterminer s'il doit finir par s'éteindre dans un froid interminable ou dans une chaleur d'enfer...

La fin de l'ère leptonique coïncide avec la disparition par annihilation des leptons plus légers, c'est-à-dire des électrons et des positons, ceci lorsque la température est descendue aux alentours de dix milliards de Kelvins.

4.9. L'ÈRE RADIATIVE ET LA NUCLÉOSYNTHÈSE COSMOLOGIQUE

C'est alors le début de l'**ère radiative** qui s'étend jusqu'à environ un million d'années, la température chutant jusqu'à trois mille Kelvins et la densité jusqu'à 10^{-21} g/cm^3.

Le rayonnement thermique est alors constitué essentiellement de photons, ainsi que du faible excès de nucléons (initial ou dérivé des théories de grande unification) et d'une quantité équivalente d'électrons, qui assure la neutralité électrique globale de l'Univers. La matière, à ce moment, est comme un faible précipité en suspension dans un océan de lumière.

C'est au cours de l'ère radiative, entre trois et quinze minutes environ, à une température voisine du milliard de Kelvins que se produit un événement crucial de l'histoire cosmique, la **nucléosynthèse cosmologique**[6], déjà briève-

6. Le processus de nucléosynthèse cosmologique est décrit dans : S. Weinberg, *Les trois premières minutes de l'Univers*, op. cit. La théorie détaillée en est donnée dans : S. Weinberg, *Gravitation and Cosmology : Principles and Applications of the General Theory of Relativity*, op. cit., Chapitre 15. On trouvera une revue des développements récents concernant

ment évoqué plus haut. Ce processus consiste donc en la construction de noyaux légers par fusion à partir des protons et des neutrons. Plus tôt, la température est trop élevée, les chocs trop violents pour permettre à ces noyaux de subsister ; plus tard, les chocs ne sont plus assez fréquents et, de surcroît, l'énergie des particules incidentes n'est plus suffisante pour vaincre la répulsion électrique entre protons.

Durant cette phase de nucléosynthèse, la réaction la plus importante est la fusion d'un noyau de deutérium à partir d'un proton et d'un neutron. Mais, le deutérium est particulièrement fragile et, à des températures suffisantes, les photons peuvent le dissocier si bien que son abondance reste très faible. Toutefois, au fur et à mesure que la température diminue, l'efficacité de la dissociation décroît et l'abondance du deutérium s'accroît, ouvrant la voie à des réactions conduisant à la production d'hélium 4, via une chaîne de réactions nucléaires à deux corps passant par la formation de tritium et d'hélium 3.

La densité diminuant très vite suite à l'expansion, la nucléosynthèse se termine pratiquement à l'hélium 4 qui représente 25 % de la masse du matériau cosmique : il se forme aussi du deutérium en faible abondance et des traces de lithium 7 et de béryllium (cf. fig. 3.4). Les éléments plus lourds sont, quant à eux, fabriqués ultérieurement dans les étoiles au cours du processus de nucléosynthèse stellaire.

En fait, comme le montre la théorie, l'abondance prédite de l'hélium 4 varie très peu avec la densité actuelle de nucléons, contrairement à celle du deutérium qui diminue de façon sensible si la densité de nucléons augmente car les collisions ont tendance à détruire le deutérium : ceci explique que l'abondance du deutérium soit, comme nous l'avons vu, un excellent indicateur de la densité baryonique univer-

---

la nucléosynthèse primordiale dans l'article de H. Reeves, *Histoire thermique et nucléosynthèse primordiale,* dans *Aux confins de l'Univers : Faut-il croire au Big Bang ?,* op. cit., p. 217.

selle qui se voit ainsi limitée à quelque huit pour cent de la densité critique (cf. fig. 3.4).

En revanche, l'abondance d'hélium 4 cosmologique permet, elle, de tester les modèles de la physique des particules élémentaires. En effet, la nucléosynthèse cosmologique fournit une indication sur la limitation du nombre de types de neutrinos. Si ce nombre était plus grand que ce qui est actuellement admis, l'augmentation correspondante de densité impliquerait une augmentation de l'abondance de l'hélium : pour rester en accord avec l'abondance observée actuellement, il semble nécessaire qu'il n'existe pas plus de trois types de neutrinos, tous déjà identifiés (respectivement électronique, muonique et tauonique)[7]. Cette limitation impose alors, dans le cadre des théories de grande unification, une limitation du nombre de quarks à six. Ainsi, l'idée séduisante d'un monde construit à partir d'un petit nombre de constituants élémentaires, l'ancienne idée de Démocrite, serait renouvelée.

Cette connexion remarquablement simple entre physique des particules élémentaires et cosmologie pourrait cependant devoir être modifiée. Dans ce qui précède, l'hypothèse d'un excès initial de neutrinos sur les antineutrinos n'a pas été envisagée. Or, cette dernière possibilité n'est pas sans importance. En effet, si le nombre leptonique (défini, rappelons-le, comme la différence entre le nombre des leptons et celui des antileptons) atteint l'ordre de grandeur du nombre des photons, l'abondance de l'hélium cosmologique sera modifiée, ce qui pourrait alors invalider les conclusions précédentes relatives au nombre de neutrinos. Tant qu'il n'existe

7. Cette prédiction, basée sur le processus de nucléosynthèse cosmologique, vient d'être vérifiée par des mesures précises de la durée de vie des particules Z°, produites en abondance dans le nouvel accélérateur géant du CERN, le LEP. Les résultats expérimentaux conduisent à une conclusion sans équivoque : il ne peut exister que trois types de neutrinos, en l'occurrence ceux qui sont déjà connus (avec, évidemment, les antineutrinos correspondants), et, ainsi, le modèle canonique du Big Bang reçoit une confirmation expérimentale éclatante.

pas de possibilité de détection des neutrinos cosmologiques, cette possibilité ne peut être exclue. Le problème pourrait évidemment être éclairci si les théories unifiées prédisaient de manière univoque le nombre leptonique de l'Univers ou, tout au moins, en limitaient les valeurs possibles.

L'ère radiative se termine quand les photons cessent d'interagir avec les électrons, c'est-à-dire lorsque la matière passe de l'état ionisé à l'état atomique (phase dite de **découplage de la radiation**). Les photons vont alors se refroidir tout en conservant leur spectre de corps noir ; ce sont eux qui constituent le rayonnement de fond à 2,7 K découvert par Penzias et Wilson. C'est aussi vers la fin de l'ère radiative que la densité d'énergie de masse au repos des nucléons devient supérieure à la densité d'énergie du rayonnement.

4.10. L'ÈRE STELLAIRE ET LA FORMATION DES GALAXIES

Commence alors l'ère dite **stellaire,** s'étendant depuis environ un million d'années jusqu'à présent ; elle est caractérisée par des températures de la radiation inférieures à 3 000 K et des densités de matière inférieures à 10^{-21} g/cm^3.

On suppose généralement que les galaxies se forment au début de notre ère. Avant la phase de découplage du rayonnement, la pression de la radiation était beaucoup trop importante pour permettre la condensation de la matière en galaxies et amas de galaxies, sous l'action de son champ de gravitation. Avec la disparition des électrons libres, l'Univers, jusque-là opaque à la radiation, devient transparent et la pression effective chute d'un facteur de l'ordre du milliard, ce qui permet alors à la gravitation de l'emporter sur la pression. Les galaxies peuvent alors se former suivant un mécanisme qui est cependant loin d'être complètement élucidé[8].

8. Dans un article récent (Nature, *335*, 1988, 601), P. J. E. Peebles et J. Silk présentent une revue critique des divers scénarios théoriques proposés en vue de rendre compte de la structure à grande échelle de

Deux grands scénarios de **formation des galaxies** se dégagent des travaux récents ; ils dépendent du type des perturbations du contenu matériel et radiatif de l'Univers qui ont pris naissance avant la période de découplage, c'est-à-dire au cours de la phase dominée par la radiation (cf. fig. 4.4).

Un premier scénario est issu de perturbations de type **adiabatique,** qui se comportent comme des ondes sonores durant la phase radiative. Ne peuvent alors survivre au début de l'ère stellaire que les ondes de très grande échelle, correspondant au moins à des amas de galaxies. Avec la chute de la pression de radiation, ces perturbations vont alors pouvoir grandir, provoquant l'effondrement de la matière sur elle-même, celle-ci prenant la forme de gigantesques nuages aplatis, sortes de **crêpes cosmiques.** Ces crêpes vont alors, au cours des phases ultérieures du collapse, se fragmenter en des nuages plus petits qui vont devenir des galaxies. Dans ce scénario étudié en détail par Zel'dovich et ses collègues moscovites[9], la structuration de l'Univers s'opère des échelles plus vastes vers les plus petites.

L'autre scénario est basé sur l'existence possible de fluctuations **isothermes** qui se manifestent, non pas sous la forme d'ondes sonores, mais bien de régions de densité matérielle accrue. L'amplitude de ces perturbations n'est pas amortie durant l'ère radiative, si bien que des fluctuations englobant une masse de l'ordre d'un million de masses solaires peuvent survivre au début de l'ère stellaire : ce sont elles qui vont d'abord s'individualiser, si bien que les premiers objets formés seront des amas d'étoiles. Ces systèmes vont alors se grouper pour constituer des galaxies,

---

l'Univers. Ils attribuent notamment à chacune de ces théories un coefficient de plausibilité dont la valeur estimée est très faible (<0,01 !), ce qui souligne les difficultés et le caractère encore spéculatif des diverses tentatives actuelles de résolution de ce gigantesque puzzle.

9. Ya B. Zel'dovich, dans *The Large Scale Structure of the Universe,* Symposium n° 79 de l'Union Astronomique Internationale, édité par M. S. Longair et J. Einasto, Reidel, Dordrecht, 1978, p. 409.

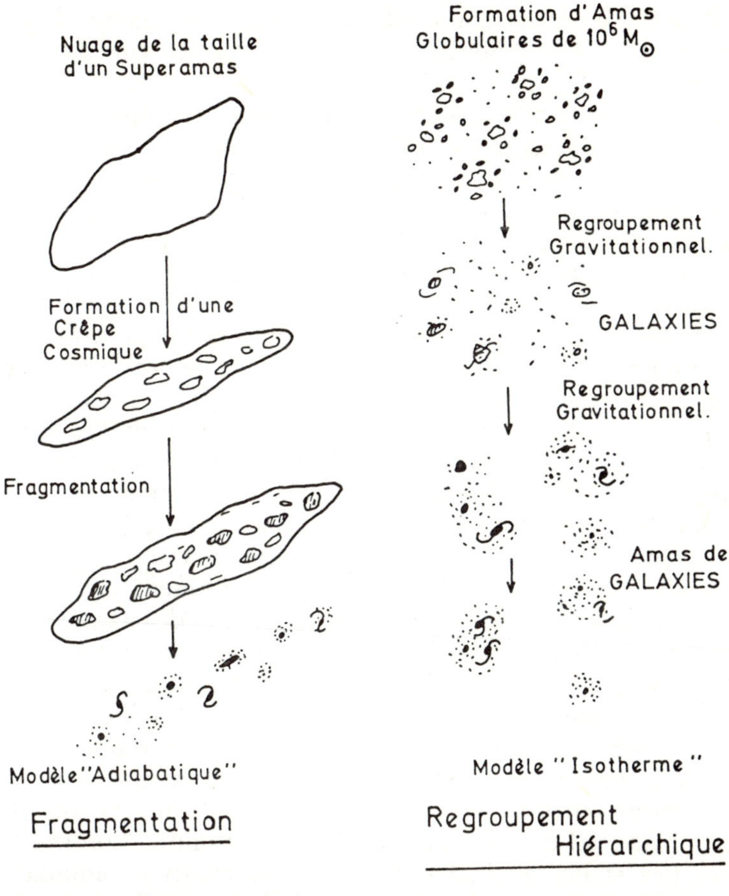

Fig. 4.4 : *Illustration de deux scénarios rivaux visant à expliquer la structure à grande échelle de l'Univers. Dans le modèle « adiabatique », les premières structures à émerger ont la taille caractéristique d'un superamas de 10^{16} masses solaires et ont la forme de crêpes. Ces superamas vont se fragmenter en structures plus petites qui finiront par former des galaxies. Dans le modèle « isotherme », par contre, les premières structures qui apparaissent ont la dimension d'amas globulaires contenant 10^6 masses solaires. C'est un processus de regroupement gravitationnel hiérarchique qui donnera naissance, dans la suite, aux plus grandes structures cosmiques (galaxies normales, amas, superamas).*

celles-ci, à leur tour, s'assemblant en amas de galaxies. Dans ce scénario, les galaxies se forment plus tôt que dans le précédent.

C'est évidemment aux observations astronomiques à choisir parmi ces deux scénarios — pour autant évidemment que l'un d'entre eux au moins soit satisfaisant — celui qui constitue la meilleure description de la séquence d'événements qui a conduit à la structure de l'Univers telle que nous l'observons aujourd'hui. Ainsi, un test important de la théorie des crêpes cosmiques consiste à essayer de mettre en évidence l'existence de fluctuations dans la température du rayonnement de fond sur la sphère céleste. En effet, ces variations résiduelles de température doivent constituer les reliques fossilisées des inhomogénéités primordiales de la matière. Or, les observations récentes du rayonnement de fond ont révélé que sa température était extrêmement uniforme, beaucoup trop pour être compatible avec les fluctuations requises par la théorie des crêpes cosmiques. Est-ce alors la mort de ce scénario ? Pas nécessairement, car si l'on tient compte dans le processus de formation des galaxies de l'influence de neutrinos de masse au repos finie, on constate, d'une part, que l'apparition des crêpes cosmiques est inévitable et, d'autre part, que l'intensité prédite des fluctuations de la température du rayonnement de fond est réduite d'un ou deux ordres de grandeur, ce qui permettrait alors de réconcilier théorie et observation. Il est intéressant de remarquer ici que les théories de grande unification prédisent l'existence exclusive des seules fluctuations adiabatiques, à la base de la formation des crêpes cosmiques.

4.11. DE NOUVELLES POSSIBILITÉS D'EXPLIQUER L'ARCHITECTURE À GRANDE ÉCHELLE DE L'UNIVERS

Les neutrinos massifs ne sont pas les seules particules possibles capables d'avoir contribué à la structuration à grande échelle de l'Univers. D'autres types de particules exotiques, telles que les axions — extrêmement difficiles à détecter et dont l'existence reste toujours hypothétique — ou encore des mini-trous noirs primitifs, pour autant qu'ils soient produits en nombre suffisant (cf. Annexe Chapitre précédent), pourraient être à la base d'autres scénarios pour la formation des galaxies : les condensations à l'échelle stellaire, galactique et supra-galactique auraient pu, dans ce cas, prendre naissance en même temps.

Un problème important qui subsiste est l'**origine des fluctuations :** en effet, des fluctuations statistiques très faibles nées spontanément dans la fournaise initiale n'auraient pas eu le temps de grandir suffisamment, suite à l'expansion de l'Univers, pour constituer des condensations de grande taille. Il est alors nécessaire de postuler l'existence de fluctuations de l'ordre du millième ou du dix-millième en densité ; l'amplitude de ces fluctuations pourrait sembler très petite : celles-ci sont cependant gigantesques par rapport aux fluctuations statistiques que l'on s'attendrait à trouver dans un gaz de particules, dans les mêmes conditions physiques. Le point de vue classique est de doter l'Univers de propriétés spécifiques dès ses toutes premières phases, c'est-à-dire de postuler l'existence d'un spectre initial de fluctuations de manière à rendre compte de la structure de l'Univers telle que nous l'observons actuellement.

Les récentes théories unifiées paraissent pouvoir rendre compte de l'origine de ces fluctuations : d'une part, celles-ci peuvent naître de manière naturelle au cours de la phase de grande unification ; d'autre part, dans le cadre des modèles inflationnaires (cf. Chapitre VI), les fluctuations qui existent inévitablement à l'échelle microscopique quantique, à cause du principe d'incertitude d'Heisenberg (cf. § 7.7), peuvent croître très fortement au cours de la phase d'expansion exponentielle : cette amplification est d'ailleurs indépendante de l'échelle initiale des fluctuations, si bien que sont finalement engendrées des fluctuations d'intensité égale sur des dimensions progressivement croissantes. Il reste cependant à préciser les diverses caractéristiques de la période inflationnaire (notamment sa durée et le taux d'inflation) avant de pouvoir juger si un modèle de ce type peut rendre compte du niveau de fluctuation nécessaire à expliquer la formation des galaxies : ceci n'est, en aucune façon, une tâche aisée puisque plusieurs versions de cette classe de modèles ont échoué sur ce point, vu qu'elles conduisaient à une inflation soit trop forte, soit trop faible.

Quant à la structure en cellules et filaments de la distribution observée des galaxies et amas de galaxies, elle s'explique assez aisément dans le cadre du scénario des crêpes cosmiques de Zel'dovich et de ses collègues. Ceux-ci ont étudié en détail le processus de fragmentation de ces crêpes et ont montré, sur la base de simulations réalisées sur ordinateur, que la distribution des galaxies résultante reproduisait de manière impressionnante celle qui découle des observations actuelles.

Un autre scénario pour expliquer l'architecture à grande échelle de l'Univers est basé sur l'apparition possible de certaines structures ésotériques pendant la période de transition qui caractérise le passage de l'Univers par des phases régies par les théories unifiées, telles que celle de grande unification ou encore après une phase inflationnaire.

Ces structures caractéristiques, appelées **cordes**[10], nées à l'époque de la grande unification (cf. Chapitre V), c'est-à-dire 10^{-35} seconde après la singularité initiale, auraient aujourd'hui l'apparence de tubes extrêmement minces et emmêlés de rayonnement, d'environ 10^{-27} cm de diamètre, s'étendant à travers tout l'Univers observable, c'est-à-dire sur une distance de 15 milliards d'années-lumière ; leur masse serait de l'ordre de 10^{23} grammes par cm, soit une masse totale équivalente à celle de dix millions de galaxies. De telles cordes pourraient servir de germes à la formation de grandes structures cosmiques, la matière ayant tendance à se concentrer autour d'elles par attraction gravitation-

10. A. Vilenkin, Pour la Science, février 1988, p. 72.

nelle. De plus, émergeant de la fournise initiale sous la forme d'un immense réseau de fins tubes d'énergie enchevêtrés, progressivement démêlé sous l'action de l'expansion universelle, elles finiraient par tisser un canevas de filaments semblable à la distribution observée des galaxies (voir fig. 4.5). Ces cordes ne provoqueraient, d'autre part, aucune distorsion détectable dans le rayonnement de fond cosmique.

Les futures observations de configurations extra-galactiques lointaines, donc anciennes (galaxies normales, quasars, noyaux de galaxies actifs) à l'aide du Space Telescope, d'une part, celles très précises du rayonnement de fond cosmique à 2,7 K à l'aide du satellite COBE [11], d'autre part, devraient nous permettre de glaner des renseignements très précieux sur la nature des premières inhomogénéités à grande échelle dans l'Univers et, peut-être ainsi, de préciser le scénario de formation des grandes structures cosmiques.

4.12. L'APPARITION DES ÉTOILES ET DES PLANÈTES

Une fois les galaxies formées, la première génération d'étoiles va pouvoir apparaître, probablement à partir de fragments de gaz nés lors de collisions violentes entre nuages de gaz de masse comprise entre 10^6 et 10^8 masses

11. Les premiers résultats obtenus par le satellite « Cosmic Background Explorer », après seulement deux mois d'observation, se révèlent déjà très importants. Ils confirment, tout d'abord, parfaitement le caractère de corps noir du rayonnement fossile, la température mesurée étant de 2,735 Kelvins, et, de ce fait, confortent le modèle standard. De plus, ce rayonnement paraît extrêmement isotrope, ce qui implique que la distribution primordiale de matière et d'énergie qui en est la source a du être homogène, à un point tel qu'il semble bien difficile de comprendre comment elle a pu donner naissance aux galaxies et amas de galaxies. Une révision complète des scénarios actuels de formation des grandes structures cosmiques pourrait dès lors bientôt s'imposer.

Pour une brève description de ces premiers résultats, voir : M. Mitchell Waldrop, Science, *247*, 1990, p. 411. C. J. Hogan, Nature, *344*, 1990, p. 107.

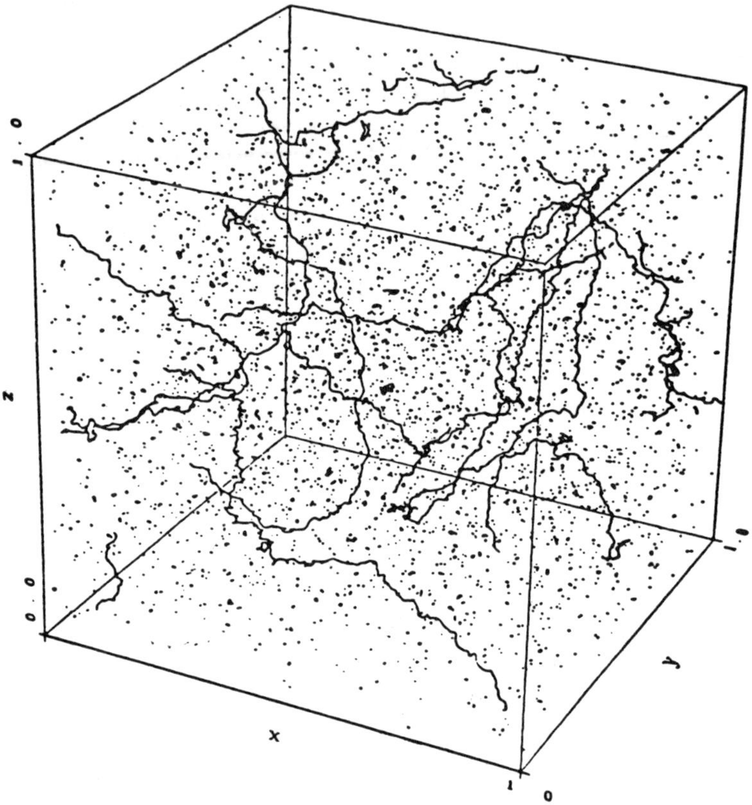

Fig. 4.5 : *Simulation sur ordinateur d'un réseau de cordes cosmiques. Un cube de côté égal à la moitié de la taille de l'Univers observable est représenté. L'évolution d'un tel réseau est complexe : des boucles apparaissent, à côté de longs fragments de cordes enroulées s'étirant à travers l'Univers et produisant, à leur tour, d'autres boucles. Des boucles cosmiques très massives ont pu attirer la matière avoisinante et ainsi former des « grumeaux », ayant servi de germes à la production de galaxies (cette simulation est due à Bennet et Bouchet,* Physical Review Letters, 60, 1988 ; *la figure reproduite ici est extraite de la référence 8, p. 602).*

solaires ; ces fragments se contractant alors sous l'effet de leur propre gravitation vont constituer les premières étoiles. Celles-ci, relativement massives par rapport à notre soleil, ont une durée de vie assez brève. Durant les dernières phases agitées voire explosives de leur vie, ces étoiles vont répandre dans l'espace interstellaire des débris enrichis en éléments lourds par les diverses réactions thermonucléaires qui se sont succédées au cours de leur évolution. Une nouvelle génération d'étoiles moins massives, à laquelle appartient notre soleil, va alors apparaître à partir de ce matériau interstellaire, des planètes pouvant éventuellement se former autour de ces étoiles, planètes dont certaines abriteront peut-être un jour des êtres vivants.

CHAPITRE IV

ANNEXE I

DE QUOI EST FAIT L'UNIVERS MATÉRIEL?

La matière qui façonne notre Univers est constituée essentiellement de deux grandes familles de particules élémentaires : les **hadrons** et les **leptons.**

Les **hadrons,** qui participent à toutes les interactions fondamentales et sont les seuls à interagir via l'**interaction forte** (voir Annexe 2 ci-après), sont des objets composites, fabriqués à partir de six entités de base, appelées **quarks.** Il existe deux grandes familles de hadrons : les **mésons** et les **baryons,** ceux-ci comprenant, d'une part, les **nucléons (protons** et **neutrons)** et, d'autre part, les **hypérons** qui sont des baryons instables, plus lourds que les nucléons.

La classe des **leptons** (particules ne participant pas à l'interaction forte) contient actuellement six particules connues : trois **leptons chargés,** auxquels correspondent respectivement trois types de **neutrinos,** de charge électrique nulle, ces derniers ne participant donc pas, non plus, à l'interaction électromagnétique.

En conséquence de la relativité restreinte et de la mécanique quantique, il doit exister, associée à toute particule, une autre particule, appelée **antiparticule,** qui a la même masse, mais dont la charge électrique, ainsi que les éventuelles charges d'un autre type, sont opposées. Ainsi, l'**électron** (e^-) et le **positon** (e^+) (découvert en 1932) ont la même masse, mais leurs charges électriques, bien qu'égales en valeur absolue, sont de signe contraire; de la même manière, l'**antiproton** (découvert en 1956) a la même masse que le **proton,** mais une charge électrique négative, égale en valeur absolue à celle du proton. Dans certains cas, le **photon,** par exemple, particule et antiparticule sont absolument identiques.

Chaque particule (ou antiparticule) est ainsi caractérisée par un certain nombre de paramètres ayant des valeurs bien définies : sa masse, sa charge électrique, son spin (souvent considéré comme le taux de rotation de la particule sur elle-même, et exprimé en unités de h/2π où h est la constante de Planck) et sa durée de vie, mais aussi par d'autres nombres, dits **quantiques,** introduits de manière à ce que leur conservation au cours de réactions entre particules puisse rendre compte des phénomènes observés. Les plus importants de ces nombres quantiques, en plus de la charge électrique, sont le **nombre baryonique** et les divers **nombres leptoni-**

QUARKS ET ANTIQUARKS

Nom	Masse (*) (en Mev/c^2)	Charge électrique (par rapport à celle de l'électron et du proton)	Spin (en unités de h/2π)	Nombre baryonique B
u (" up ") $\bar{u}$ (" antiup ")	5	2/3 – 2/3	1/2	1/3 – 1/3
d (" down ") $\bar{d}$ (" antidown ")	10	– 1/3 1/3	1/2	1/3 – 1/3
s (" strange ") $\bar{s}$ (" antistrange ")	250	– 1/3 1/3	1/2	1/3 – 1/3
c (" charmed ") $\bar{c}$ (" anticharmed ")	1 500	2/3 – 2/3	1/2	1/3 – 1/3
b (" bottom ") $\bar{b}$ (" antibottom ")	4 800	– 1/3 1/3	1/2	1/3 – 1/3
t (" top ") $\bar{t}$ (" antitop ")	30 000 (?)	2/3 – 2/3	1/2	1/3 – 1/3

LEPTONS ET ANTILEPTONS

Nom	Masse (*) en Mev/c^2	Charge électrique	Spin	Nombre leptonique électronique	Nombre leptonique muonique	Nombre leptonique tauonique	Durée de vie
e^- (électron)	0,511	−1	1/2	1	0	0	∞
e^+ (position)		1		−1	0	0	
μ^- (muon)	106	−1	1/2	0	1	0	2×10^{-6}s
μ^+ (antimuon)		1		0	−1	0	
τ^- (tauon)	1780	−1	1/2	0	0	1	3×10^{-13}s
τ^+ (antitauon)		1		0	0	−1	
ν_e (neutrino électronique)	$<6.10^{-5}$	0	1/2	1	0	0	∞ (?)
$\bar{\nu}_e$ (antineutrino électronique)		0		−1	0	0	
ν_μ (neutrino muonique)	<0,65	0	1/2	0	1	0	∞ (?)
$\bar{\nu}_\mu$ (antineutro muonique)		0		0	−1	0	
ν_τ (neutrino tauonique)	<250	0	1/2	0	0	1	∞ (?)
$\bar{\nu}_\tau$ (antineutrino tauonique)		0		0	0	−1	

(*) Les physiciens ont l'habitude d'exprimer la masse au repos, m, des particules en termes de son équivalent en énergie, E, selon la relation d'Einstein : $E = mc^2$. Ainsi, la masse de l'électron, e^-, est : $m_e = 9{,}11 \times 10^{-28}$ g ; son équivalent en énergie est $E_e = m_e c^2 = 8{,}2.10^{-7}$ erg, ou encore : $E_e \sim 0{,}511$ Mev, si on utilise l'unité suivante : 1 Mev (mégaélectronvolt) = 10^6 ev (l'électronvolt est l'énergie communiquée à un électron par une différence de potentiel d'un volt). Ainsi, $m_e = 0{,}511$ Mev/c^2.

ques définis dans le texte, ainsi que des nombres caractérisant certains quarks et hadrons, tels que l'étrangeté, le charme... Les seules particules à posséder des charges électriques et des nombres baryoniques fractionnaires sont les **quarks** et les **antiquarks.**

La liste et les caractéristiques des six quarks et des six leptons connus, ainsi que de leurs antiparticules correspondantes sont figurées sur les tableaux pp. 131-132.

Notons que l'antiparticule associée à une particule, telle qu'un quark ou un neutrino, est distinguée de cette dernière par la présence d'une barre horizontale au-dessus de la dénomination de la particule.

Il est difficile, d'autre part, d'attribuer une durée de vie bien définie aux quarks et aux antiquarks, parce que, comme ces particules n'existent pas à l'état libre, leur durée de vie dépend des particules à l'intérieur desquelles elles sont liées. Les quarks « up » et « antiup » sont cependant probablement stables. De plus, pour plusieurs particules, certains paramètres sont encore loin d'être connus avec une bonne précision : c'est le cas de la masse et de la durée de vie pour les neutrinos et de la masse pour le quark « top ». L'existence de cette dernière particule, de même que celle du neutrino tauonique, n'a d'ailleurs pas encore pu être confirmée.

Le nombre leptonique des quarks est nul (ainsi que celui des hadrons), tout comme, d'ailleurs, le nombre baryonique des leptons.

La théorie qui décrit les interactions entre quarks est appelée **chromodynamique quantique.** Elle doit son nom au fait que chacun des quarks et antiquarks possède un autre attribut quantique, appelé **couleur** (qui n'a, en fait, rien à voir avec le sens habituel de ce terme). Il s'agit d'un type de charge différent de la charge électrique : tout comme celle-ci peut être, soit positive, soit négative, la charge de couleur d'un quark peut, elle, posséder trois valeurs différentes, conventionnellement appelées rouge, jaune et bleue ; il en va de même pour chaque antiquark, avec trois « anticouleurs » correspondantes. Ainsi donc, chaque quark ou antiquark existe sous trois formes différentes.

Quant aux **hadrons,** ils peuvent tous être obtenus par combinaison d'un certain nombre de quarks et (ou) d'antiquarks. Ainsi, les **baryons** contiennent trois quarks et les **antibaryons,** trois antiquarks, tandis que les **mésons** sont formés d'une paire quark-antiquark, de telle manière que la charge électrique et le nombre baryonique des hadrons soient toujours entiers ou nuls.

HADRONS
BARYONS (triplets de quarks ou antiquarks)

Nom	Masse (en Mev/c^2)	Charge électrique	Spin	Nombre baryonique, B	Durée de vie
Nucléons					
p (proton)	938,21	1	1/2	1	∞ (?), en tout cas $> 10^{33}$ années (voir chapitre V)
$\bar{p}$ (antiproton)		− 1		− 1	
n (neutron)	939,50	0	1/2	1	925 s
$\bar{n}$ (antineutron)				− 1	
Résonances N et Δ et **Hypérons** (porteurs d'un nombre quantique d'étrangeté différent de zéro) Λ, Σ, Ξ et Ω, tous instables et de masse supérieure à celle des nucléons.					

MÉSONS (doublets quarks-antiquarks)

Nom	Masse (en Mev/c^2)	Charge électrique	Spin	Nombre baryonique, B	Durée de vie
π^- (pion −)	139,58	− 1	0	0	$2,6.10^{-8}$ s
π^+ (pion +, antiparticule de π^-)		1			
π^0 (pion zéro)	134,97	0	0	0	$0,83.10^{-16}$ s
Mésons K (kaons) et η, ainsi que de nombreux autres mésons non étranges, étranges, charmés,...					

Ainsi, par exemple, le **proton** (p) est constitué de deux quarks u et d'un quark d ; sa charge électrique est donc bien égale à 1 $\left(2 \times \frac{2}{3} - \frac{1}{3}\right)$ et son nombre baryonique vaut 1 $\left(2 \times \frac{1}{3} + \frac{1}{3}\right)$.

Quant à l'**antineutron,** $\bar{n}$, il est composé de deux antiquarks $\bar{d}$ et d'un antiquark $\bar{u}$; sa charge électrique est nulle $\left(2 \times \left(\frac{1}{3}\right) - \frac{2}{3}\right)$ et son nombre baryonique, égal à -1 $\left(2 \times \left(-\frac{1}{3}\right) - \frac{1}{3}\right)$.

Le **pion** +, π^+, est constitué, lui, d'une paire $u - \bar{d}$, sa charge électrique étant alors égale à $+1$ $\left(\frac{2}{3} + \frac{1}{3}\right)$ et son nombre baryonique étant nul $\left(\frac{1}{3} - \frac{1}{3}\right)$. Quant au **pion zéro,** π^0, il est composé d'une paire $u - \bar{u}$.

Le **neutron,** à l'état libre, est instable ; sa durée de vie est de 925 secondes ; il se désintègre suivant la réaction suivante, qui vérifie bien les différentes lois de conservation, introduites au § 4.3.

n $\rightarrow$	p	$+ e^-$	$+ \nu_e$	Conservation
0	1	-1	0	Charge électrique
0	0	1	-1	Nombre leptonique (électronique)
1	1	0	0	Nombre baryonique

CHAPITRE IV

ANNEXE 2

LES INTERACTIONS PHYSIQUES FONDAMENTALES ET LEURS MESSAGERS

Les physiciens ont progressivement reconnu l'existence dans la nature de quatre forces fondamentales : la **gravitation** et l'**électromagnétisme**, dont les manifestations sont présentes dans la vie quotidienne, ainsi que deux autres forces moins familières de type **nucléaire**, appelées **faible** et **forte.**

La **gravitation** est la seule interaction universelle qui affecte toutes les formes de masse et d'énergie. Ses propriétés ont été rappelées au Chapitre 1 et au § 2.1, de même que les deux théories qui permettent de la décrire : la théorie de Newton et la relativité générale. Bien que, de très loin, la plus faible des quatre interactions physiques connues, la gravitation joue un rôle capital en astrophysique et en cosmologie, vu son caractère universel et cumulatif, sa portée infinie et le fait qu'elle soit toujours attractive.

L'interaction **électromagnétique** se manifeste entre particules chargées électriquement ; elle est responsable de la cohésion de l'atome. Son intensité est beaucoup plus élevée que celle de la force de gravitation s'exerçant entre les mêmes particules et sa portée également infinie.

L'interaction **nucléaire faible** est responsable de la radioactivité naturelle et, en particulier, de la désintégration du neutron, examinée dans l'Annexe 1 ; elle joue aussi un rôle capital dans les réactions de fusion de l'hydrogène au cœur du soleil et des étoiles. Son intensité est faible par rapport à celle de la force électromagnétique et, a fortiori, de l'interaction nucléaire forte; sa portée est très faible, de l'ordre de 10^{-15} cm.

Enfin, l'interaction **forte,** responsable de la cohésion des noyaux atomiques, a, de loin, l'intensité la plus élevée, mais elle est cependant de courte portée, 10^{-13} cm (de l'ordre de la taille des noyaux).

Il est possible de caractériser l'intensité des diverses interactions physiques par des constantes de couplage sans dimension, α_S, α, α_W, α_G dont les valeurs sont les suivantes :

Interaction	Constante de Couplage
Forte	$\alpha_S = 15$
Electromagnétique	$\alpha = 7{,}3 \times 10^{-3}$
Faible	$\alpha_W = 3{,}05 \times 10^{-12}$
Gravitationnelle	$\alpha_G = 5{,}9 \times 10^{-39}$

(pour l'expression exacte de ces constantes sans dimension en termes des constantes physiques fondamentales, voir le Tableau 4.2).

En fait, la mécanique quantique considère que l'interaction entre deux particules se fait par échange de particules dites **virtuelles** (elles portent ce nom, car elles ne sont pas directement observables : elles ne peuvent, en effet, exister que pendant un temps limité, d'autant plus court que leur masse est grande, de façon à ne pas violer la relation d'incertitude de Heisenberg (cf. § 7.7)). Une particule émet un porteur qui est absorbé par l'autre particule; en conséquence, les deux particules passent à des états de mouvement différents; autrement dit, elles se sont trouvées en interaction. Tout se passe comme si les deux particules qui interagissent se lançaient l'une à l'autre des balles invisibles; plus légères sont les balles, plus elles vont loin : ainsi, la portée de l'interaction doit être inversement proportionnelle à la masse de la particule porteuse.

TABLEAU 4.2 : LES CONSTANTES PHYSIQUES FONDAMENTALES

Quantité	Symbole	Valeur numérique
Vitesse de la lumière	c	3×10^{8} m/sec
Charge électrique du proton	e	$1,6 \times 10^{-19}$ coulomb
Constante de Planck	h	$6,63 \times 10^{-34}$ joules.sec
Constante de Boltzmann	k	$1,38 \times 10^{-23}$ joule/K
Masse au repos du proton	m_p	$1,67 \times 10^{-27}$ kg
Masse au repos de l'électron	m_e	$9,11 \times 10^{-31}$ kg
Constante de la gravitation de Newton	G	$6,67 \times 10^{-11}$ m^{3}kg^{-1}sec^{-2}
Constante de la force faible	g_W	$1,43 \times 10^{-62}$ joule. m^3
Constante de la force forte	g_S	$47,4 \times 10^{-26}$ joule.m
Longueur de Planck	$\left(\frac{G\hbar}{c^3}\right)^{1/2}$	2×10^{-35} m $= 2 \times 10^{-33}$ cm
Temps de Planck	$\left(\frac{G\hbar}{c^5}\right)^{1/2}$	9×10^{-42} s
Densité de Planck	$\frac{c^5}{G^2\hbar}$	10^{97} kg/m^3 $= 10^{94}$ g/cm^3
Constante de couplage forte (sans dimension)	$\alpha_S = \frac{g_S}{\hbar c}$	15
Constante de couplage électro-magnétique (sans dimension)	$\alpha = \frac{e^2}{4\pi\varepsilon_o\hbar c}$	$7,3 \times 10^{-3}$
Constante de couplage faible (sans dimension)	$\alpha_W = \frac{g_W m_e^2 c}{\hbar^3}$	$3,05 \times 10^{-12}$
Constante de couplage gravitationnelle (sans dimension)	$\alpha_G = \frac{G m_p^2}{\hbar c}$	$5,9 \times 10^{-39}$

N.B. :

(a) Les constantes sont exprimées dans le système international d'unités (SI), qui utilise comme unités fondamentales, pour la longueur, le mètre, pour le temps, la seconde, et pour la masse, le kilo.

(b) Le joule est l'unité SI d'énergie

(c) $\hbar = \frac{h}{2\pi}$

(d) ε_0 est la permitivité du vide $= 8,85 \times 10^{-12}$ Faraday m^{-1}.

PARTICULES MESSAGÈRES

Interaction	Nom	Masse (en Mev/c²)	Charge élec-trique	Spin	Durée de vie
Forte	Gluons (au nombre de 8)	0	0	1	∞
Electromagnétique	Photon	0	0	1	∞
Faible	Bosons intermédiaires				
	W^+	81 000	1		
	W^-	81 000	− 1	1	$10^{-25}s$
	Z^o	93 000	0		
Gravitationnelle	Graviton	0	0	2	∞

(Notons que les gluons et le graviton n'ont encore jamais été observés, contrairement au photon et aux bosons intermédiaires.)

Par exemple, la particule porteuse de l'interaction électromagnétique est le **photon** bien connu, de masse nulle, et la portée de cette interaction est infinie. L'interaction gravitationnelle, elle aussi de portée infinie, peut s'expliquer par l'échange de particules de masse nulle, appelées **gravitons.** On peut, de la même manière, associer aux forces nucléaires faible et forte, des particules messagères, vectrices de l'interaction. Dans le cas de l'interaction faible, ces particules sont appelées **bosons intermédiaires :** W^+, W^- (l'antiparticule de W^+) et Z^0 (électriquement neutre) ; dans le cas de l'interaction forte, il s'agit de huit **gluons.**

Toutes les particules messagères possèdent un spin entier, c'est-à-dire que, du point de vue de la statistique, ce sont des **bosons** (cf. § 8.1).

La masse élevée des bosons massifs rend compte de la courte portée de l'interaction faible. Par contre, les gluons sont dépourvus de masse, alors que l'interaction forte est de faible portée : ceci est dû au fait que les gluons sont, eux aussi, porteurs d'une couleur, tout comme les quarks qui interagissent via l'émission et l'absorption de gluons virtuels. Les gluons peuvent aussi interagir entre eux via l'interaction forte, ce qui a pour conséquence de restreindre considérablement la portée de l'interaction forte.

CHAPITRE IV

ANNEXE 3

ANNIHILATION ET MATÉRIALISATION

Une particule et son antiparticule sœur ne peuvent pas coexister à portée d'interaction l'une de l'autre : elles sont vouées à réagir en se détruisant mutuellement. On dit qu'elles s'annihilent. Le résultat de cette **annihilation** est essentiellement un rayonnement électromagnétique très énergétique, constitué de photons gamma : ainsi, une paire électron-positon ou, encore, une paire proton-antiproton peuvent s'annihiler de cette manière.

La réaction inverse, c'est-à-dire la **matérialisation** d'une paire particule-antiparticule à partir de photons (par exemple, ceux du rayonnement de corps noir de l'Univers primordial) est possible, mais dans des conditions physiques très strictes : une particule et son antiparticule sœur ne peuvent, en effet, être créées à partir du rayonnement que par paires, et ce, pour autant que les photons possèdent une énergie suffisante, supérieure, en fait, à celle associée à la masse en repos de la particule ou de l'antiparticule à créer.

Considérons, par exemple, la matérialisation d'une **paire électron-positon** à partir de deux photons (représentés par le symbole γ) :

$$2\,\gamma \rightarrow e^- + e^+$$

Pour que cette réaction puisse se produire, il faut que l'énergie de chaque photon soit au moins égale à l'équivalent en énergie de l'électron ou du positon, c'est-à-dire : 0.51 Mev (selon la relation d'Einstein : $E = mc^2$).

La thermodynamique nous apprend, d'autre part, que dans un corps noir de température T, l'énergie individuelle des photons est de l'ordre de kT (où k est la constante de Boltzmann), si bien que, par exemple, à une énergie d'un photon égale à 1 Mev, correspond une température du rayonnement de $1{,}16.10^{10}$ K.

Ainsi donc, la température du rayonnement devra être au moins égale à $\sim 6.10^9$ K pour pouvoir donner naissance à des paires électron-positon.

Le cas de la matérialisation d'une **paire proton-antiproton** peut être traité de la même manière :

$$2\,\gamma \rightarrow p + \bar{p}$$

Cette fois, cependant, vu la masse plus élevée du proton et de l'antiproton (voir Annexe 1), la température du rayonnement devra être beaucoup plus élevée, en fait, de l'ordre de 2.10^{12} K.

Ces réactions de création d'une paire $e^- - e^+$ ou $p - \bar{p}$ illustrent la conservation de la charge électrique ainsi que celles du nombre leptonique électronique et du nombre baryonique : par exemple, le nombre baryonique du photon est nul et ceux du proton et de l'antiproton, respectivement égaux à 1 et − 1 (cf. Annexe 1).

DEUXIÈME PARTIE

AU-DELÀ DU MODÈLE STANDARD

Si le modèle standard constitue une très bonne description de l'Univers durant la plus grande partie de son évolution, avec comme succès marquants, l'explication de l'abondance observée de l'hélium et de l'existence du rayonnement de fond cosmique, il présente pourtant un certain nombre d'imperfections — dont l'importance est diversement appréciée cependant — lorsqu'il est appliqué aux toutes premières phases de l'Univers.

Essentiellement, quatre problèmes se posent qui constituent d'ailleurs les pôles de la recherche actuelle en cosmologie.

Le premier, que nous avons déjà rencontré précédemment, concerne l'**absence d'antimatière** dans l'Univers et l'explication de la valeur observée d'un milliardième du nombre baryonique par photon. Cette valeur, en effet, n'est pas prédite par le modèle standard, mais résulte d'une condition initiale peu esthétique, à savoir l'existence d'une asymétrie initiale matière-antimatière.

Le second est de nature géométrique : il est lié au caractère **isotrope** de l'Univers — vérifié observationnellement depuis la période de découplage des photons, grâce aux mesures précises de la température du rayonnement de fond — mais postulé depuis la singularité initiale dans le modèle standard du Big Bang. Il n'est cependant pas évident que, dans les conditions exotiques du Big Bang, l'expansion de l'Univers ait été, dès le début, parfaitement isotrope, ceci d'autant plus que l'existence d'un horizon dans les modèles FLRW interdit, comme nous allons le voir, toute communication physique précoce entre des régions voisines étendues. Dans ce cas, l'isotropie et l'homogénéité spatiale de l'Univers ne semblent pas pouvoir recevoir d'explication physique dans le cadre du modèle standard ; elles y sont postulées comme conditions initiales.

A ce propos, on notera d'ailleurs le curieux renversement d'attitude vis-à-vis des conditions initiales de l'Univers qui s'est opéré ces dernières années. Dans le modèle standard traditionnel, le caractère hautement symétrique de notre Univers est posé a priori et le problème est alors d'expliquer l'origine des petites déviations par rapport à ces conditions initiales qui sont responsables des inhomogénéités caractéristiques de la structure à grande échelle de la matière. Par contre, aujourd'hui, avec le développement de l'étude de types de modèles plus généraux que les modèles FLRW, à savoir les modèles anisotropes et inhomogènes, et les progrès récents de notre compréhension de la physique des premières phases de l'Univers, il est apparu que notre Univers était manifestement extrêmement particulier parmi l'ensemble des modèles relativistes possibles. Les conditions initiales correspondant au caractère spatialement homogène et isotrope de l'Univers ne forment alors qu'une classe extrêmement restreinte (les mathématiciens diront de mesure nulle) parmi l'ensemble des conditions initiales possibles. Ce qui fait donc aujourd'hui problème, c'est justement l'explication de ce caractère hautement symétrique et extrêmement particulier de notre Univers qui est postulé dans le modèle canonique.

Le but de la démarche scientifique étant de réduire autant que possible l'arbitraire de notre description du Monde, il n'est pas étonnant qu'un grand nombre de travaux théoriques aient tenté d'expliquer les hypothèses de nature physique et géométrique sous-jacentes au modèle standard à l'aide de processus physiques ayant eu lieu essentiellement au début de l'ère hadronique et même durant l'ère quantique. Nous reviendrons sous peu sur ces développements cosmologiques très intéressants.

Un troisième problème, déjà mentionné auparavant, est celui de la **platitude** de l'Univers. Pourquoi notre Univers possède-t-il une densité si proche de la densité critique correspondant à un modèle spatialement plat du type Einstein-de Sitter ?

Enfin, un dernier problème majeur est celui du statut de la **singularité initiale** de l'Univers, dont l'existence est prévue par les modèles de type FLRW. Une telle singularité marque la fin de la possibilité de décrire l'Univers en termes de notre physique traditionnelle, basée sur les concepts d'espace et de temps, puisque ceux-ci cessent d'être définis au point singulier. Cette singularité est-elle vraiment générique ou n'est-elle plutôt qu'un artifice de la relativité générale, destiné à disparaître lorsqu'une théorie unifiée quantique cohérente des diverses interactions, et donc de la gravitation, permettra une véritable description physique de l'ère quantique ?

CHAPITRE V

LA MATIÈRE DE L'UNIVERS ET LA GRANDE UNIFICATION

La problématique liée au caractère exclusivement matériel de l'Univers et à la valeur observée du nombre baryonique par photon a déjà été exposée précédemment. Plusieurs tentatives, dues essentiellement à des physiciens des hautes énergies, ont vu le jour afin de résoudre ce problème dans le cadre d'un Univers initialement symétrique vis-à-vis de son contenu en matière et antimatière. C'est le physicien soviétique Sakharov[1] qui a émis le premier, en 1967, cette spéculation intrigante : l'excès des baryons s'expliquerait par des processus violant la conservation du nombre baryonique. Mais, jusqu'aux récents travaux sur l'unification des interactions fondamentales, une telle variation du nombre baryonique n'était pas envisageable dans le cadre des théories conventionnelles. Or, la dernière décennie a connu de grands bouleversements en ce domaine. A la lumière des **théories de grande unification** développées par Glashow et Georgi, d'une part, Salam et Pati[2], d'autre part, un processus physique conduisant à l'asymétrie observée semble plausible. Yoshimura[3] a, le premier, suggéré en 1978 que la

1. A. Sakharov, JETP Letters, *5*, 1967, p. 24.
2. J. C. Pati et A. Salam, Physical Review Letters, D *8*, 1973, p. 1240. H. Georgi et S. L. Glashow, Physical Review Letters, *32*, 1974, p. 438.
3. M. Yoshimura, Physical Review Letters, *41*, 1978, p. 281.

violation de la conservation du nombre baryonique prévue par les théories de grande unification possède bien les bonnes propriétés pour rendre compte de l'excès de baryons observé ; de nombreux autres travaux se poursuivent aujourd'hui dans le même sens.

5.1. LA GRANDE UNIFICATION

Les théories de grande unification[4] ont donc pour ambition d'intégrer dans un schéma commun les interactions forte, faible et électromagnétique ; elles sont basées sur le même schéma fondamental que la théorie développée par Salam et Weinberg[5] en 1967, et qui a connu un succès brillant dans l'unification des interactions électromagnétique et faible, concrétisé par la découverte au CERN de bosons W^+, W^- et Z^0, dont l'existence était prévue par cette théorie (voir Annexe 2, Chapitre précédent).

Dans un schéma unificateur de ce type, les interactions fondamentales impliquées peuvent donc toutes être décrites par une seule théorie et par conséquent être considérées comme des aspects différents d'une interaction unique sous-jacente. Dans le cas de la grande unification, les particules élémentaires sont les quarks et les leptons (il y a autant de quarks différents que de leptons) et une interaction dite ultra-faible permet de passer d'un type de particule à l'autre : il n'y a par conséquent qu'une seule classe de particules et qu'un seul type d'interaction. Cette unification

4. En plus des deux ouvrages de M. Crozon d'une part, et de G. Cohen-Tannoudji et M. Spiro, d'autre part, déjà cités précédemment (Chapitre IV. réf. 2), les articles suivants contiennent une bonne introduction aux théories de grande unification : H. Georgi, Scientific American, *244*, 1981, p. 40. N. Cabibbo, La Recherche, *14*, 1983, p. 1216. R. Hakim, *Quelle physique pour la cosmologie*, dans : *Aux confins de l'Univers : Faut-il croire au Big Bang ?*, op. cit., p. 69. P. Fayet, La Recherche, *19*, 1988, p. 334.

5. A. Salam, dans *Elementary Particles Physics*, édité par N. Svartholm, Almqvist and Wiskell, Stockholm, 1968, p. 367. S. Weinberg, Physical Review Letters, *19*, 1967, p. 1264.

surprenante des interactions forte, électromagnétique et faible ne devrait cependant avoir lieu qu'à des énergies très élevées, de l'ordre de 10^{15} Gev, (1 Gev = 10^9 ev), la hiérarchie des interactions telle qu'elle est connue traditionnellement s'estompant au fur et à mesure que l'énergie augmente et se rapproche de la valeur critique de grande unification (cf. fig. 5.1). A titre de comparaison, dans la théorie de Salam-Weinberg, l'unification de l'interaction électromagnétique et de l'interaction faible se produit vers 100 Gev.

Le fait que dans les théories de grande unification, un quark puisse se transformer en un lepton implique que le nombre baryonique n'est pas strictement conservé (voir encadré ci-après). L'intensité de l'interaction correspondante est évidemment extrêmement faible aux énergies ordinaires, tellement faible qu'aucun de ses effets n'a jamais pu être observé : c'est pourquoi on admettait généralement que le nombre baryonique devait être conservé. Les particules médiatrices de cette interaction ultra-faible sont des bosons supermassifs, appelés bosons X : ils sont au nombre de douze et leur masse est de l'ordre de 10^{15} Gev/c^2, soit 10^{15} fois celle du proton (une masse supérieure à celle d'une bactérie !).

Une autre conséquence très importante de ce type de théorie est la possibilité de violer une symétrie subtile de la nature, qui met sur le même pied particules et antiparticules associées : le taux de désintégration d'une particule peut, selon la grande unification, être différent du taux de désintégration de son antiparticule.

La simultanéité de la violation de la conservation du nombre baryonique et de la brisure de la loi de réciprocité impliquant un nombre égal de réactions produisant particules, d'une part, antiparticules, d'autre part, constitue le fondement des mécanismes actellement proposés pour rendre compte de la valeur du nombre baryonique par photon, η. Cette nouvelle approche permet de repenser en termes nouveaux les premiers instants de l'existence de la matière. Ainsi, quelque 10^{-35} seconde après le début de l'expansion

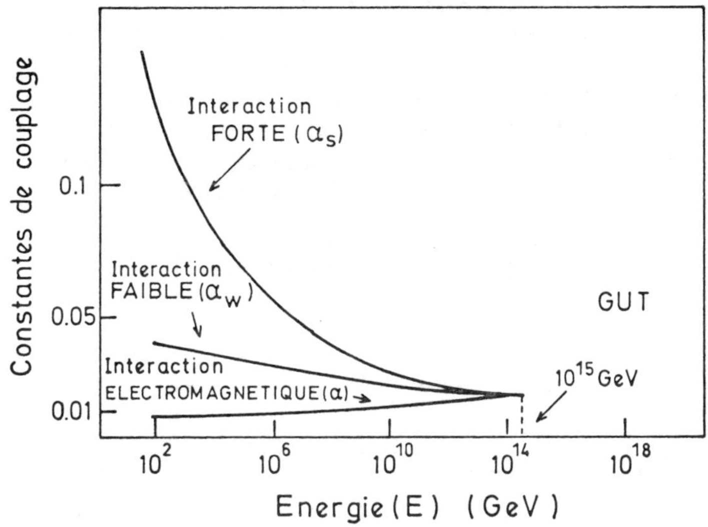

Fig. 5.1 : *Cette figure représente l'évolution des constantes de couplage des interactions forte, α_s, électromagnétique, α, et faible α_w, avec l'énergie, E, et ce, pour des énergies supérieures à 100 Gev, énergie d'unification des interactions électromagnétique et faible (le sens de l'augmentation de l'énergie correspond à un rapprochement du Big Bang). En fait, les « constantes » de couplage des diverses interactions physiques ne sont pas de véritables constantes : par suite d'effets de nature quantique (phénomènes d'écran dûs à la polarisation quantique du vide), elles varient lentement avec* E *; ainsi, pour* E > *100 Gev, α_w, et α_s décroissent, tandis que α croît et, de plus, ces trois « constantes » de couplage semblent converger sur la même valeur au voisinage de 10^{15} Gev. Les valeurs données dans le Tableau 4.2 sont celles correspondant à des énergies beaucoup plus faibles, de l'ordre de 1 Gev (on notera, tout particulièrement, la grande disparité entre les valeurs de la « constante » de couplage des interactions faibles, α_w, respectivement à basse énergie ($\sim 3.10^{-12}$) et à 100 Gev ($\sim 1/30$)).*

LES INGRÉDIENTS DES THÉORIES DE GRANDE UNIFICATION (GUT)

Dans le cas du type le plus simple de théorie de **grande unification**, les particules élémentaires fondamentales sont les **quarks** et les **leptons**, en nombre égal et apparaissant sous forme de doublets (cf. Annexe 1, ch. IV).

QUARKS	LEPTONS
u d	ν_e e^-
c s	ν_μ μ^-
t b	ν_r τ^-

Les interactions entre ces particules s'opèrent par échange de particules messagères virtuelles, au nombre de vingt-quatre, dont douze sont déjà connues :

— le **photon**
— les trois **bosons intermédiaires :** W^+, W^- et Z^0
— huit **gluons.**

Il faut y ajouter douze nouvelles particules, appelées **bosons X,** qui n'ont pas encore été observées, parce que leur masse est extrêmement élevée, de l'ordre au moins de 10^{15} Gev/c^2. Les bosons X possèdent une charge de couleur, tout comme les quarks, ainsi qu'une charge électrique fractionnaire, par exemple : + 4/3. Ces particules sont associées à la **transition quark-lepton,** habituellement interdite, parce que violant la loi de conservation du nombre baryonique, mais donc permise par les théories de grande unification.

Exemples :

Transformation d'un **quark d** en un **positon**

	$d + X \rightarrow e^+$		
Charge électrique conservée	$-\frac{1}{3}$	$\frac{4}{3}$	1
Nombre baryonique non conservé	$\frac{1}{3}$	0	0

Transformation d'un **quark u** en un **antiquark** $\bar{u}$

	$u \rightarrow \bar{u} + X$		
Charge électrique conservée	$\frac{2}{3}$	$-\frac{2}{3}$	$\frac{4}{3}$
Nombre baryonique non conservé	$\frac{1}{3}$	$-\frac{1}{3}$	0

Il s'avère enfin indispensable d'introduire dans la théorie des **particules** dites **de Higgs**, de spin zéro, dont le rôle essentiel est de conférer une masse au repos non nulle aux quarks, aux leptons, aux bosons intermédiaires et aux bosons X superlourds, selon le mécanisme dit de **brisure spontanée de symétrie** (connu sous le nom de mécanisme de Brout-Englert-Higgs). La masse des particules de Higgs est encore incertaine : elle devrait être de l'ordre de 200 Gev/c^2 pour celles qui sont associées aux bosons intermédiaires et de 10^{15} Gev/c^2 pour celles associées aux bosons X. A ce jour, aucune particule de Higgs n'a cependant encore pu être détectée. La recherche de telles particules est une des principales motivations à la base de la construction de très grands accélérateurs, tels que le LEP, au CERN à Genève, et, peut-être, le super collisionneur supraconducteur américain, qui devrait être capable d'accélérer les protons jusqu'à une énergie de 40 000 Gev !..., si son prix n'est pas jugé prohibitif.

de l'Univers, lorsque la température est de 10^{28} Kelvins, l'énergie thermique est de l'ordre de celle nécessaire à la grande unification. L'Univers est alors si chaud que toutes les particules ont des énergies comparables à la masse des bosons X et les transformations quarks-leptons sont aussi fréquentes que les autres interactions. On ne peut alors faire aucune distinction entre quarks et leptons ou entre les interactions forte, faible et électromagnétique.

Dans cette fournaise de nombre baryonique nul, une asymétrie entre baryons et antibaryons peut prendre naissance. Plusieurs scénarios ont été proposés pour rendre compte de ce phénomène : un des plus élaborés et des plus intéressants, dû à Weinberg[6], fait appel à la désintégration des bosons X et des antibosons X, respectivement en deux quarks et deux antiquarks, ces deux types de transition se faisant, suivant les théories de grande unification, à des taux différents. La production des quarks ayant alors été un peu plus rapide que celle des antiquarks, un **nombre baryonique en excès de zéro** a pu émerger.

Une fois qu'il a été créé, ce nombre baryonique ne paraît pas susceptible d'être aboli par le même mécanisme, puisque les processus ayant conduit à sa génération ne peuvent plus se produire, suite à la diminution de température accompagnant l'expansion de l'Univers. Plus tard, quarks et antiquarks vont se combiner respectivement en baryons et antibaryons, les premiers étant en léger excédent par rapport aux seconds : c'est cet excès qui, subsistant au-delà de l'annihilation massive de la fin de l'ère hadronique, constitue l'Univers matériel.

La valeur du rapport η qui résulte du schéma de Weinberg apparaît située entre 10^{-4} et 10^{-12} ; elle dépend de l'importance de la subtile violation de la symétrie matière-antimatière et des valeurs adoptées par les paramètres des modèles de grande unification, notamment pour la masse du boson X

6. S. Weinberg, Physical Review Letters, *42*, 1979, p. 859.

et la constante de désintégration de ce dernier[7]. Cependant, au stade actuel du développement de ces théories unifiées, il serait présomptueux d'affirmer qu'elles fournissent une explication tout à fait satisfaisante de l'absence d'antimatière dans l'Univers et de la valeur observée du rapport η ; il conviendrait en effet, tout d'abord, que ces théories soient elles-mêmes précisées et vérifiées.

5.2 LE PROTON EST-IL INSTABLE ?

Une vérification intéressante consisterait en la mise en évidence observationnelle d'une propriété remarquable de la grande unification : la **désintégration du proton,** particule considérée jusque-là comme absolument stable. Les modèles théoriques prédisent, en effet, que le proton, suite à la possibilité de conversion quark-lepton, peut se désintégrer suivant différents schémas ; la durée de vie du proton atteindrait environ 10^{31} années pour le modèle le plus simple. Plusieurs expériences souterraines de détection des produits de la désintégration du proton sont en cours dans le monde entier, notamment dans les tunnels du Mont Blanc et de Fréjus et dans plusieurs mines en Inde, aux Etats-Unis, en Italie et au Japon[8]. Les résultats obtenus, encore négatifs, indiquent pour la durée de vie du proton une valeur supérieure à la valeur théorique d'un facteur au moins de l'ordre de 100. Ce désaccord signifie-t-il la mort de l'idée de grande unification ? Pas nécessairement, car des versions plus complexes de ce type de théorie, prédisant d'autres schémas de désintégration du proton, peuvent conduire à une durée de vie plus longue de celui-ci. Ce pourrait être aussi le cas dans les théories supersymétriques et dans celles

7. J. D. Barrow, Surveys in High Energy Physics, *1*, 1980, p. 183. J. A. Harvey, E. W. Kolb, D. B. Reiss et S. Wolfram, Physical Review Letters, *47*, 1981, p. 391.
8. S. Weinberg, Scientific American, *244*, juin 1981, p. 52.

des « supercordes » qui seraient d'ailleurs aussi capables, semble-t-il, d'expliquer la genèse du nombre baryonique de l'Univers, au cours de phases encore plus précoces cependant que celles prévues par la grande unification. En dépit de l'extrême rareté des désintégrations de protons prédites par ces diverses théories, le seuil de sensibilité suffisant à les détecter au cours des diverses expériences en voie de réalisation, devrait être atteint sous peu[8].

La prédiction de la désintégration du proton n'est pas sans conséquence sur la cosmologie car, si la réalité de ce processus pouvait être assurée, les noyaux atomiques seraient instables et ne seraient donc que temporaires dans un Univers ouvert en expansion éternelle qui ne réunirait jamais plus les conditions nécessaires à la création de la matière à partir du rayonnement. Heureusement, cette catastrophe cosmique qui détruirait à jamais étoiles, planètes et êtres vivants ne devrait avoir lieu — pour autant d'ailleurs que voit vérifiée la théorie sous-jacente — que dans un avenir extrêmement lointain...

5.3. DES DÉFAUTS TOPOLOGIQUES DANS L'UNIVERS PRIMORDIAL

La grande unification n'a pas cependant que des vertus ; ainsi, elle est source d'un problème apparemment sérieux pour la cosmologie. En effet, la transition entre l'Univers unifié et le monde où les forces électro-faible et forte sont séparées, qui s'opère vers 10^{-35} seconde, ne se produit pas de manière uniforme — tout comme dans le cas du gel de l'eau, où les cristaux de glace voisins présentent des axes de symétrie pointant dans des directions différentes et sont séparés par des parois qui constituent des exemples de ce que les physiciens appellent **défauts.** Ainsi, dans l'Univers primordial, devraient apparaître au hasard une série de défauts, structures très massives de dimensionnalité différente : **parois** d'énergie bidimensionnelles, **cordes** unidimensionnelles dont le rôle potentiel dans la formation des galaxies a déjà été évoqué et, enfin, **monopôles magnétiques** quasi ponctuels.

Ainsi, les **parois** séparent de façon abrupte des domaines spatiaux voisins présentant chacun un ordonnement uniforme des forces différenciées, mais différant d'un domaine à l'autre. Les théories de grande unification prévoient pour une paroi typique une densité extrêmement élevée, comprise entre 10^8 et 10^{46} g/cm^2 : une telle paroi traversant une portion suffisamment vaste de l'Univers entraînerait certainement des effets gravitationnels importants, tels qu'un ralentissement considérable de l'expansion de l'Univers qui conduirait à une variation importante de la température du rayonnement de fond dans la direction correspondante, ce qui n'a jamais été observé. Les parois semblent donc définitivement absentes de notre Univers, du moins de l'Univers observable actuellement : on pourrait cependant imaginer qu'elles aient disparu très tôt, par exemple en s'effondrant sous l'action de leur poids très important.

Quant aux **monopôles magnétiques**[9], ils doivent posséder selon la théorie une masse très élevée, de l'ordre de 10^{16} Gev/c^2 (c'est-à-dire 10^{16} fois la masse d'un proton, donc, un cent-millionième de gramme !) ; ils sont supposés être porteurs d'une charge magnétique, tout comme l'électron et le proton sont dotés d'une charge électrique. On ne connaît pas dans la nature de charge magnétique isolée : ainsi, lorsqu'on coupe en deux un barreau aimanté possédant deux pôles magnétiques Nord et Sud, on n'arrive pas à isoler les deux pôles magnétiques.

C'est en 1931 que Dirac[10] avait suggéré l'existence de monopôles magnétiques, sans cependant qu'aucune observation ultérieure ne vienne confirmer cette hypothèse. En 1974, Polyakov et t'Hooft[11] ont montré indépendamment

9. P. Musset, La Recherche, *14*, 1983, p. 946.
10. P. Dirac, Proceedings of the Royal Society of London, A *133*, 1931, p. 60.
11. A. Polyakov, JETP Letters, *20*, 1974, p. 194. G. 't Hooft, Nuclear Physics, B *79*, p. 276.

que les théories de grande unification prédisaient l'existence de tels monopôles.

Un monopôle est certainement difficile à capturer : en effet, vu sa masse élevée et sa vitesse relativement faible, il pourrait traverser la terre de part en part, sans aucun dommage ! Cependant, en février 1982, Cabrera[12] annonçait, à la surprise générale, qu'il avait détecté un tel objet grâce à un dispositif expérimental très sophistiqué, construit à l'Université de Stanford, aux Etats-Unis. Depuis, aucune autre tentative de mise en évidence du monopôle magnétique ne s'est révélée fructueuse, si bien que certains physiciens en viennent même à douter de la réalité de son existence.

En fait, si les monopôles magnétiques existent réellement, ils n'ont pu être formés en grande quantité, vu leur masse élevée, qu'au cours de la transition de phase prédite par les théories de grande unification. Les théoriciens ont pu calculer quelle quantité de ces monopôles primordiaux a pu subsister aujourd'hui. Le résultat obtenu est tout à fait étonnant : la masse totale des monopôles présents dans l'Univers actuel devrait être cent milliards de fois supérieure à celle de la matière des galaxies, ce qui manifestement conduit à la conclusion absurde qu'un Univers aussi massif aurait déjà dû se contracter vers une deuxième singularité depuis bien longtemps ; sa durée de vie n'aurait guère pu dépasser une dizaine de milliers d'années ! C'est en cela que consiste le **problème des monopôles.**

Les solutions envisagées ressortissent à deux schémas explicatifs différents : d'une part, le recours à un mécanisme naturel qui détruirait une grande partie des monopôles peu après qu'ils se soient formés, d'autre part, la recherche d'un scénario apte à réduire de manière drastique l'abondance initiale de monopôles, le plus prometteur ayant été développé, dans le cadre de la cosmologie inflationnaire (cf. Chapitre VI).

12. B. Cabrera, Physical Review Letters, *48*, 1982, p. 1378.

CHAPITRE VI

L'ISOTROPIE DE L' UNIVERS ET L'INFLATION COSMIQUE

6.1 L'HORIZON COSMOLOGIQUE

Un deuxième type de difficulté à laquelle se heurte le modèle standard est lié à l'existence d'un horizon dans les modèles FLRW, du moins, ceux sans constante cosmologique. De quoi s'agit-il ? Nous savons que deux observateurs (ou deux particules) situés en des points différents de l'Univers ne peuvent communiquer entre eux qu'à l'aide de signaux dont la vitesse maximale est la vitesse de la lumière : ils sont alors dits connectés physiquement ou causalement. Ainsi, à tout instant et autour de chaque point de l'Univers, le champ de vision d'un observateur qui y serait localisé, est limité par une surface sphérique naturelle, appelée **horizon**[1], dont le rayon est défini par la distance parcourue par la lumière depuis la singularité initiale. Cet horizon délimite donc l'Univers observable à l'époque correspondante : toutes les particules à l'intérieur de cet horizon ont pu communiquer entre elles par l'intermédiaire de signaux lumineux (voir fig. 6.1).

1. La discussion la plus complète des horizons est celle de : W. Rindler, Monthly Notices of the Royal Astronomical Society, *116,* 1956, p. 662.
L'article de J. P. Luminet, dans l'ouvrage déjà cité de la Fondation Diderot : *Aux confins de l'Univers* (p. 105) contient aussi une excellente introduction au concept d'horizon.

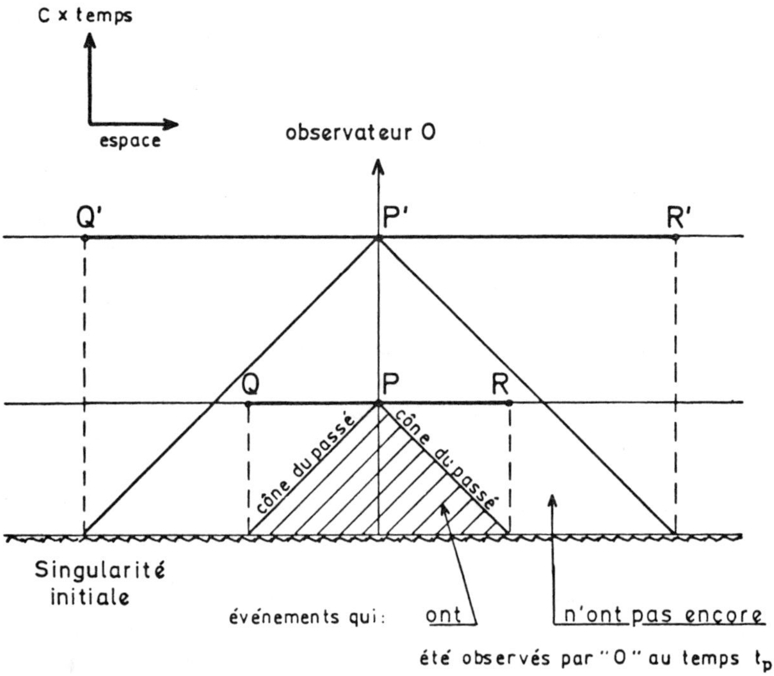
C x temps
espace
observateur O
Q'
P'
R'
Q
P
R
cône du passé
cône du passé
Singularité
initiale
événements qui: ont n'ont pas encore
été observés par "O" au temps t_p

Fig. 6.1 : *Sur ce diagramme (dit conforme), est représentée la géométrie spatio-temporelle d'un modèle FLRW. En abscisse, on trouve les dimensions spatiales (pour les besoins du dessin, deux des trois coordonnées spatiales ont été supprimées), tandis qu'en ordonnée, on a porté le temps,* t, *multiplié par* c *(vitesse de la lumière), afin de le doter de la dimension d'une longueur : la trajectoire d'un photon est alors une droite inclinée à 45°. Quant à la singularité initiale, représentée ici par une ligne horizontale dentelée, elle a été « étirée » par la transformation géométrique (conforme) effectuée. L'histoire d'un observateur quelconque au repos est alors représentée par une droite verticale. Considérons cet observateur à un instant quelconque,* t_P *: il lui correspond sur la figure le point spatio-temporel* P, *d'ordonnée* ct_P. *En chaque point et, en particulier, en* P, *les trajectoires des rayons lumineux qui y aboutissent, venant du passé, délimitent un cône, appelé* **cône de lumière passé** *(celui-ci est représenté par un triangle sur la figure, suite à la suppression de deux dimensions spatiales) : aucune particule ne pouvant se déplacer à une vitesse supérieure à celle de la lumière, les trajectoires spatio-temporelles de toutes les particules passant par* P *doivent se situer sur ou à l'intérieur du cône de lumière de* P. *L'intérieur du cône de lumière passé de* P *contient donc tous les événements qui ont pu être observés par l'observateur situé en* P. *L'***horizon** *de* P *est alors défini comme la surface sphérique dont le rayon est la distance parcourue par la lumière depuis la singularité initiale : cette surface est représentée sur la figure par* **seulement deux points** Q *et* R, *car on ne prend en compte ici qu'une dimension spatiale. A un instant ultérieur,* $t_{P'}$, *l'horizon est une surface sphérique, représentée ici par les points* Q' *et* R' : *comme* P'Q' > PQ, *le taille de l'horizon a crû.*

Ainsi donc, l'Univers peut être divisé à tout instant en domaines contigus mais causalement déconnectés, chacun de la taille de l'horizon. Celle-ci croît, au cours du temps, plus vite que celle de l'Univers et ainsi, l'horizon englobe de plus en plus de matière au fur et à mesure que le temps s'écoule (cf. fig. 6.2). A l'instant initial, les points matériels, bien qu'infiniment rapprochés, ne pouvaient cependant pas communiquer entre eux et étaient donc en réalité physiquement disjoints.

L'horizon renferme à présent environ cent milliards de galaxies et sa dimension, définissant donc celle de l'Univers actuellement observable, est de l'ordre de 10^{28} cm : la portion de l'Univers ainsi délimitée est la seule dont nous ayons déjà pu recevoir un signal lumineux.

Si l'on évalue la taille de l'horizon à l'instant du découplage de la radiation, soit environ un million d'années après le début de l'expansion, on constate que des régions alors séparées par des angles de quelques degrés n'ont jamais pu communiquer physiquement l'une avec l'autre (voir fig. 6.3). Or, c'est à partir de ce moment que le rayonnement cosmique de fond s'est séparé de la matière et a commencé à se refroidir indépendamment de celle-ci ; le fait que ce rayonnement soit aujourd'hui extrêmement isotrope implique qu'il a dû l'être tout autant au moment du découplage. On est ainsi conduit à la situation paradoxale suivante : des régions de l'Univers qui n'ont jamais été en contact causal l'une avec l'autre, possèdent les mêmes propriétés physiques et ce, de manière très précise (moins de 0,1 % d'écart dans le cas de la température du rayonnement de fond). Le modèle du Big Bang canonique où l'isotropie est imposée à tout moment suppose donc implicitement que toutes ces régions physiquement disjointes emplissant l'Univers ont évolué exactement de la même manière. Une telle hypothèse que l'on pourrait qualifier « d'accord parfait sans communication » a paru, aux yeux de nombre de cosmologistes, beaucoup trop forte et peu vraisemblable du point de vue physique.

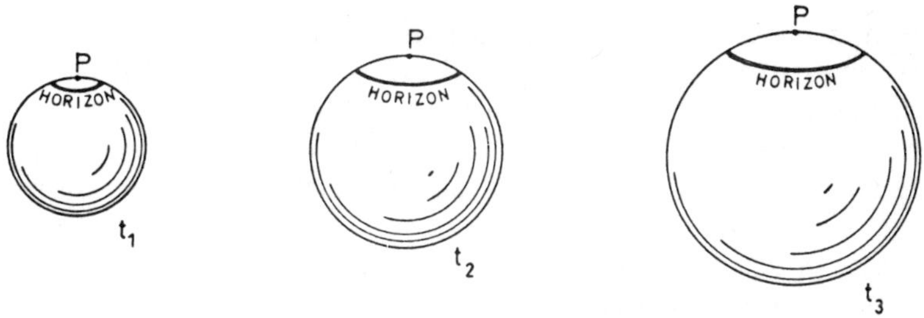

Fig. 6.2 : *L'Univers (supposé ici de type FLRW fermé) est représenté, à trois instants successifs de son expansion, avec une dimension spatiale en moins, par la surface d'une sphère de rayon croissant. L'horizon, pour l'observateur situé en* P, *est alors un cercle centré sur* P, *dont le rayon croît directement proportionnellement au temps. Comme, d'autre part, la taille de l'Univers croît moins vite (comme la racine carrée du temps, par exemple, si l'Univers est rempli de rayonnement), l'horizon englobe une partie de plus en plus grande de l'Univers.*

Une analogie empruntée à un récent ouvrage de Silk et Barrow[2] permet de mieux faire comprendre la nature de ce type de critique adressée au modèle standard. Supposons qu'à une époque où le téléphone n'existait pas, un grand nombre de personnes aient été invitées à un banquet, sans qu'on leur ait indiqué la tenue à revêtir, et qu'elles se présentent toutes exactement avec le même costume de soirée. Ce pourrait être une pure coïncidence, mais l'explication la plus plausible serait que toutes se sont rencontrées avant la soirée pour coordonner le choix de leur tenue. Le problème de l'horizon cosmologique est transposé ici en imaginant que certains invités habitent trop loin l'un de l'autre pour avoir eu le temps de se rencontrer entre le moment où ils ont reçu leur billet d'invitation et le jour du banquet. Seuls donc les voisins les plus proches ont eu le

2. J. Silk et J. D. Barrow, *La main gauche de la création,* Londreys, Paris, 1985.

temps de se mettre d'accord sur le choix d'une tenue. La transposition du modèle standard, qui impose à l'Univers des conditions initiales symétriques, en particulier l'isotropie, consisterait à supposer ici que les invités ont des goûts tellement semblables qu'ils ont tous choisi indépendamment le même costume.

On pourrait d'ailleurs aussi imaginer qu'il n'y a pas d'autre choix de vêtement dans le commerce : au niveau cosmologique, cela correspondrait à une hypothèse sinon adoptée, du moins envisagée par un certain nombre de cosmologistes, à savoir qu'il ne peut exister qu'un seul Univers véritablement cohérent et que les problèmes liés au choix, parmi l'ensemble des modèles cosmologistes relativistes, du bon modèle ne sont, en réalité, que de faux problèmes, dus à notre incapacité à cerner la totalité des contraintes qui conditionnent la cohérence du seul Univers possible, le nôtre.

Une autre possibilité est que les convives se soient communiqué l'information par des processus basés sur des lois différentes de celles connues alors, la télépathie, par exemple... Du point de vue cosmologique, cela équivaudrait à supposer que de nouvelles lois physiques, ne pouvant être décrites par les théories courantes, ont été mises en jeu tout au début de l'Univers — par exemple, durant l'ère quantique ou au cours d'une éventuelle phase inflationnaire régie par les théories unifiées — avec comme résultats possibles, comme nous le verrons, la disparition des horizons et l'isotropisation précoce de l'Univers.

6.2. LA COSMOLOGIE CHAOTIQUE DE MISNER ET LE MODÈLE « MIXMASTER »

Du sentiment d'insatisfaction apparu chez un certain nombre de cosmologistes suite aux conséquences de l'existence d'un horizon dans le modèle standard, est née, dès

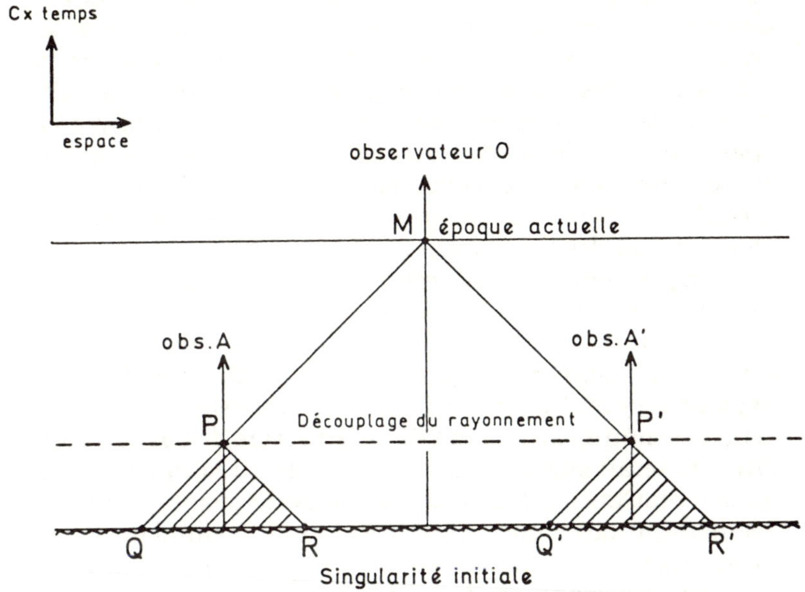

Fig. 6.3 : *Dans les mêmes conditions que celles de la fig. 6.1, sont représentés notre cône de lumière passé (celui de l'observateur* O *au point* M*), ainsi que ceux de deux points* P *et* P′ *situés sur notre cône lumineux et désignant la position spatiale de deux observateurs* A *et* A′ *respectivement au temps* $t_P = 10^6$ *années, correspondant au découplage du rayonnement. Celui-ci, aujourd'hui à la température de 2,7 K, étant isotrope, tous les points situés sur la surface de découplage (représentée ici par la ligne en tirets) ont donc la même température : c'est le cas, en particulier, des points* P *et* P′. *Or, les cônes de lumière de* P *et* P′ *ne se coupent pas, suite à l'existence d'une singularité initiale située à un temps fini dans leur passé : les observateurs* A *et* A′ *n'ont donc jamais interagi avant* t_P *et les conditions initiales en* QR *n'ont jamais pu influencer celles en* Q′R′, *avant que l'Univers ait été assez vieux pour permettre une liaison physique à l'aide de rayons lumineux entre* QR *et* Q′R′, *ce qui se passe, à l'époque actuelle, en* M. *Pourquoi, alors, les points* P *et* P′ *sont-ils dotés de la même température ? C'est en cela que consiste le problème de l'***horizon cosmologique** *des modèles de type FLRW.*

1968, sous l'impulsion de Misner[3], la **cosmologie chaotique.** Selon celle-ci, l'Univers est, au moment du Big Bang et lors des toutes premières phases qui suivent, dans un état de chaos total. Il est inhomogène et anisotrope et, a priori, toutes les irrégularités imaginables y sont présentes. Afin d'être en accord avec les observations actuelles, la géométrie spatio-temporelle devrait, au cours du temps, se régulariser et se rapprocher de celle, hautement symétrique, d'un modèle FLRW, si bien qu'aujourd'hui, très peu de traces de chaos initial devraient encore subsister.

La philosophie sous-jacente à la cosmologie chaotique est donc la suivante : la structure générale de l'Univers doit être indépendante des conditions initiales, c'est-à-dire que, quel qu'ait été l'Univers à ses débuts, il a dû inévitablement évoluer vers un Univers spatialement homogène et isotrope tel que le nôtre : autrement dit, la structure de base de notre Univers serait stable vis-à-vis de modifications quelconques de son état initial, tout type de Big Bang ayant dû inévitablement produire un Univers semblable à celui dans lequel nous vivons.

Cette philosophie moderne du chaos est dans la lignée des cosmogonies antiques expliquant la création de l'Univers à partir d'une masse amorphe primordiale, le chaos, comme la mythologie mésopotamienne, la théogonie d'Hésiode et les cosmologies orphiques[4].

La réalisation du programme de la cosmologie chaotique de Misner passe par l'étude de l'évolution de modèles plus généraux que les modèles FLRW, en l'occurrence, des modèles anisotropes et inhomogènes : ceux-ci devraient alors tendre, soit naturellement, c'est-à-dire par dissipation purement géométrique des anisotropies et des inhomogé-

3. C. W. Misner, The Astrophysical Journal, *151*, 1968, p. 431. Voir aussi : C. W. Misner, K. S. Thorne et J. A. Wheeler, *Gravitation*, op. cit., Chapitres 28 et 30.

4. *La naissance du Monde*, op. cit. et P. Duhem, *Le système du Monde*, op. cit.

néités, soit sous l'action de processus physiques dissipatifs spécifiques, vers les modèles symétriques de type FLRW. En tout cas, il importe que ces mécanismes dissipatifs soient efficaces suffisamment tôt, de manière à assurer l'isotropisation et l'homogénéisation de l'Univers avant la période de découplage et même avant la phase de nucléosynthèse, ou encore beaucoup plus tôt, comme nous allons le voir.

Les calculs effectués dans le but de vérifier la validité du programme de la cosmologie chaotique l'ont été pour la classe des modèles spatialement homogènes, dits de Bianchi[5] (du nom du mathématicien italien qui, dès 1897, avait développé une classification géométrique des espaces correspondants en 9 types), plus complexes que les modèles FLRW mais n'en différant que par un seul type d'irrégularité, l'anisotropie. Dans ces modèles, contrairement au modèle standard, le taux d'expansion varie selon la direction et ce, de la même manière, quelle que soit la localisation de l'observateur.

L'étude de l'évolution naturelle — c'est-à-dire en l'absence de tout processus dissipatif — de ces modèles anisotropes a montré combien ceux-ci répugnaient à devenir isotropes au cours du temps, les seuls tendant à le faire étant ceux très proches initialement des modèles critiques d'Einstein-de Sitter, de géométrie spatiale plane. Or, ces derniers modèles constituent une classe extrêmement restreinte et particulière parmi l'ensemble des modèles de Bianchi (les mathématiciens parleraient d'une classe de mesure nulle). Dans ce cas, il est impossible d'expliquer l'isotropie de l'Univers sans postuler un ensemble de conditions initiales très spéciales, ce qui est contraire à la philosophie de la cosmologie chaotique.

5. L. Bianchi, Memorie della Societa Italiana della Scienca, *11*, 1987, p. 267. A. H. Taub, Annals of Mathematics, *53*, 1951, p. 472. M. P. Ryan, Jr. et L. C. Shepley, *Homogeneous Relativistic Cosmologies*, Princeton University Press, Princeton, 1975.

D'autre part, divers mécanismes physiques susceptibles de dissiper l'anisotropie ont été proposés tels que, par exemple, la viscosité des neutrinos opérant, en principe, à la fin de l'ère leptonique et le phénomène de **création quantique de particules**[6] par un champ gravitationnel variant de manière importante au cours du temps, comme c'est le cas au début de l'ère hadronique. Notons, en passant, que ce dernier mécanisme présente, comme nous le verrons au Chapitre VII, surtout un intérêt considérable en dehors du problème de l'isotropisation de l'Univers : il pourrait, en effet, expliquer l'origine de la matière de notre Univers. Ces processus physiques dissipatifs ne semblent cependant capables de débarrasser l'Univers de son anisotropie que si celle-ci n'est pas trop importante et leur efficacité, donc toute relative, n'a pu être démontrée que dans certains modèles de Bianchi particuliers, si bien qu'il n'est certainement pas aisé d'expliquer comment tout Univers chaotique, ou tout au moins anisotrope, peut sortir de la fournaise initiale suffisamment isotrope pour ne pas violer les contraintes strictes imposées par les observations actuelles.

Quoi qu'il en soit, les premiers travaux de Misner ont eu le grand mérite d'attirer l'attention des cosmologistes sur un type d'Univers extrêmement intéressant appartenant à la classe des modèles de Bianchi : un modèle fermé, dit de

6. Les premières publications fondamentales sur le problème de la création de particules dans les modèles cosmologiques, dans le cadre de la théorie quantique des champs sur un espace-temps courbe, sont dues à : L. Parker, Physical Review Letters, *21*, 1968, p. 562 ; The Physical Review, *183*, 1969, p. 1057 et Physical Review, D *3*, 1971, p. 345 ; Physical Review Letters, *28*, 1972, p. 705 et 1497.

Plusieurs articles de synthèse, très techniques cependant, font le point sur cet important processus physique ; signalons tout spécialement : Ya B. Zeldovich, *Creation of Particles by Gravitational Field*, dans *Physics of the Expanding Universe*, Lecture Notes in Physics n° 109, édité par M. Demianski, Springer, Berlin, 1979, p. 60. — B. L. Hu, *Quantum Field Theories and Relativistic Cosmology* dans *Recent Developments in General Relativity*, Proceedings of the Second Marcel Grossmann Meeting, édité par R. Ruffini, North Holland, Amsterdam, 1982, p. 813.

Bianchi type IX et baptisé « **Mixmaster** »[7]. Cette dénomination illustre l'approche géométrique particulière de la singularité initiale dans un tel modèle : elle est, en effet, caractérisée par une succession de mouvements d'expansion et de contraction simultanés dans des directions différentes qui varient continuellement, ces mouvements devenant de plus en plus rapides au fur et à mesure que l'on se rapproche de la singularité et se superposant au mouvement global d'expansion de l'Univers. L'intérêt initial de ce modèle « Mixmaster » résidait dans la possibilité de suppression de l'horizon successivement dans chaque direction, ce qui aurait alors permis à d'éventuels processus dissipatifs suffisamment efficaces, d'agir et d'éliminer l'anisotropie initiale. Malheureusement pour cette idée de Misner, des travaux ultérieurs[8] ont montré que ce comportement « Mixmaster » idéal conduisant à un brassage progressif de l'Univers, n'était possible que pour une classe extrêmement restreinte de modèles parmi ceux de type Bianchi IX, ce qui, de nouveau, était tout à fait contraire à l'esprit de la cosmologie chaotique.

Le modèle « Mixmaster » a cependant acquis, au cours des années, une importance considérable : cela tient à ce que, faisant partie d'une sous-classe générale parmi l'ensemble des modèles de Bianchi, son évolution temporelle est, non seulement, tout à fait caractéristique de celle de l'Univers anisotrope typique mais, qui plus est — mais ce n'est encore là qu'une hypothèse, étayée cependant par un grand nombre d'arguments convaincants — elle constituerait aussi le paradigme du comportement du modèle relativiste le plus

7. C. W. Misner, Physical Review Letters, *22*, 1969, p. 1071 ; The Physical Review, *186*, 1969, p. 1319 et 1328. Une bonne introduction non technique aux propriétés de l'Univers Mixmaster est donnée par J. Silk et J. D. Barrow, dans le Chapitre V de : *La main gauche de la création*, op. cit., p. 179 à 188.

8. M. A. H. MacCallum, Nature Physical Science, *230*, 1971, p. 112. A. G. Doroshkevich, V. N. Lukash et I. D. Novikov, Soviet Physics JETP, *33*, 1971, p. 649. D. M. Chitre, Physical Review, D *6*, 1972, p. 3390.

général (inhomogène et donc complètement chaotique) au voisinage d'une singularité cosmologique [9].

Revenant aux modèles chaotiques, il importe de mentionner une difficulté sérieuse, soulevée dès 1977 par Barrow et Matzner [10], à laquelle tous se trouvent confrontés et qui met fortement en doute leur viabilité. Toute dissipation d'irrégularités ou d'anisotropies primordiales doit entraîner, en vertu du second principe de la thermodynamique, un accroissement de l'entropie par baryon de l'Univers, donc du rapport du nombre de photons à celui de baryons, c'est-à-dire de l'inverse de η, qui, comme le montre la théorie, lui est proportionnel. Par conséquent, s'il y a eu effectivement disparition d'anisotropie au cours des premières phases de l'Univers, il importe que celle-ci n'ait pas engendré une entropie par baryon supérieure à la valeur observée, qui correspond à la valeur 10^9 de l'inverse du paramètre η. D'autre part, l'étude des modèles anisotropes montre que, plus tôt l'anisotropie est dissipée, plus importante est la quantité d'entropie produite et donc l'augmentation du paramètre $1/\eta$. Ainsi, si la dissipation a lieu a l'époque de Planck, alors même une anisotropie initiale infime produira beaucoup trop d'entropie. Il semble donc que, sur la base de l'argument précédent, les modèles fortement chaotiques puissent être éliminés, ce qui rend alors le programme de la cosmologie chaotique peu plausible.

Cependant, si l'Univers est réellement passé par une phase de grande unification, il convient d'adapter le raisonnement

9. Ce résultat très important a été obtenu par les cosmologistes de l'école soviétique ; leurs travaux très techniques sont résumés dans : V. A. Belinskii, I. M. Khalatnikov et E. M. Lifshitz, Advances in Physics, *19*, 1970, p. 525. Leurs conclusions ont été cependant contestées par J. D. Barrow et F. J. Tipler, Physics Reports, *56*, 1979, p. 372. Un débat d'idées assez vif s'est alors engagé entre ces deux groupes de chercheurs et a été publié dans Physics Letters A, avec une mise au point finale de l'éditeur en chef (D. ter Haar, Physics Letters, *83* A, 1981, p. 321).

10. J. D. Barrow et R. A. Matzner, Monthly Notices of the Royal Astronomical Society, *181*, 1977, p. 719.

de Barrow et Matzner et de préciser la portée exacte de la conclusion qu'ils en ont tirée. En effet, dans ce cas, la valeur de l'inverse du paramètre η, donc de l'entropie par baryon, est fixée uniquement par les paramètres physiques microscopiques des théories de grande unification et est donc indépendante de toute dissipation d'irrégularités antérieure à la période de génération du nombre baryonique de l'Univers, qui se produit quelque 10^{-35} seconde après le début de l'expansion. L'argument de Barrow et de Matzner n'est donc valable qu'à partir de ce moment, si bien que l'Univers primordial ne pourrait, en fait, avoir été chaotique que pour des températures supérieures à 10^{28}K, c'est-à-dire pour des temps inférieurs à 10^{-35} seconde.

6.3. LE CARACTÈRE EXTRÊMEMENT PARTICULIER DE NOTRE UNIVERS

La conclusion qui se dégage de l'ensemble de ces travaux de cosmologie théorique est que **nous vivons dans un Univers dont l'état initial a dû être remarquablement ordonné,** c'est-à-dire dans un Univers de structure très proche de celle d'un modèle FLRW, et ce, extrêmement tôt, à moins que des processus dissipatifs agissant dans un Univers chaotique — tels que la création de particules par le champ gravitationnel — n'aient été complètement efficaces avant 10^{-35} seconde, ce qui paraît peu probable, et, qu'en même temps, les horizons aient pu être levés dans toutes les directions, ce qui ne semble possible que pour des modèles très particuliers. Or, un modèle aussi hautement symétrique qu'un modèle FLRW est extrêmement spécial parmi l'ensemble des Univers de type Bianchi et le problème se pose alors de comprendre pourquoi un modèle ayant une probabilité d'existence a priori aussi infime est celui qui décrit le mieux la structure de l'Univers réel.

Le caractère apparemment extrêmement spécial de notre Univers peut être apprécié à sa juste mesure à l'aide des quelques exemples quantitatifs qui suivent. Oubliant tout d'abord la possibilité d'engendrer la valeur du paramètre η dans le cadre des théories de grande unification et imposant que l'entropie présente dans l'Univers soit uniquement due à la dissipation d'inhomogénéités et d'anisotropies primordiales au voisinage du temps de Planck, il faut alors que l'anisotropie relative par rapport à un modèle complètement isotrope, donc FLRW, soit, à ce moment, inférieure à 10^{-40}, ceci afin de ne pas dépasser la valeur observée de $1/\eta = 10^9$! D'autre part, le problème de la platitude de l'Univers se traduit quantitativement par le fait que l'écart de densité, au temps de Planck, entre le modèle FLRW représentatif de notre Univers et le modèle critique d'Einstein-de Sitter a dû être inférieur à 10^{-60}, ceci afin de ne pas entrer en contradiction avec les observations actuelles. Cet écart en densité peut aussi être traduit en différence de vitesse d'expansion : ainsi, une réduction du taux d'expansion de l'Univers réel de 10^{-12}, au moment où la température de ce dernier était de 10^{10} K, aurait conduit à un Univers commençant déjà à se contracter alors que son rayon avait seulement 1/3000 de sa valeur actuelle et lorsque la température était encore de 10 000 K !

Diverses attitudes sont possibles devant le **caractère apparemment spécial et très improbable a priori de notre Univers.** Ainsi, Collins et Hawking[11] ont avancé, en 1973, une justification originale et audacieuse de cette constatation : **ce serait notre présence dans l'Univers, en tant**

11. C. B. Collins et S. W. Hawking, The Astrophysical Journal, *180*, 1973, p. 317. De manière plus précise, Collins et Hawking ont montré que, parmi l'ensemble des modèles anisotropes de Bianchi, les seuls capables de s'isotropiser étaient des modèles privilégiés, déjà très proches de ceux (isotropes et de géométrie spatiale plane) d'Einstein-de Sitter. Mais ces modèles finiront peut-être eux-mêmes, comme l'ont suggéré plus tard Barrow et Tipler (Nature, *275*, 1978, p. 453), par devenir anisotropes dans un futur lointain, lorsque toute la matière contenue dans l'Univers se sera transformée en particules de masse au repos nulle (photons, neutrinos, gravitons), après condensation des grandes structures cosmiques en de gigantesques trous noirs et évaporation quantique de ceux-ci.

qu'êtres vivants, qui conditionnerait de telles conditions initiales et, partant, l'isotropie actuelle de l'Univers. Tout écart notable à ces conditions initiales interdirait, en effet, la formation de galaxies, donc des étoiles et des planètes probablement nécessaires à l'apparition d'êtres vivants. En effet, un Univers sensiblement ouvert (c'est-à-dire de vitesse d'expansion supérieure à la vitesse critique du modèle d'Einstein-de Sitter) posséderait un taux d'expansion sans doute trop élevé qui neutraliserait, en quelque sorte, la tendance à la contraction gravifique du gaz intergalactique ; d'autre part, la durée du cycle expansion-contraction d'un Univers sensiblement fermé (c'est-à-dire de vitesse d'expansion inférieure à la vitesse critique) serait trop courte pour que de petites perturbations de densité aient eu le temps de se développer et d'atteindre le stade de galaxie... Une contrainte de ce type sur les propriétés fondamentales de l'Univers imposée par l'existence d'êtres vivants illustre parfaitement la méthodologie du **Principe Anthropique,** qui projette un éclairage tout neuf sur les problèmes de la cosmologie ; nous en exposerons la philosophie sous-jacente et les applications astrophysiques et cosmologiques en conclusion de cet essai.

6.4. LE MODÈLE INFLATIONNAIRE ORIGINAL DE GUTH

Il existe d'autres tentatives d'explication de l'isotropie de l'Univers, mais toutes se sont vues supplantées par un développement important récent en cosmologie théorique, dû au physicien américain Guth, celui du concept révolutionnaire d'**inflation**[12] de l'Univers. L'intérêt de cette nou-

12. La référence de base contenant la première exposition d'un scénario inflationnaire est la suivante : A. Guth, Physical Review, D *23*, 1981, p. 347. Depuis, une littérature extrêmement abondante a été consacrée à l'inflation : les principales publications dans ce domaine jusque 1985 sont reprises dans le volume *Inflationary cosmology*, édité par L. F. Abbott et S.-Y. Pi, World Scientific, Singapour, 1986. De nombreux articles de revue sur

velle idée est qu'elle pourrait permettre de résoudre la plupart des difficultés déjà mentionnées auxquelles se heurte le modèle standard, plus précisément, les problèmes de l'homogénéité spatiale et de l'isotropie liés à l'existence des horizons, celui de la platitude de l'Univers et, finalement, celui de l'abondance actuelle des monopôles magnétiques. L'inflation pourrait aussi jouer un rôle intéressant dans l'explication de la genèse des fluctuations appropriées à la formation ultérieure des galaxies.

Guth a suggéré, en 1981, qu'au cours d'une période très précoce et très brève de la vie de l'Univers, celui-ci ait traversé une phase dite **inflationnaire,** caractérisée par un taux d'expansion extrêmement élevé, beaucoup plus élevé que ce qu'il a dû être à la même époque, dans le modèle standard : plus précisément, les distances dans l'Univers ont dû croître exponentiellement au cours du temps alors qu'elles n'augmentent dans le modèle standard, au moment où il est dominé par la radiation, qu'avec la racine carrée du temps (voir fig. 6.4). Le volume de chaque région de l'Univers a alors dû s'enfler d'un facteur énorme, pouvant varier selon les divers scénarios de 10^{29} à 10^{100} et peut-être même beaucoup plus et ce, en un temps extrêmement bref (de l'ordre de 10^{-32} seconde). L'importance et la rapidité de ce gonflement de l'Univers apparaissent manifestement si, par contraste, on considère la croissance d'une région donnée de l'Univers depuis la période de découplage de la radiation jusqu'à présent : ainsi, pendant quelque 15 mil-

---

le sujet ont été publiés au cours des dernières années ; nous en épinglerons tout spécialement deux : A. D. Linde, Reports on Progress in Physics, *47*, 1987, p. 925. M. S. Turner, *Toward the Inflationary Paradigm : Lectures on Inflationary Cosmology* dans : *Cosmology and Particle Physics,* Proceedings of the XVII GIFT International Seminar on Theoretical Physics, édité par E. Alvarez, R. Dominguez Tenreiro, J. M. Ibanez Cabanell, M. Quiros, World Scientific, Singapour, 1987, p. 77. Signalons aussi deux excellents exposés introductifs à l'inflation de l'Univers : A. H. Guth et P. J. Steinhardt, Scientific American, *250,* 1984, p. 116. A. Bouquet, La Recherche, *17,* 1986, p. 448.

liards d'années, ce volume n'a crû que d'un facteur 10^8 !

L'idée d'inflation est, en fait, une conséquence de l'application des théories unifiées des diverses interactions à la cosmologie et, plus précisément, dans le modèle original de Guth, des théories de grande unification. Le scénario original de Guth a cependant été profondément modifié dans la suite, mais le concept d'inflation semble constituer aujourd'hui un ingrédient capital de l'étude de la dynamique des premières phases de l'Univers. Avant de voir sur quelle base théorique cette idée a pu être incorporée à la cosmologie et de décrire de manière plus quantitative les modèles inflationnaires, il est intéressant d'examiner comment cette brève phase d'expansion exponentielle permet de résoudre, du moins dans le cadre des modèles les plus récents, et ce, apparemment de manière très naturelle et très simple, les difficultés du modèle standard.

Tout d'abord, le problème de l'**homogénéité spatiale :** l'Univers observable actuellement est trop vaste pour avoir pu être homogénéisé complètement par des processus physiques qui ont dû se dérouler nécessairement avant la période de découplage de la radiation puisque, depuis ce moment, le rayonnement de fond est parfaitement isotrope. Mais, s'il y a eu inflation, notre Univers observable aujourd'hui apparaît comme le résultat du gonflement d'une région extrêmement petite, dont toutes les parties ont eu le temps d'entrer en communication physique l'une avec l'autre et dans laquelle, pour autant qu'un processus dissipatif suffisamment efficace ait déjà pu être à l'œuvre, l'homogénéisation et l'isotropisation ont pu être réalisées. Ainsi, s'il existe des irrégularités dans l'Univers, celles-ci doivent se situer en dehors de l'Univers observable actuellement et ne peuvent donc être mises en évidence. Le problème de la **platitude** de l'Univers est résolu tout aussi naturellement : en effet, s'il y a eu inflation, le rayon de courbure de l'Univers a subi, comme toutes les autres longueurs, une augmentation considérable en un temps très bref, ce qui explique que l'Univers soit aujourd'hui presque plat, tout comme une petite région de

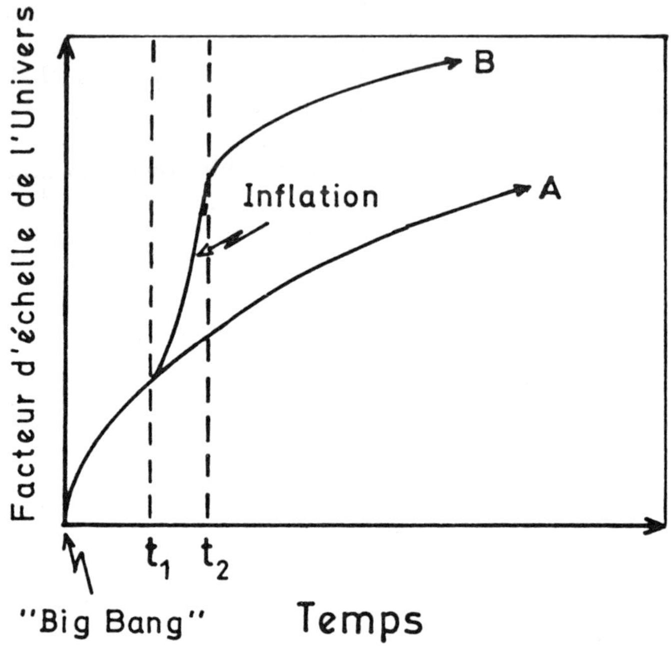

Fig. 6.4 : *Cette figure illustre le comportement général d'un modèle d'Univers de type inflationnaire. La courbe inférieure* A *représente l'expansion décélérée typique d'un modèle FLRW. La courbe supérieure* B *présente, elle, entre* t_1 *et* t_2, *l'allure exponentielle caractéristique de la phase inflationnaire ; pour* $t > t_2$, *l'Univers retrouve alors l'expansion « normale » de type FLRW, observée actuellement. Les échelles ne sont pas du tout respectées sur ce diagramme et les détails de l'évolution du modèle dépendent de la manière dont s'opère la transition de phase, ainsi que du moment où elle a lieu.*

Avant t_1, *l'Univers pourrait avoir connu un comportement différent de celui représenté sur la figure, c'est-à-dire le « Big Bang » standard : ainsi, dans certains modèles de « création » de l'Univers à partir du vide, examinés au §7.7, la singularité initiale n'existe pas et l'expansion décélérée antérieure à* t_1 *est remplacée par une évolution exponentielle « à la de Sitter », que l'on pourrait d'ailleurs qualifier aussi d'inflationnaire, à laquelle se substitue, à partir de* t_2, *l'expansion standard de type FLRW.*

la surface d'un ballon suffisamment gonflé est quasi-plane. Donc, la densité de l'Univers devrait être égale à la valeur critique correspondant à l'Univers de géométrie spatiale euclidienne, c'est-à-dire au modèle d'Einstein-de Sitter : avec le décompte actuel des diverses contributions à la densité de l'Univers, on est cependant encore loin du compte... Le problème soulevé par l'abondance beaucoup trop élevée de **monopôles** magnétiques prédite par le modèle standard trouve aussi une solution simple dans le cadre des récents modèles de type inflationnaire : en effet, suite à l'inflation, cette abondance a été fortement diluée : le nombre de monopôles s'étant conservé dans un volume qui a crû énormément, il ne devrait plus subsister aujourd'hui que très peu de ces objets exotiques dans l'Univers observable, peut-être même pas plus d'un seul...

Pour qu'une période inflationnaire ait pu se produire au cours de l'histoire de l'Univers, il a fallu qu'à ce moment, la densité de ce dernier ait été pratiquement constante et donc n'ait pas décru proportionnellement à l'inverse du volume, comme c'est le cas pour la matière ordinaire. En effet, les équations de la cosmologie relativiste prévoient, pour une densité constante au cours du temps, une croissance exponentielle du « rayon » de l'Univers, comme dans le modèle de de Sitter (cf. § 3.8), dont l'évolution est gouvernée par une constante cosmologie non nulle. A-t-il pu exister une telle forme d'énergie, insensible, pendant un certain temps, à tout effet de dilution ? La réponse doit être recherchée à l'intérieur des théories de la physique des particules élémentaires et, plus précisément, des théories unifiées. C'est ainsi que Guth[12] a montré, en 1981, qu'il existe vraiment une forme d'énergie qui réponde aux conditions requises et qui porte le nom, a priori surprenant, d'énergie du « vide »[13]. De

13. On trouvera plus de détails sur la manière dont le « vide » est considéré, dans le cadre des théories quantiques modernes, dans le remarquable article de synthèse de I. J. R. Aitchison, publié dans : Contemporary Physics, *26*, 1985, p. 333.

quoi s'agit-il ? En physique moderne et, en particulier, en mécanique quantique, le « vide » est défini par l'absence de particules mais n'est, en aucune façon, synonyme de néant : au contraire, il peut être doté d'un certain nombre de caractéristiques physiques qui peuvent être calculées par la théorie. Ainsi, si le système considéré est décrit par un champ (comme le champ électromagnétique ou tout autre champ associé à des particules matérielles connues ou non), l'énergie du système n'est pas nécessairement nulle pour les configurations du champ dites « vides », c'est-à-dire auxquelles n'est associée aucune particule : l'énergie correspondante est alors appelée énergie du « vide » et sa densité peut se révéler constante, dans certaines circonstances précises. Cette énergie du « vide » s'ajoute à l'énergie habituelle associée aux particules présentes dans l'Univers : actuellement, c'est cette dernière énergie qui domine, la densité d'énergie du « vide » étant aujourd'hui pratiquement nulle, mais si durant une certaine période, la première l'a emporté sur la seconde, une ère inflationnaire a alors pu se produire.

Reste donc à découvrir un champ se trouvant à un certain moment dans l'état de « vide » et dont la dynamique détermine la naissance mais aussi la fin d'une ère inflationnaire. Dans le cas du modèle original de Guth, ce champ se trouve être un des champs présents actuellement dans les théories de grande unification (d'un point de vue technique, il s'agit du champ scalaire dit de Higgs, dont les caractéristiques sont encore assez mal connues, mais dont la masse des particules associées est certainement très élevée, de l'ordre de 10^{15} Gev/c^2 (voir encadré Chapitre V)). La dynamique du modèle de Guth peut se comprendre à l'aide d'une analogie simple. Considérons un flacon contenant un liquide, par exemple, de l'eau, à température ordinaire et refroidissons-le progressivement ; il est possible d'abaisser la température du liquide en dessous de la température de solidification : on dit alors que le liquide est en surfusion (par exemple, on peut obtenir de l'eau surfondue à − 10 °C). La surfusion est un état d'équilibre instable : si l'on agite fortement le liquide ou si l'on y introduit un petit cristal de glace, le liquide va se solidifier brusquement en repassant à la température de solidification. Guth a proposé, dans son scénario original, que l'Univers soit passé par une transition de phase de ce type au moment où, selon les théories de grande unification, c'est-à-dire 10^{-35} seconde après le Big Bang, s'est déroulée la transition entre Univers unifié et monde régi par les diverses interactions séparées. En fait, au cours de ce changement de phase, le gaz des particules élémentaires alors présentes dans l'Univers (photons, électrons, neutrinos, quarks) se refroidit continuellement et la densité d'énergie correspondante décroît progressivement, mais le champ responsable de l'inflation (le champ de Higgs, dans ce cas) est supposé se trouver gelé dans un état d'équilibre métastable (analogue à la surfusion de l'eau), auquel correspond une densité d'**énergie du vide** constante au cours du temps, qui va alors rapidement devenir largement supérieure à celle de la matière ordinaire et donc régir la dynamique de l'Univers. Les conditions sont alors réunies pour que puisse démarrer une phase d'inflation exponentielle ; la quantité dont l'Univers va enfler dépend de la durée durant laquelle cette densité d'énergie du « vide » va rester constante ; c'est ainsi que le rayon de l'Univers peut croître d'un facteur de 10^{29} à 10^{100}, voire même beaucoup plus (cf. fig. 6.4). A un certain moment, l'inflation va cesser (dans le cadre de notre analogie, la solidification de l'eau surfondue va s'opérer) ; le champ responsable de l'inflation quitte l'état « vide » métastable (« faux vide »), dans lequel il se trouvait figé, pour passer à un autre état « vide », stable celui-là et caractérisé par une densité d'énergie quasi nulle (« vrai vide ») : on retrouve alors les conditions typiques du modèle standard et l'expansion habituelle, progressivement décélérée, prend le relais de l'inflation.

6.5. DE NOUVEAUX SCÉNARIOS INFLATIONNAIRES

Cependant, ce scénario proposé par Guth se heurte à un problème très sérieux : la fin de la période inflationnaire s'y produit de façon très brutale, ce qui entraîne l'apparition d'énormes inhomogénéités, en contradiction flagrante avec la régularité observée de l'Univers actuel ; c'est la raison principale qui a été à l'origine de l'abandon du modèle original de Guth. De nouveaux scénarios ont été proposés, par Albrecht et Steinhardt [14], aux Etats-Unis, ainsi que par Linde [15], en Russie : les ingrédients essentiels du modèle de Guth y sont maintenus, mais la transition vers le modèle standard s'opère avec plus de douceur. L'innovation majeure apportée par ces nouveaux modèles inflationnaires est qu'une inhomogénéité résiduelle typique, apparue en fin de transition et que l'on qualifie souvent de **« bulle »**, contient, à présent, la totalité de l'Univers observable aujourd'hui (voir fig. 6.5) — toute irrégularité importante étant donc rejetée au-delà de l'horizon — ce qui permet, notamment, de résoudre le problème de l'abondance des monopôles magnétiques. Mais ces modèles, à leur tour, ne sont guère satisfaisants, car ils entraînent l'existence, à l'intérieur d'une « bulle » et ce, après la période inflationnaire, de fluctuations d'un niveau au moins 100 000 fois plus important que celui que l'on estime approprié à la formation des galaxies, du moins, selon les idées traditionnelles en cette matière. Une remède à cette difficulté, assez artificiel, il faut bien l'avouer, consiste à abandonner le champ de Higgs des théories de grande unification comme champ responsable de l'inflation et à introduire, pour les besoins de la cause et de manière tout à fait ad hoc, un nouveau champ susceptible d'assurer un niveau de fluctuations adéquat. Ces

14. A. Albrecht et P. J. Steinhardt, Physical Review Letters, *48*, 1982, p. 1220.
15. A. D. Linde, Physics Letters, *108* B, 1982, p. 389.

fluctuations pourraient d'ailleurs très bien n'être que les inévitables fluctuations quantiques, présentes au temps de Planck, dont la taille aurait été amplifiée sous l'action de l'inflation.

D'autres scénarios inflationnaires ont été proposés récemment, la période d'inflation étant reculée jusqu'au voisinage du temps de Planck; certains peuvent trouver une justification théorique à l'intérieur des théories de supergravité et de « supercordes » : l'inflation est alors qualifiée de **« primordiale »** et le champ ϕ qui en est responsable est appelé inflaton[16].

Selon un autre type de scénario, dit **chaotique**, et dû à Linde[17], l'inflation serait une conséquence naturelle — voire même, inévitable — de conditions initiales chaotiques censées avoir régné dans l'Univers primordial. Les perspectives cosmologiques et métaphysiques de cette hypothèse sont tellement inattendues et grandioses, à la fois, que le modèle de Linde fait l'objet, à lui seul, de l'Annexe 2 (fin de ce Chapitre).

L'imagination des théoriciens — dans ce domaine, comme

16. J. Ellis, D. V. Nanopoulos, K. A. Olive et K. Tamvakis, Nuclear Physics, *B 221*, 1983, p. 524. Pour une revue des problèmes soulevés par la construction de modèles inflationnaires primordiaux satisfaisants, dans le cadre des théories de supergravité et des supercordes, voir : D. V. Nanopoulos et K. A. Olive, *Cosmic Inflation*, dans : *Origin and Early History of the Universe*, Comptes rendus du 26e colloque international d'astrophysique de Liège, juillet 1986, édité par J. Demaret, Presses de l'Université de Liège, 1987, p. 181.

17. Parmi les nombreuses publications consacrées à l'inflation chaotique, nous mentionnerons les suivantes, les trois dernières étant, en fait, des articles de synthèse : A. D. Linde, Physics Letters, *129* B, 1983, p. 177 ; A. D. Linde, Physics Letters, *175* B, 1986, p. 395 ; A. D. Linde, Modern Physics Letters A, *1*, 1986, p. 81. A. S. Goncharov, A. D. Linde et V. F. Mukhanov, International Journal of Modern Physics, *2*, 1987, p. 561. A. D. Linde, *Inflation and Quantum Cosmology*, dans : *300 Years of Gravitation*, édité par S. W. Hawking et W. Israël, Cambridge University Press, Cambridge, 1987, p. 604. A. D. Linde, Physics Today, septembre 1987, p. 61. A. D. Linde, *Particle Physics and Cosmology*, dans *Proceedings of the XXIV International Conference on High Energy Physics*, édité par R. Kotthaus et J. Kühn, Springer-Verlag, Berlin, 1989, p. 357.

Fig. 6.5 : *Si l'on adopte le modèle FLRW standard, on trouve que l'Univers observable en principe aujourd'hui s'étend jusqu'à une quinzaine de milliards d'années-lumière (la distance de l'horizon cosmologique actuel) ; de plus, on calcule qu'à la fin de la phase inflationnaire, c'est-à-dire à l'époque* $t = 10^{-32}$ *seconde, cet Univers observable d'aujourd'hui ne devait être guère plus grand qu'une orange, soit une dizaine de centimètres de diamètre ! Le modèle inflationnaire modifié d'Albrecht, Steinhardt et Linde prévoit un taux d'inflation au moins égal à* 10^{50}*, si bien que l'Univers observable actuellement aurait dû avoir, au début de la phase inflationnaire* ($t \sim 10^{-35}$ *seconde), un diamètre incroyablement petit, d'au plus* 5.10^{-50} *cm ! A cette époque, l'horizon cosmologique avait une taille de* 5.10^{-26} *cm, si bien que notre Univers observable n'occupait alors qu'une portion infime* (10^{-72} *!) d'un espace dont tous les points avaient pu établir une communication physique entre eux.*

Les bulles de « vide » stable qui apparaissent durant la phase inflationnaire (l'analogie des cristaux de glace prenant naissance dans l'eau surfondue) englobent un volume dont la valeur est fixée par l'exigence que toutes ses parties internes aient eu le temps d'échanger de l'information : elles ont donc la taille de l'horizon au moment de leur formation. Tout comme les cristaux de glace voisins présentent des orientations désordonnées et différentes, les bulles de « vide » stable pourraient très bien être caractérisées par des valeurs des paramètres cosmologiques et physiques (y compris, peut-être même, la dimension de leur espace) différentes de l'une à l'autre.

Ainsi donc, la portion d'espace que nous appelons Univers observable, c'est-à-dire une sphère d'un rayon égal aujourd'hui à quinze milliards d'années-lumière ($\sim 10^{28}$ *cm), ne serait en réalité, qu'une fraction minuscule d'une de ces bulles, démesurément gonflée par l'inflation pour atteindre aujourd'hui une taille de* 10^{34} *années-lumière* ($\sim 10^{52}$ *cm).*

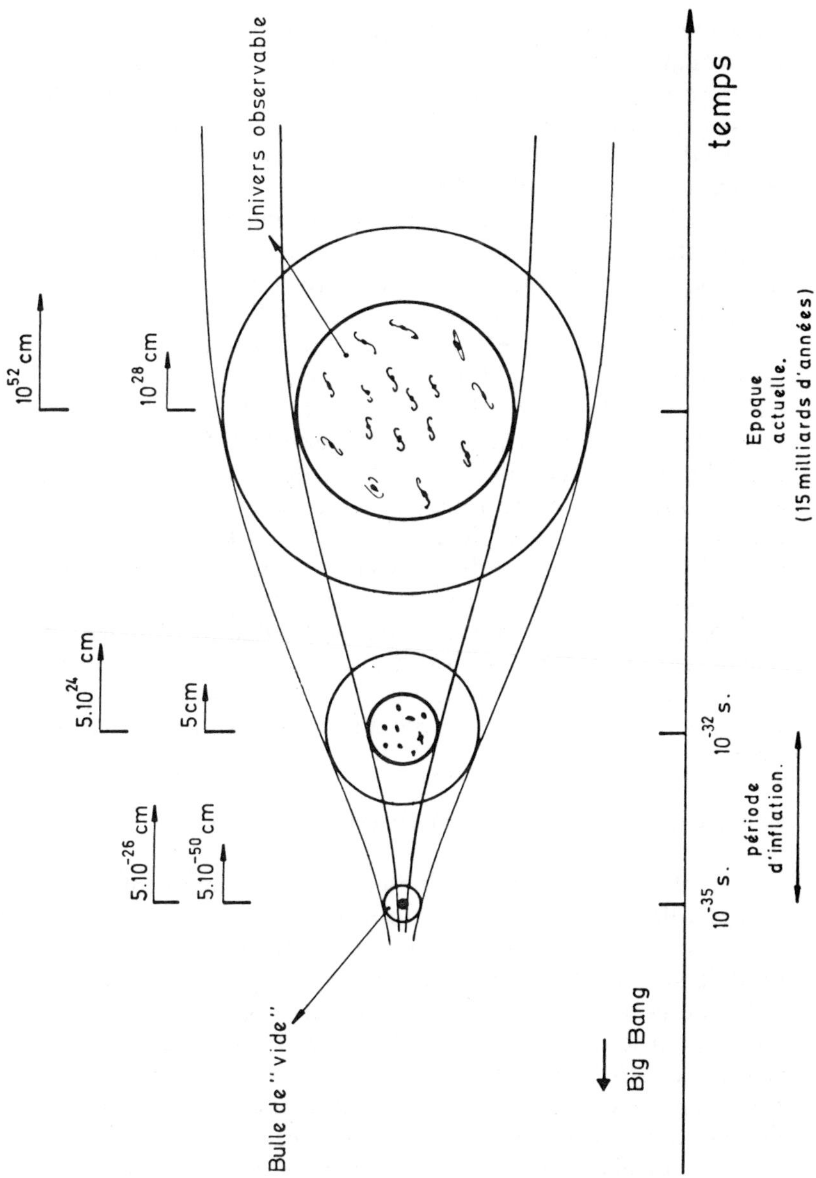
Univers observable
temps
10^{52} cm
10^{28} cm
5.10^{24} cm
5 cm
5.10^{-26} cm
5.10^{-50} cm
Epoque actuelle. (15 milliards d'années)
10^{-32} s.
10^{-35} s.
période d'inflation.
Big Bang
Bulle de ''vide''

dans bien d'autres — ne paraît pas avoir de limites puisque un scénario inflationnaire, trouvant son origine au cœur même de l'ère quantique, a été proposé dans le cadre de l'approche dite de la cosmologie quantique et, plus précisément, dans la version de ce formalisme développée par Hawking et Hartle (cf. § 7.6).

Il subsiste, malgré tout, dans tout scénario inflationnaire, un problème délicat, que nous n'avons pas encore évoqué et qui risquerait, s'il ne pouvait être résolu, de remettre en cause la viabilité du concept même d'inflation : l'Univers, au cours d'une telle phase, s'est donc fortement enflé, la température ayant dû alors, a priori, chuter vers une valeur extrêmement basse, en fin de transition ; de plus, les particules présentes ont dû être extrêmement diluées, surtout dans les nouveaux modèles, si bien que l'Univers devrait être aujourd'hui pratiquement vide. Heureusement, une grande quantité d'énergie est disponible à la fin de l'inflation : il s'agit de l'énergie du « vide » qui est passée d'une valeur élevée à une valeur pratiquement nulle. C'est cette énergie qui va alors assurer le réchauffement de l'Univers et permettre la matérialisation de paires particule-antiparticule : la matière constituant notre monde va donc se trouver véritablement recréée au terme du processus inflationnaire.

6.6 CRITIQUES DU CONCEPT D'INFLATION COSMIQUE

Il semble ainsi possible d'obtenir des scénarios inflationnaires relativement satisfaisants, permettant de lever les principales difficultés auxquelles se trouve confronté le modèle standard. En toute objectivité, cependant, la situation est certainement loin d'être aussi idyllique que ne voudraient le faire croire bon nombre de cosmologistes. En réalité, le statut des modèles inflationnaires reste encore bien fragile : en effet, la part d'arbitraire qui règne dans les divers scénarios est encore bien trop importante ; ainsi, un ajustement extrêmement fin des paramètres physiques responsables de la phase inflationnaire, comme la forme précise de la courbe V(ϕ), semble indispensable à la construction d'un modèle cosmologique en accord avec les observations actuelles.

On peut d'ailleurs à bon droit se demander, au vu de la complexité de certains modèles proposés, « si toute l'opération n'a pas simplement consisté à remplacer des conditions initiales **ad hoc** par des paramètres **ad hoc** dans un modèle **ad hoc** »[18].

Dans cet ordre d'idées, il est intéressant de remarquer que les modèles inflationnaires, tout comme les modèles chaotiques, ont pour ambition — explicitement avouée ou non — d'expliquer l'Univers actuel indépendamment des conditions initiales. Ainsi, dans les divers scénarios inflationnaires, la densité actuelle de l'Univers est obligatoirement égale à la densité critique, quelle qu'ait pu en être la densité initiale. Encore, faudrait-il alors pouvoir démontrer de manière convaincante que l'inflation peut agir efficacement dans tout Univers, qu'il soit anisotrope, inhomogène ou complètement chaotique, pour le transformer en l'Univers régulier observé aujourd'hui. Jusqu'il y a peu, les seuls calculs détaillés de la dynamique de la phase inflationnaire n'avaient encore pu être effectués que dans des univers isotropes et on pouvait alors se demander avec Ellis[19] si, d'un point de vue logique, on avait, de la sorte, réellement démontré l'intérêt de l'idée d'inflation : en effet, dans un Univers **a priori** isotrope, l'existence des horizons ne pose aucun problème puisque, bien que la communication physique précoce entre régions distinctes ne soit pas permise, ces régions sont, par hypothèse, toujours isotropes ! Des calculs récents concernant les modèles anisotropes semblent montrer que l'idée d'inflation peut s'accommoder de cette

18. A. Bouquet, La Recherche, op. cit., p. 456.
19. Voir, par exemple : T. Rothman et G. F. R. Ellis, *Metaflation,* Prépublication 85/18 du département de mathématiques appliquées de l'Université de Cape Town (Afrique du Sud), 1985.

complexification de la géométrie spatio-temporelle, mais les résultats obtenus dans le cas inhomogène sont encore contradictoires, si bien qu'aucune conclusion définitive ne peut encore être tirée de ces travaux[20].

Existe-t-il, d'autre part, quelque indice observationnel en faveur de l'inflation ? Malheureusement, pour le moment, aucun. Ainsi, la densité observée de l'Univers actuel paraît nettement inférieure à la densité critique prévue par les scénarios inflationnaires. Les meilleurs candidats susceptibles de combler le déficit semblent être les neutrinos massifs — si l'hypothèse d'une masse non nulle est confirmée — ou les particules dont l'existence est prévue par les diverses théories unifiées : photinos, gravitinos, ... : aucune n'a cependant jusqu'à présent pu être détectée. De façon peut-être surprenante à première vue, si ces dernières particules contribuaient de manière essentielle à la densité d'énergie de l'Univers, cela entraînerait pour les scénarios inflationnaires une difficulté supplémentaire. En effet, l'Univers ayant été converti après la phase d'inflation en un Univers de densité critique, donc de type Einstein-de Sitter, il est possible de calculer de manière précise son âge théorique ; celui-ci dépend de la forme d'énergie qui régit la dynamique de l'Univers, soit celle de la matière baryonique ordinaire, soit celle de la radiation. Or, les particules hypothétiques prévues par les théories unifiées sont relativistes, c'est-à-dire qu'elles se comportent comme du rayonnement, ce qui a pour conséquence d'abaisser l'âge d'un Univers inflationnaire dominé par ce type de particules à environ 10 milliards d'années, une valeur beaucoup trop faible, en contradiction flagrante avec l'observation ! Bien sûr, comme toujours en cas de difficulté de ce type, il y a moyen de faire appel à cette fameuse constante cosmologique, ajustée de

20. L. G. Jensen et J. A. Stein-Schabes, *Physical Review*, D *34*, 1986, p. 931. M. S. Turner et L. M. Widrow, *Physical Review Letters*, *57*, 1986, p. 2237. T. Rothman et G. F. R. Ellis, *Physics Letters*, *180* B, 1986, p. 19. J. A. Stein-Schabes, *Physical Review*, D *35*, 1987, p. 2345.

manière à allonger l'âge de l'Univers. A ce propos, il est intéressant de noter — comme nous l'avons déjà laissé entrevoir plus tôt — que, du point de vue de la dynamique de l'Univers, une constante cosmologique joue exactement le même rôle que la densité d'énergie du « vide » constante au cours de la phase inflationnaire, si bien qu'on peut alors développer une véritable interprétation physique de la constante cosmologique en termes d'énergie du « vide ». Supposer alors qu'il existe aujourd'hui une constante cosmologique non nulle mais très faible (celle-ci doit être au moins 10^{118} fois plus petite que celle régissant la phase inflationnaire !) revient à supposer qu'après la transition de phase, il subsistera une densité d'énergie du « vide » très faible, mais dont la valeur permettra de rendre compte de l'âge réel de l'Univers. On se trouve alors confronté à un problème de même nature que celui de la platitude de l'Univers que l'hypothèse inflationnaire était censée résoudre : Pourquoi la densité d'énergie du « vide » est-elle actuellement aussi proche d'une valeur nulle ?

Aussi, en vue de ces difficultés, Ellis[19] n'hésite-t-il pas à dresser un réquisitoire sévère contre le statut actuel de l'idée d'inflation — certainement trop sévère aux yeux de nombreux cosmologistes — mais qui a le mérite cependant de mettre en lumière certains points délicats qui ont souvent été oubliés dans l'ambiance euphorique qui a suivi les premiers succès des modèles inflationnaires : « Une situation insolite est apparue en cosmologie. Au cours des quatre dernières années, les physiciens ont travaillé assidûment à mettre au point une théorie destinée à résoudre deux problèmes qui pourraient ne pas exister. Il n'existe pas de faits qui corroborent cette théorie et la seule prédiction qu'elle fasse apparaît incorrecte. Afin de réconcilier les observations avec cette théorie, on doit inventer de nouvelles particules qui n'ont pas été observées. L'hypothèse que ces particules existent provoque un conflit encore plus sérieux entre théorie et observation à moins d'introduire une quantité supplémentaire qui, elle non plus, n'a pas été observée. Cette quantité additionnelle apporte avec elle un problème équivalent à celui dont l'espoir de résolution avait constitué le modèle originel d'invention de la théorie. Cependant, parce que la théorie est, en un certain sens, séduisante, de nombreux théoriciens ont accepté de renoncer au rasoir d'Ockham et ont admis des circonvolutions additionnelles ».

Il est certainement trop tôt pour porter un jugement décisif sur l'inflation et ce n'est probablement qu'au sein d'une véritable théorie quantique unifiée de l'ensemble des interactions que pourra peut-être un jour être construit un scénario inflationnaire entièrement satisfaisant et physiquement justifié. En attendant, il est certainement utile d'essayer d'exploiter au maximum cette idée et d'étudier en détail ses répercussions sur l'histoire de l'Univers primordial.

6.7. DES UNIVERS MULTIPLES ?

Du point de vue philosophique, les perspectives qu'ouvre l'inflation sont tout à fait étonnantes : à côté de la « bulle » contenant notre univers observable, d'autres « bulles » pourraient, en effet, avoir pris naissance et, après s'être considérablement enflées au cours d'une phase inflationnaire, avoir atteint des tailles diverses caractéristiques de véritables univers [21]. Tous ces univers séparés du nôtre pourraient même avoir des propriétés aussi bien géométriques que physiques tout à fait différentes : rayon de courbure, densité d'énergie, présence éventuelle d'anisotropie ou d'inhomogénéités, voire même, nombre de dimensions spatiales (cf. Annexe 2). Nous vivrions alors dans un Univers beaucoup plus vaste (un méta-Univers) et cohabiterions avec d'autres univers, peut-être complètement différents du

21. Dans le contexte de l'hypothèse des univers multiples, nous réserverons la dénomination Univers (avec une majuscule) à l'ensemble des divers univers constitutifs de la réalité physique.

nôtre, et dont nous ne saurons sans doute jamais rien. Et pourquoi ne pas imaginer aussi que le mécanisme inflationnaire ait pu opérer au sein de chacun de ces univers, donnant naissance à un véritable enchâssement d'univers de tailles diverses, imbriqués les uns dans les autres à la manière des poupées russes. Il nous faut quitter provisoirement ces perspectives vertigineuses concernant l'existence possible d'univers multiples — nous y reviendrons au chapitre VII ainsi qu'au cours des considérations finales sur le Principe Anthropique — pour aborder le dernier problème auquel se trouve confronté le modèle standard, peut-être le problème le plus important, mais aussi le plus formidable de toute la physique contemporaine : celui de l'existence et du statut de la **singularité initiale** des modèles cosmologiques de type Big Bang.

CHAPITRE VI

ANNEXE 1

LA DYNAMIQUE DE L'UNIVERS « MIXMASTER »

L'univers « **Mixmaster** » (sa dénomination technique est : « modèle de type Bianchi IX ») est le seul parmi les neuf modèles anisotropes de Bianchi à être fermé, donc d'extension finie, et, ainsi, à évoluer d'un « Big Bang » initial à un « Bigh Crunch » final.

Son comportement au cours du temps, tout à fait extraordinaire, est un reflet de la complexité mathématique des équations d'Einstein.

Ainsi, si l'on considère la manière dont varient trois rayons de cet Univers choisis dans trois directions perpendiculaires, lorsqu'on remonte fictivement le temps, c'est-à-dire qu'on se rapproche de la singularité initiale, on observe la séquence suivante d'événements.

L'Univers « Mixmaster » commence par se contracter dans deux directions (« 1 » et « 3 ») et se dilater dans la troisième (« 2 »), tandis que son volume global décroît progressivement (cf. fig. 6.6); cette évolution se modifie brusquement, le rayon associé à la direction en expansion (« 2 ») commençant à diminuer et celui dans la direction « 1 », jusque-là en contraction, à grandir, le troisième rayon continuant lui à décroître. Cette séquence d'interversion du mouvement de l'Univers dans deux directions va se poursuivre, la troisième étant temporairement exclue du jeu, et l'Univers continuant donc à se contracter de manière régulière dans cette dernière direction. A partir d'un certain moment, cependant, ce troisième axe va échanger son rôle avec le premier ; un nouveau cycle oscillatoire, avec interversion successive des mouvements d'expansion et de contraction dans les deux dernières directions, va alors débuter. Quant à l'axe « 1 », provisoirement banni, il devient le siège d'un mouvement de contraction uniforme de l'Univers... pas pour longtemps, cependant, car il va bientôt céder sa place à l'axe « 2 », étant, lui-même, de nouveau appelé à participer à la séquence oscillatoire avec l'axe « 3 ».

La théorie classique d'Einstein prévoit l'existence d'un nombre infini d'alternances de cycles d'oscillations rapides et de phases de contraction monotone avant d'atteindre la singularité initiale ; de plus, l'amplitude des oscillations croît au fur et à mesure que le volume global de l'Univers diminue. Ce comportement est illustré sur la figure suivante.

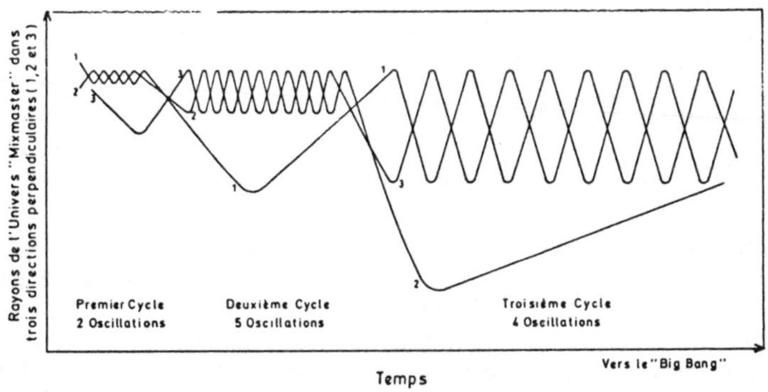

Fig. 6.6 : *Cette figure illustre la manière dont varient les rayons de l'Univers « Mixmaster » dans trois directions perpendiculaires, au cours de trois cycles d'oscillation, lorsqu'on se rapproche du " Big Bang ". La situation illustrée correspond à l'exemple traité explicitement dans cette Annexe, c'est-à-dire, au choix de la valeur 2, 191856 comme condition initiale dans l'algorithme conduisant, respectivement, à 2, 5 et 4 oscillations dans chacun des cycles successifs.*

Le nombre d'oscillations dans chaque cycle peut être calculé de manière aisée, en fonction de celui du cycle précédent. Ainsi, une fois le choix du premier cycle effectué, un algorithme simple et amusant, dérivé des équations d'Einstein, permet de prédire le nombre d'oscillations dans chaque cycle. Le point de départ de cet algorithme est le choix d'un nombre au hasard comme condition initiale du modèle « Mixmaster » que l'on veut construire. Prenons par exemple : 2,191856.

La partie entière de ce nombre fournit le nombre d'oscillations du premier cycle, c'est-à-dire : 2.

Pour obtenir le nombre d'oscillations du deuxième cycle, il suffit de calculer l'inverse de la partie décimale du nombre initial, c'est-à-dire :

$$\frac{1}{0{,}191856} = 5{,}212242515$$

et de prendre la partie entière du résultat, c'est-à-dire : 5.

Pour le troisième cycle, on obtient :

$$\frac{1}{0{,}21224515} = 4{,}711591356,$$

c'est-à-dire 4 oscillations.

En continuant de la sorte, on obtient ensuite respectivement : 1, 2, 2, 7, 6, 1, 6 et 13 536 (!) oscillations.

La dynamique des trois premiers cycles de cet Univers « Mixmaster » est illustrée sur la fig. 6.6.

Un changement extrêmement faible du nombre initial entraîne de manière inattendue une modification drastique de la longueur des différents cycles successifs. Ainsi, si on remplace la dernière décimale du nombre de départ, c'est-à-dire 6, par 7, on obtient la même séquence que précédemment pour les six premiers cycles, c'est-à-dire : 2, 5, 4, 1, 2, 2, mais, à partir du septième, l'évolution du modèle est complètement modifiée : respectivement 9, 3 et 39 oscillations au lieu de 7, 6 et 1 pour le modèle original !

Ce résultat indique que le modèle « Mixmaster » est un systhème **chaotique**, au sens que les mathématiciens attribuent à ce terme, c'est-à-dire un système dont la caractéristique essentielle est l'imprévisibilité du comportement : la moindre variation des conditions initiales provoque un changement énorme dans l'évolution du système. Par conséquent, comme il n'est pas possible de connaître l'état initial de l'Univers avec une précision absolue, ne serait-ce qu'à cause de l'incertitude quantique inévitable de Heisenberg, introduite par l'opération de mesure elle-même, on se trouve, après un certain temps, incapable de prédire le nombre d'oscillations des divers cycles successifs. Ainsi donc, bien que décrit par des équations classiques exactes, celles d'Einstein, l'Univers « Mixmaster » devient vite complètement imprévisible : il perd, en quelque sorte, la mémoire de ses conditions initiales. Le hasard se trouverait alors présent au cœur même de l'Univers, et ce, déjà au niveau classique de la description de celui-ci.

Si l'on admet que la relativité générale n'est valable que pour des temps supérieurs à celui de Planck, on peut calculer qu'un Univers « Mixmaster » ayant débuté son comportement oscillatoire à ce moment, n'a pu passer, jusqu'à présent, qu'au maximum, par trois cycles de chacun deux ou trois oscillations : ceci est totalement insuffisant pour assurer un brassage efficace de l'Univers, capable de raboter les éventuelles anisotropies présentes initialement.

Une possibilité de concilier le caractère générique du modèle « Mixmaster » avec les contraintes très fortes imposées par l'observation sur les propriétés de l'Univers, essentiellement son isotropie extrêmement précoce, serait d'admettre que le « Mixmaster » ne possède plus, au sortir de l'ère quantique, qu'un taux d'anisotropie très faible. C'est justement là une des prédictions remarquables du modèle cosmologique quantique, récemment proposé par Hawking et Hartle et qui est examiné au Chapitre VII.

CHAPITRE VI

ANNEXE 2

L'INFLATION CHAOTIQUE ET L'UNIVERS AUTO-REPRODUCTEUR DE LINDE

Ce sont des conditions initiales chaotiques et, essentiellement, une distribution aléatoire du champ Φ de l'Univers primordial, qui sont responsables de l'inflation dans le scénario imaginé par Linde.

L'évolution d'un tel Univers est fort différente de celle de l'Univers FLRW : ainsi, au cours de la phase inflationnaire, il se scinde en un grand nombre de « mini-univers », chacun lui-même en inflation : les lois de la physique, les propriétés des particules élémentaires présentes et même la dimension de l'espace-temps[22] peuvent être différentes dans chacun de ces « mini-univers ».

Ainsi, dans ce scénario, l'Univers global apparaît comme une sorte de mousse spatio-temporelle constituée de « mini-univers » que le mécanisme inflationnaire gonfle démesurément. Chacun de ces « mini-univers » va, à son tour, donner naissance, en son sein, à de nouveaux « mini-univers », eux aussi en inflation et, ainsi de suite, cette réaction en chaîne devant se poursuivre de manière permanente, si bien que l'Univers imaginé par Linde est, en fait, une entité éternelle, auto-reproductrice (cf. fig. 6.7).

22. A. D. Linde et I. Zelnikov, Physics Letters, *215* B, 1988, p. 59.

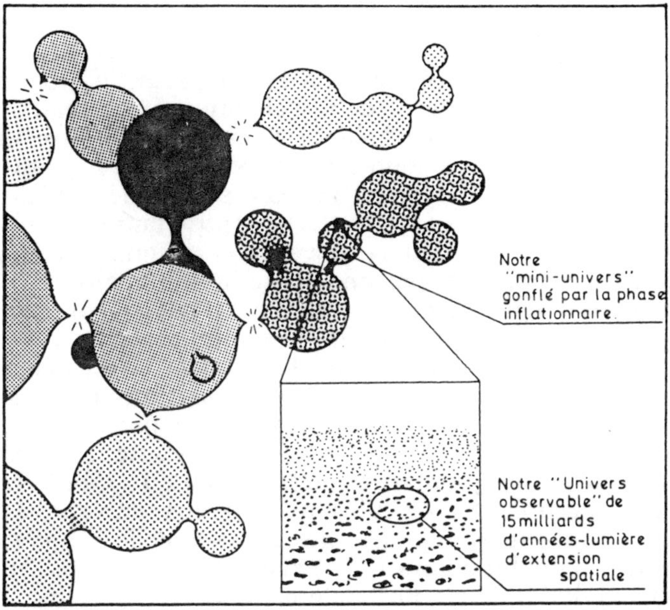

Fig. 6.7 : *Jusqu'à la taille de l'horizon actuel de 15 milliards d'années-lumière, l'Univers de Linde apparaît localement homogène, mais, à des échelles beaucoup plus vastes, sa structure globale est extrêmement complexe, comme le montre cette figure. L'espace qui nous est accessible aujourd'hui par l'observation astronomique ne serait qu'une portion infime d'un " mini-univers " démesurément enflé par le mécanisme inflationnaire.*

Les " mini-univers " créés peuvent être de types différents, suivant le moment où ils apparaissent. Ainsi, certains « univers-enfants » possèdent, en quelque sorte, le même « code génétique » (symbolisé par le même type de marquage), c'est-à-dire les mêmes lois physiques et le même nombre de dimensions que leurs « univers-parents ». D'autres, par contre, nés lorsque la densité d'énergie de leurs progéniteurs était de l'ordre de celle de Planck, sont des « mutants » qui peuvent avoir des propriétés physiques complètement différentes de celles de leurs parents. Chaque « mini-univers » peut mourir, mais l'Univers global n'a ni commencement ni fin.

L'épaisseur des « tubes » connectant les divers « mini-univers » après la phase inflationnaire est, en général, très grande, mais dans certains cas, elle peut cependant être extrêmement faible, de la taille de la longueur de Planck (10^{-33} cm) : les « univers-parents » et les « univers-enfants » peuvent alors perdre leur connexion ombilicale spatio-temporelle et toute possibilité de communication l'un avec l'autre : ils vont désormais tout ignorer l'un de l'autre, jusqu'à même leur existence mutuelle...

Notre propre espace-temps, à l'heure actuelle, pourrait, lui-même posséder une structure chaotique au niveau de la mousse quantique, à l'échelle de Planck (cf. Chapitre VII) ; de ce fait, il pourrait donner naissance, par un mécanisme de cascade du type de celui proposé par Linde, à d'autres univers, certains quasi mort-nés, se contractant très rapidement, d'autres pouvant se développer jusqu'à une taille « adulte », en passant par une phase inflationnaire.

L'Univers dans lequel nous vivons pourrait-il être le premier de cette série infinie de « mini-univers » ? Linde estime — ultime extension de l'argument copernicien — qu'une telle éventualité, qui privilégierait notre univers est totalement improbable. Il ne semble même plus nécessaire, dans ce cadre d'idées, de postuler qu'il a existé un **premier** univers né d'une singularité relativiste ou du « vide » selon un des mécanismes discutés au Chapitre suivant, à un instant, conventionnellement désigné comme le temps zéro, « avant » lequel il n'aurait pas existé d'espace-temps. Ainsi, l'Univers de Linde n'a probablement, ni début, ni fin...

Selon ce scénario, nous vivons dans un « mini-univers », dont l'espace-temps est quadridimensionnel et dont la physique est celle que nous découvrons progressivement, non pas parce que des « mini-univers » différents ne pourraient pas exister, mais bien, parce que la vie, telle que nous la connaissons, ne pourrait naître et se développer dans des domaines spatio-temporels présentant des lois physiques fondamentales et une dimension spatio-temporelle différentes de celles de notre « mini-univers ». Nous voilà, de nouveau, aux portes du Principe Anthropique...

Le nouveau paradigme cosmologique, introduit par Linde, consiste à remplacer les modèles FLRW, spatialement homogènes et isotropes, par un Univers constitué d'un très grand nombre de « mini-univers » se reproduisant éternellement ; à tout moment, il s'en trouve certains propices, de par leurs propriétés physiques, à l'épanouissement de la vie.

On ne peut manquer de faire le rapprochement entre la cosmologie de Linde et les thèses des philosophes grecs présocratiques, Anaximandre de Milet et Héraclite d'Ephèse reprises, pour l'essentiel, par les philosophes marxistes, Marx, Engels et Lénine : éternité du temps et de la matière, éternité du Monde, infinité de l'espace. Ainsi, Engels écrit, dans la « Dialectique de la Nature »[23] : « Nous sommes ainsi revenus à la conception des grands fondateurs de la philosophie grecque, selon laquelle l'existence de la nature tout entière, du plus petit au plus grand, des grains de sable au soleil, des protistes à l'homme, consiste en une éternité de naissances et de morts, en un courant ininterrompu, en mouvements et en changements incessants », et plus loin[24] : « La succession des mondes se répétant éternellement dans le temps sans fin n'est [...] que le complément logique de l'existence simultanée de mondes innombrables dans l'espace infini [...]. La matière se meut en un cycle éternel [...]. Rien n'est éternel que la matière qui se transforme éternellement en mouvement, ainsi que les lois suivant lesquelles elle se meut et se transforme. Ce cycle s'accomplira dans l'espace et le temps sans trêve et sans rémission, des millions de soleils et de terres verront le jour et mourront [...] Et malgré tout, nous avons la certitude que la matière demeure éternellement la même à travers toutes ses transformations, qu'aucun de ses attributs ne peut se perdre, et qu'avec la même nécessité d'airain qui anéantit sur terre sa fleur la plus noble, l'esprit pensant, elle doit donc aussi le produire ailleurs et en d'autres temps. »

23. F. Engels, *Dialectique de la nature*, traduit par P. Naville, Paris, 1950, p. 123, cité par C. Tresmontant, dans *Comment se pose aujourd'hui le problème de l'existence de Dieu*, 2e édition, Editions du Seuil, Paris, 1971, p. 102.

24. F. Engels, *Dialectique de la Nature*, op. cit., p. 132 (cf. aussi C. Tresmontant, cité à la référence 23, p. 101).

CHAPITRE VII

LA SINGULARITÉ INITIALE DE L'UNIVERS

7.1. UNE SINGULARITÉ DE L'ESPACE-TEMPS

Nous avons vu que tous les modèles FLRW avec ou sans constante cosmologique, qui représentent de façon adéquate l'évolution de l'Univers observé, possédaient une singularité spatio-temporelle située à un temps fini dans le passé ; la densité d'énergie y devient infinie. Cette singularité a été considérée avec suspicion par la plupart des cosmologistes qui y voyaient une conséquence des hypothèses de symétrie élevée, c'est-à-dire l'isotropie et l'homogénéité spatiale, adoptées dans les modèles FLRW.

La problématique sous-jacente présente une analogie frappante avec le problème de la chute des corps, à l'époque pré-newtonienne (cf. fig. 7.1). Supposons qu'un observateur O dans le champ gravitationnel d'une particule P lance un corps C. Si la vitesse initiale de C est dirigée vers P, il est clair que C frappera P après un temps fini, mais si la vitesse initiale de C n'est pas dirigée vers P, on se demandait avant Newton si C ferait le tour de P et reviendrait à son point de départ en décrivant une orbite fermée stable ou bien spiralerait autour de P pour finir par atteindre la particule. En fait, comme Newton l'a montré, c'est la première solution qui est réalisée. Cet exemple illustre assez bien l'importance que la symétrie peut jouer dans les problèmes physiques. Tout comme la chute « symétrique » du projectile se termine par une catastrophe, ainsi les modèles cosmologiques les plus symétriques, c'est-à-dire les modèles spatialement homogènes et isotropes, possèdent des points singuliers. La question qui se posait en cosmologie dans les années soixante et au début des années soixante-dix était celle-ci : le fait d'abandonner les hypothèses d'homogénéité spatiale et d'isotropie dans les modèles cosmologiques empêche-t-il l'apparition d'une singularité ? On pourrait, par exemple, penser qu'en présence de mouvements irréguliers, la matière de l'Univers, si nous remontons le temps par la pensée, s'interpénètre de sorte que la singularité soit évitée ou bien que l'établissement de variations spatiales de pression puisse provoquer un rebond de l'Univers à des densités très élevées.

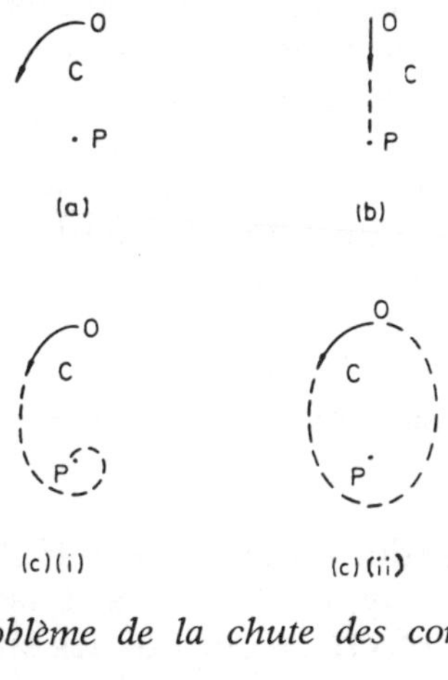

Fig. 7.1 : *Le problème de la chute des corps à l'époque pré-newtonienne.*
(a) Trajectoire initiale autour de la particule centrale P du corps C lancé par l'observateur O dans une direction donnée.
(b) Cas où la vitesse initiale de C est dirigée vers P.
(c) Cas où la vitesse initiale de C n'est pas dirigée vers P.
i. C va-t-il spiraler autour de la particule P pour finalement l'atteindre ?
ii. C va-t-il décrire une orbite fermée, c'est-à-dire une ellipse de foyer P ?

D'autre part, il est probable que les lois de la physique telles que nous les connaissons ne sont plus valables dans des conditions aussi particulières que le voisinage des singularités. Ne pourrait-on alors imaginer que de nouvelles lois de la physique puissent empêcher des densités extrêmes de se former ? Il convient cependant d'insister, tout d'abord, sur le caractère tout à fait particulier et critique d'une authentique singularité relativiste. En effet, en théorie newtonienne, l'espace et le temps sont absolus et ne sont donc pas affectés par la présence de matière ni par son mouvement : une singularité y est donc associée uniquement à la matière, la structure de l'espace et du temps restant tout à fait normale. Par contre, en relativité générale, la géométrie de l'espace-temps devient, comme nous l'avons vu, dynamique et est couplée à la matière. En conséquence, une singularité relativiste est non seulement une **singularité de la matière,** mais c'est aussi une **singularité de l'espace-temps.** On se trouve en présence ici d'une véritable « reductio ab absurdum » puisqu'un des axiomes sur lesquels repose la relativité générale est la non-singularité de l'espace-temps. La théorie de la relativité générale contient donc en quelque sorte en elle-même les germes de sa destruction.

7.2. LES THÉORÈMES D'EXISTENCE DES SINGULARITÉS RELATIVISTES

Il fut un temps, durant les années 1959 à 1965, où, suite aux travaux des physiciens russes, Lifschitz et Khalatnikov[1], on croyait effectivement que les singularités ne pouvaient exister que pour des solutions hautement symétriques et donc très peu probables parmi l'ensemble de toutes les solutions des équations de la relativité générale. Cependant, à la fin des années soixante, les chercheurs soviétiques

1. E. M. Lifschitz et I. M. Khalatnikov, Soviet Physics Uspekhi, *6*, 1964, p. 495.

devaient reprendre leurs premiers travaux et montrer, de manière irréfutable, le caractère général des solutions des équations du champ d'Einstein avec singularité[2]. Mais, auparavant, en 1965, paraissait un petit article dû au mathématicien anglais Penrose[3] et intitulé : « Gravitational collapse and space-time singularities ». Cet article était consacré au destin final d'une étoile engagée dans une phase de collapse gravitationnel catastrophique plutôt qu'à la singularité du début de l'expansion de l'Univers. Penrose y montrait que, moyennant la vérification d'une série de conditions physiques et géométriques a priori raisonnables, l'étoile ne pouvait échapper à la singularité finale. Cet article fut sur le point de départ d'une série de travaux par Hawking, Ellis, Geroch et Penrose lui-même, durant les années 1965-1970, qui débouchèrent sur une série d'importants théorèmes[4], faisant appel aux techniques mathématiques les plus sophistiquées et démontrant l'existence inévitable de singularités dans des modèles cosmologiques très généraux, pourvu que la théorie de la relativité générale reste valable et qu'un certain nombre de conditions, relativement peu contraignantes, soient vérifiées.

Il existe, en fait, divers théorèmes concernant l'apparition de singularités à la fin de la phase de collapse d'étoiles massives ou au début de l'expansion de modèles cosmologiques : certains, cependant, sont basés sur des hypothèses qui, bien que plausibles, ne pourraient être réellement vérifiées en pratique. Heureusement, un théorème démontré

2. Voir l'article de V. A. Belinskii, I. M. Khalatnikov et E. M. Lifschitz, réf. 9 du Chapitre VI.

3. R. Penrose, Physical Review Letters, *14*, 1965, p. 57.

4. L'ouvrage (très technique) qui fait autorité dans le domaine des singularités relativistes est celui de S. W. Hawking et G. F. R. Ellis, *The Large Scale Structure of Space-Time*, Cambridge University Press, Cambridge, 1973. L'idée générale de la démonstration des théorèmes d'existence des singularités relativistes est exposée d'une manière non technique et avec beaucoup de clarté par P. C. W. Davies, dans *The Edge of Infinity*, op. cit. Chapitre IV.

en 1970 par Hawking et Penrose[5] peut être appliqué à l'Univers réel et prévoit l'existence d'une singularité dans notre passé lointain.

Parmi les cinq conditions à vérifier pour qu'il en soit bien ainsi, deux apparaissent capitales : tout d'abord, la **condition d'énergie** qui implique essentiellement que la somme de la densité d'énergie présente dans l'Univers et de la pression qui lui est associée n'est, nulle part ni à aucun moment, inférieure à zéro. La violation de cette condition paraît, à première vue, impossible puisqu'elle nécessiterait l'existence de densités d'énergie ou de pressions négatives, celles-ci alors extrêmement élevées et entraînant l'apparition de violentes instabilités mécaniques. Certaines études théoriques, dans le cadre de la mécanique quantique, de systèmes de très haute densité — supérieure, en l'occurrence, à 10^{54}g/cm^3 et donc atteinte seulement au tout début de l'ère hadronique — font état cependant, dans ces conditions extrêmes, de la possibilité de violation de cette condition d'énergie, suite aux effets quantiques. Cette éventualité, dont les conséquences cosmologiques font encore l'objet de controverses, n'a pas manqué d'être exploitée, comme nous le verrons, par ceux qui cherchaient à tout prix à se débarrasser de la singularité initiale de l'Univers. La seconde condition fondamentale du théorème de Hawking et Penrose constitue une formulation précise de l'idée que le champ de gravitation dû à l'ensemble de la matière de l'Univers soit suffisamment **attractif** pour qu'il se comporte comme une lentille convexe qui fasse converger les trajectoires des particules matérielles et des rayons lumineux en un point singulier dans notre passé. Fait remarquable, c'est l'existence du rayonnement de fond à 2,7 K qui assure la vérification de cette condition pour notre Univers, à la fois par la valeur de la densité d'énergie qui lui est associée et par son degré d'isotropie élevé.

5. S. W. Hawking et R. Penrose, Proceedings of the Royal Society of London, A *314*, 1970, p. 529.

S'il a ainsi existé réellement une singularité dans le passé de notre Univers, encore faut-il s'entendre sur ce qu'on appelle **singularité.** En effet, la définition même d'un tel concept qui marque la fin de la possibilité d'effectuer des prédictions physiques de type usuel, présente certaines difficultés conceptuelles considérables : puisque, du point de vue mathématique, une singularité ne peut elle-même appartenir à l'espace-temps, on ne peut la représenter que comme un point frontière de l'espace-temps. Pour un observateur quelconque dans l'Univers, la singularité est alors un point inaccessible. C'était déjà, en 1958, la conception du chanoine Lemaître[6] : « Je pense à un début qui ne peut pas être atteint, même pas la pensée, mais qui ne peut être approché que d'une manière asymptotique. » Certaines définitions très techniques ont essayé d'enfermer mathématiquement cette idée de point frontière, mais celle qui a été utilisée dans tous les théorèmes d'existence de singularités est conceptuellement plus simple et d'interprétation physique plus directe. C'est ainsi que le théorème de Hawking et Penrose affirme qu'il existe au moins une particule (de masse nulle ou non) dans notre Univers, dont la trajectoire — donc l'histoire — a dû se terminer brutalement après un temps fini dans le passé, ceci en remontant le temps : cette particule n'a donc pas pu exister plus longtemps que cette durée et ce, malgré les lois de conservation, telles que, par exemple, la loi de conservation des baryons !

7.3. UNE GRANDE VARIÉTÉ DE SINGULARITÉS

En ce qui concerne la nature de la singularité de notre Univers, aucun des théorèmes d'existence de singularités ne

6. G. Lemaître, *The Primaeval Atom Hypothesis and the Problem of the Clusters of Galaxies* dans : *La structure et l'évolution de l'Univers,* Onzième Conseil de Physique Solvay, Bruxelles, R. Stoops, éditeurs, Bruxelles, 1958, p. 6.

nous donne malheureusement de renseignement concernant la structure des points singuliers pour un modèle général. Nous savons que, dans le cas le plus simple des modèles FLRW, la singularité se produit simultanément pour les trajectoires de toutes les particules, à un temps fini dans le passé, et que la densité d'énergie y est infinie. Il n'en va pas nécessairement de même pour les modèles cosmologiques les plus généraux : les renseignements dont nous disposons à ce sujet proviennent d'analyses détaillées de solutions exactes des équations du champ de la relativité générale. Ainsi, il apparaît que la singularité de type Big Bang de densité infinie ne représente qu'un type particulier et extrême parmi toute une variété de singularités aux caractéristiques parfois étranges, découvertes ces dernières années par les mathématiciens. Ainsi, par exemple, certains modèles ouverts de type Bianchi V possèdent une singularité qui paraît bien inoffensive puisqu'en principe, une grande partie de la matière de l'Univers pourrait y échapper ! Cette singularité a été baptisée « whimper »[7] (c'est-à-dire « pleurnicheuse »), par opposition à la singularité catastrophique de type Big Bang. Il semble cependant qu'un tel comportement soit vraiment très improbable, puisqu'il ne concerne qu'un « ensemble de mesure nulle » parmi toutes la classe des modèles cosmologiques anisotropes de Bianchi[8]. Nous avons aussi rencontré précédemment l'extraordinaire modèle « Mixmaster » de Misner (cf. § 6.2), dont l'approche de la singularité est fondamentalement différente de celle d'un modèle FLRW, puisqu'au mouvement global d'expansion, se superpose une séquence perpétuelle d'extensions et de contractions anisotropes suivant des directions variant continûment au cours du temps. Il est probable, si l'on en croit les travaux de l'école soviétique[9], que ce type de

7. G. F. R. Ellis et A. R. King, Communications in Mathematical Physics, *38*, 1974, p. 119.
8. S. Siklos, General Relativity and Gravitation, *13*, 1981, p. 433.
9. Voir les diverses publications citées dans la réf. 9 du Chapitre VI.

singularité, qui possède d'ailleurs tous les attributs du Big Bang, soit le plus général qui puisse exister en cosmologie relativiste. Si l'on admet dès lors qu'une telle singularité a eu le plus de chances de se voir réalisée dans la nature, notre Univers n'aurait-il pas pu commencer sa phase d'expansion par la séquence d'oscillations propre à l'Univers « Mixmaster » ? La réponse à cette importante question, largement évoquée dans l'Annexe 1, ch. 6, devrait nous permettre de préciser le cadre géométrique dans lequel opèrent les mécanismes physiques primordiaux ayant conditionné la structure de l'Univers actuel ; elle n'est malheureusement pas encore connue.

7.4. UNE GRANDE DIVERSITÉ D'OPINIONS FACE AUX SINGULARITÉS

Les opinions actuelles des cosmologistes face aux singularités relativistes sont diverses : la plupart pensent cependant que les singularités ne constituent pas une réalité physique, car la relativité générale perd sa capacité de prédiction dans des conditions physiques aussi extrêmes. Si une singularité relativiste peut être considérée comme une région spatio-temporelle où les lois ordinaires de la nature ne sont plus valables, ce n'est pourtant pas, comme le souligne Bergmann[10], « une région où « tout se passe ». Ce n'est probablement pas l'endroit pour des « miracles » ; ou, du moins, les miracles sont strictement limités. Aussi longtemps que les singularités sont entourées par des régions ordinaires d'espace-temps, ces voisinages imposent même à des singularités certaines lois qui ne peuvent pas être violées ; c'est du moins ainsi que nous comprenons la situation à présent ». Aussi, le but ultime des travaux sur les singularités serait-il de trouver une théorie permettant

10. P. G. Bergmann, *General Relativity and our View of the Physical Universe*, dans *Cosmology, History and Theology*, édité par W. Yourgrau et A. D. Breck, Plenum Press, New York, 1977, p. 27.

d'étudier comment les propriétés d'une région singulière pourraient déterminer ce qui se passe dans l'Univers ; probablement, seule une théorie quantique complète des diverses interactions, y compris la gravitation, serait à même de réaliser cet objectif pour autant, évidemment, qu'une telle théorie prédise l'existence d'une singularité dans notre Univers.

Dans l'encadré ci-contre, sont reproduites quelques citations extraites de la littérature scientifique récente, qui représentent les diverses attitudes des cosmologistes face à la présence de singularités dans des modèles d'Univers. La première citation exprime le point de vue d'un grand nombre de physiciens, déjà mentionné précédemment, à savoir qu'une singularité signale, par l'intrusion de quantités infinies, la limite d'applicabilité d'une théorie, d'où la conclusion que l'existence de telles singularités indique un état de crise de notre physique. La deuxième citation illustre parfaitement une attitude typiquement anti-scientifique que l'on retrouve malheureusement chez pas mal de physiciens : la possibilité d'un commencement absolu dans le temps de l'Univers se trouve éliminée au départ de toute réflexion scientifique, sur la base d'un a priori philosophique, de manière à éviter des conséquences métaphysiques, voire théologiques, auxquelles on est hostile. On n'a évidemment pas le droit d'exclure a priori un fait dont, précisément, on attend de la cosmologie scientifique la confirmation ou l'infirmation. Quant aux trois dernières citations, elles expriment le point de vue tout à fait opposé, selon lequel la singularité constitue un élément essentiel de la cosmologie et indique un véritable commencement de l'Univers.

7.5. COMMENT ÉLIMINER LES SINGULARITÉS ?

Au cours des dernières années, un grand nombre de propositions visant à éliminer les singularités relativistes

QUELQUES ATTITUDES VIS-A-VIS DE LA SINGULARITÉ COSMOLOGIQUE

« Pour le physicien (ou l'astrophysicien) accompli, une singularité dans le traitement mathématique est une " reductio ab absurdum " qui indique une insuffisance de la théorie et des modèles considérés. »

K. C. JACOBS

« L'idée d'un commencement dans le temps de l'Univers est tellement répugnante qu'elle doit être éliminée à tout prix. »

D. J. RAINE

« Le problème de la création de l'Univers ex nihilo a été discuté, dans un passé déjà ancien, sans aboutir à une conclusion... Les résultats que nous avons obtenus apportent un appui à l'idée que l'Univers a commencé, il y a un temps fini. Cependant, le point réel de " création ", la singularité, est en dehors du champ d'application des lois de la physique connues actuellement. »

S. W. HAWKING et G. F. R. ELLIS
(*op. cit.*, p. 364.)

« Nous suggérons que la singularité soit considérée comme un élément essentiel de la théorie cosmologique. »

C. W. MISNER
(*Physical Review, 186*, 1969, p. 1328.)

« L'opinion a été émise que les singularités sont tellement inadmissibles que, si les équations d'Einstein devaient prédire leur existence, ceci constituerait une raison obligatoire de les modifier. Cependant, le test réel d'une théorie physique n'est pas que les résultats soient esthétiquement attrayants mais plutôt qu'ils soient en accord avec l'observation. Jusqu'à présent, il n'existe pas d'observation qui montrerait que les singularités n'apparaissent pas. »

S. W. HAWKING
(*Proceedings of the Royal Society of London,*
A *294,* 1966, p. 521)

ont vu le jour : elles sont pratiquement toutes basées sur des processus physiques qui ont dû se dérouler au tout début de l'**ère hadronique** ou durant l'**ère quantique.** Dans un certain nombre de propositions, les équations de la relativité générale sont conservées, mais la condition d'énergie des théorèmes de Hawking et Penrose est violée, suite à l'apparition possible, durant les phases primordiales de l'Univers, de pressions négatives, souvent supposées d'origine quantique ; d'autres, par contre, font appel à des modifications des équations d'Einstein au voisinage des singularités classiques ou encore à d'autres théories de la gravitation que la relativité générale. Aucune preuve convaincante de l'existence réelle et de l'efficacité des divers mécanismes proposés n'a cependant pu être fournie jusqu'à présent ; au contraire, la plupart de ces processus physiques censés éliminer les singularités et souvent basés sur des approximations drastiques n'ont pas résisté à un examen plus approfondi. D'autre part, pas mal de critiques ont été formulées contre les modèles cosmologiques non singuliers construits dans des théories différentes de la relativité générale : ainsi, ils présentent souvent des désaccords sérieux avec les observations astronomiques actuelles et, d'autre part, les conditions physiques postulées en vue d'éliminer les singularités n'y apparaissent guère réalistes.

7.6. LA MÉCANIQUE QUANTIQUE DÉTIENT-ELLE LA SOLUTION DU PROBLÈME DES SINGULARITÉS ?

La possibilité pour notre Univers d'échapper à la singularité initiale, qui reste la plus populaire, est basée sur la modification de la relativité générale au cours de l'ère quantique, caractérisée par des temps inférieurs à 10^{-43} seconde, des densités supérieures à $10^{94} g/cm^3$ et un rayon de l'horizon inférieur à la longueur de Planck, c'est-à-dire : 10^{-33} cm. Les conditions physiques qui ont dû régner au cours d'une telle période — l'Univers y était extrêmement petit, tout au plus de la taille d'une particule élémentaire ordinaire — sont telles qu'il est impossible d'ignorer, dans sa description, l'intrusion de la **mécanique quantique :** en fait, c'est une véritable théorie quantique du champ de gravitation qui, seule, paraît à même d'apporter une réponse fiable au problème de l'existence de la singularité initiale de l'Univers.

Il y a d'autres situations bien connues dans l'histoire de la physique où les physiciens se sont trouvés aux prises avec des quantités infinies; ainsi, au début du siècle, le modèle d'atome de Rutherford était affligé d'une telle singularité : il n'existait rien dans la théorie classique pour empêcher les électrons en orbite autour du noyau de tomber sur ce dernier, ce qui aurait alors occasionné la destruction de l'atome. Bohr a montré que cette situation peu satisfaisante indiquait une lacune de la mécanique classique et qu'une modification de cette théorie, en l'occurrence la mécanique quantique, permettait de stabiliser l'atome et ainsi de la sauver de la destruction. Wheeler[11] et d'autres physiciens

11. J. A. Wheeler, *Geometrodynamics and the Issue of the Final State,* dans *Relativity, Groups and Topology,* édité par C. de Witt et B. S. De Witt,

ont, de la même manière, suggéré, depuis plusieurs années, qu'une théorie quantique cohérente de la gravitation puisse prédire l'élimination de la singularité classique durant l'ère quantique. Malheureusement, la construction d'une telle théorie est une entreprise extrêmement complexe, à la fois du point de vue conceptuel et du point de vue technique ; ce problème a été approché, ces derniers temps, par diverses méthodes, mais on peut affirmer qu'aucune version entièrement satisfaisante d'une telle théorie n'a encore pu être développée à l'heure actuelle.

Il existe deux grands types de méthodes [12] pour aborder ce problème : la première consiste à l'approcher sous l'angle de la **théorie quantique des champs,** la discipline qui traite des aspects quantiques des divers champs physiques et ce, avec un succès remarquable, notamment dans le cas du champ électromagnétique. Cependant, lorsqu'on applique ce schéma théorique au champ de gravitation, on se heurte à des difficultés actuellement insurmontables liées à l'apparition de quantités infinies qui ne peuvent être éliminées par le processus technique appelé renormalisation, qui s'était révélé tellement efficace pour résoudre un problème similaire, apparu lors du traitement quantique du champ électromagnétique. D'après les spécialistes, il semble que ce ne soit que dans le cadre des récentes théories supersymétriques, telles que la supergravité et, tout spécialement, la

---

Gordon and Breach, New York, 1964, p. 317. — J. A. Wheeler, *Superspace and the Nature of Quantum Geometrodynamics*, dans *Battelle Rencontres : 1967 Lectures in Mathematics and Physics*, édité par C. De Witt et J. A. Wheeler, W. A. Benjamin, New York, 1968, p. 242.

12. Deux excellents ouvrages, très techniques cependant, font le point sur les différentes méthodes de quantification du champ de gravitation : C. J. Isham, R. Penrose et D. W. Sciama, *Quantum Gravity : an Oxford Symposium*, Clarendon Press, Oxford, 1975 ; *Quantum Gravity 2 : a Second Oxford Symposium*, Clarendon Press, Oxford, 1981. Signalons aussi trois articles de synthèse, les deux premiers étant plus abordables : B. S. De Witt, Scientific American, *249*, décembre 1983, p. 104. A. Ashtekar, La Recherche, *15*, 1984, p. 1400. C. J. Isham, *Quantum Gravity*, dans *The New Physics*, édité par P. C. W. Davies, Cambridge University Press, Cambridge, 1989, p. 70.

théorie des « supercordes », que l'on ait un espoir d'éliminer ces infinis indésirables (voir Chapitre VIII).

L'autre grande voie d'approche de la quantification de la relativité générale trouve son point de départ dans une reformulation des équations d'Einstein, qui permet de leur appliquer les techniques habituelles de la mécanique quantique : cette approche, fondée par Wheeler et De Witt[13], porte le nom de **géométrodynamique quantique**, signifiant par là qu'elle constitue une description de la dynamique de la géométrie spatiale de l'Univers, à l'échelle quantique. Selon Wheeler, avant le temps de Planck, la structure géométrique même de l'Univers est soumise aux fameuses relations d'incertitude de Heisenberg qui, en mécanique quantique traditionnelle, empêchent de connaître en même temps la position et la vitesse d'une particule. En cosmologie, ceci se traduit par un certain « flou » de la géométrie de l'Univers, celui-ci pouvant alors être représenté par une sorte de « mousse quantique », constituée de petites fluctuations de la géométrie à l'échelle de Planck, se créant et se détruisant sans cesse. Les particules élémentaires qui nous sont familières (protons, neutrons, électrons...) peuvent alors être considérées comme des états excités de cette géométrie quantique, des « nuages » se propageant à travers cette « mousse quantique », en quelque sorte : on constate à quel point le monde de la géométro-dynamique quantique, caractérisé par des fluctuations quantiques d'une taille de 10^{-33} cm, est éloigné du domaine de la physique des particules élémentaires, celles-ci avec leurs dimensions de l'ordre de 10^{-15} à 10^{-13} cm se présentant comme des structures gigantesques par rapport à ces fluctuations quantiques. Cependant, les phénomènes qui se déroulent à une échelle aussi insignifiante de notre point de vue ont certainement une importance considérable dans la genèse des particules élémentaires : ainsi, le masse, la charge électrique et les autres propriétés

13. B. S. De Witt, Physical Review, *160,* 1967, p. 1113. J. A. Wheeler, *Superspace and the Nature of Quantum Geometrodynamics,* op. cit., p. 278.

des particules apparaissent comme des reliques de ce qui s'est passé durant l'ère quantique et, en ce sens, la physique des particules élémentaires peut être considérée comme la première application de la théorie quantique de la gravitation. Le programme de W. Clifford[14] qui, au siècle précédent, rêvait d'expliquer la matière en termes purement géométriques reçoit ainsi, avec la théorie de Wheeler-De Witt, un début de réalisation.

Le cadre théorique de la géométrodynamique quantique n'est plus l'espace-temps, mais bien le **superespace,** c'est-à-dire un espace mathématique à une infinité de dimensions, dont chaque point symbolise une espace à trois dimensions, représentant la géométrie spatiale d'un modèle d'Univers à temps donné. L'évolution classique d'un modèle cosmologique est alors décrite dans ce superespace par une courbe continue. L'histoire d'un Univers FLRW fermé, par exemple, y est représentée par une courbe représentant un début et une fin précis. Il n'en va plus de même en géométrodynamique quantique pour un Univers ayant des dimensions de l'ordre de la longueur de Planck. On se voit alors forcé d'introduire le langage des probabilités et de parler de probabilité pour que l'Univers ait telle ou telle géométrie tridimensionnelle, probabilité régie par une équation dérivée par Wheeler et De Witt (cf. fig. 7.2). L'espace ne possède plus alors de géométrie unique. Il n'existe plus d'espace-temps unique dans lequel passé, présent et futur auraient une place déterminée. Le temps global, pour des périodes plus courtes que 10^{-43} seconde, est alors dépourvu de toute signification : il n'y a plus d' « avant », d' « après », d' « à côté ». Cela implique-t-il que tous les paradoxes associés à l'instant $t=0$ perdent toute signification ? Que signifie, en effet, le temps $t=0$ si ce temps ne peut être mesuré ? Le temps lui-même existe-t-il encore s'il n'y a pas moyen de le mesurer ?

14. W. K. Clifford, *Lectures and Essays,* édité par L. Stephen et F. Pollock, Macmillan, Londres, 1979, I, p. 244 et 322 ; *Mathematical Papers,* édité par R. Tucker, Macmillan, Londres, 1982.

Qu'en est-il alors de l'existence des singularités dans le cadre de la géométrodynamique quantique ? Cette théorie est tellement complexe que sa formulation mathématique est encore mal connue et que la recherche de solutions de l'équation fondamentale de Wheeler-De Witt ne peut être envisagée que pour des Univers suffisamment simples, c'est-à-dire les modèles FLRW et de Bianchi, qui définissent alors dans l'immense superespace, une région infime, appelée **minisuperespace**[15]. Et même dans une telle approche simplifiée, la réponse est ambiguë ; en effet, divers schémas théoriques non équivalents restent possibles à l'intérieur du formalisme de la géométrodynamique quantique : certains ne conduisent à aucune modification de la singularité initiale classique de l'Univers par les effets gravitationnels quantiques, d'autres, par contre, prévoient l'élimination de cette singularité[16].

$$-\frac{\nabla^2\Psi}{(\delta^{(3)}\mathcal{G})^2} + {}^{(3)}R\,\Psi = 0$$

Fig. 7.2 : *Cette équation, dite de Wheeler-De Witt, détient peut-être le secret de la structure de l'Univers ; elle permet, en principe, le calcul de la fonction d'onde de l'Univers, Ψ, dont la connaissance débouche sur la possibilité d'évaluer la probabilité pour que l'Univers possède telle ou telle géométrie spatiale.*

15. C. W. Misner, Physical Review *186*, 1969, p. 1319. M. P. Ryan, Jr., *Hamiltonian Cosmology*, Lecture Notes in Physics, *13*, édité par J. Ehlers, K. Hepp et H. A. Weidenmüller, Springer, Berlin, 1972. M. P. Ryan, Jr. et L. C. Shepley, *Homogeneous Relativistic Cosmologies*, op. cit. M. A. H. MacCallum, *Quantum Cosmological Models*, dans *Quantum Gravity : an Oxford Symposium*, op. cit., p. 174.

16. Voir, par exemple : M. J. Gotay et J. Demaret, Physical Review, D *28*, 1983, p. 2402.

Récemment, Hawking et Hartle[17] ont développé une nouvelle approche de la **cosmologie quantique** qui fournit une solution de l'équation de Wheeler-De Witt qui possède des propriétés très intéressantes : ainsi, elle prédit l'absence de singularité initiale de l'Univers, l'existence d'une phase inflationnaire et elle pourrait également expliquer l'origine des perturbations de densité susceptibles de rendre compte de la présence des galaxies. Ces résultats n'ont cependant été obtenus qu'en utilisant la méthode simplifiée du mini-superespace et ne peuvent certainement pas être considérés comme définitifs (cf. Annexe 1). De plus, des problèmes extraordinairement complexes d'interprétation du formalisme de la cosmologie quantique subsistent : comment transposer l'interprétation traditionnelle de la mécanique quantique, dans laquelle l'observateur joue un rôle capital, à un système constitué de l'Univers entier dont il fait nécessairement partie et qu'il ne pourrait alors en principe observer que du dehors ? L'interprétation de la mécanique quantique d'Everett, Graham et Wheeler[18], basée sur le concept

17. Une abondante littérature est consacrée à l'approche de Hawking et Hartle de la cosmologie quantique. La plupart des articles fondamentaux sont repris dans l'anthologie : *Quantum Cosmology*, éditée par L. Z. Fang et R. Ruffini, World Scientific, Singapour, 1987. Les articles de base sont les suivants : S. W. Hawking, *The Boundary Conditions of the Universe*, dans *Astrophysical Cosmology*, Pontificiae Academiae Scientiarum Scripta Varia, *48*, édité par H. A. Brück, C. V. Coyne et M. S. Longair, Vatican, 1982, p. 563. J. B. Hartle et S. W. Hawking, Physical Review, D *28*, 1983, p. 174. Mentionnons aussi deux bonnes synthèses techniques : S. W. Hawking, *Quantum Cosmology*, dans *Relativity, Groups and Topology II*, Les Houches, session XL, 1983, édité par B. S. De Witt et R. Stora, North-Holland, Amsterdam, 1984, p. 333. S. W. Hawking, *Quantum Cosmology*, dans *Three Hundreds Years of Gravitation*, édité par S. W. Hawking et W. Israël, Cambridge University Press, Cambridge, 1987, p. 631.

Hawking lui-même a récemment exposé de manière beaucoup plus pédagogique ses idées fondamentales dans le best-seller : S. W. Hawking, *A Brief History of Time*, Batman New York, 1988 (tr. française, Flammarion, 1989. Voir spécialement les ch. 8 et 9).

18. Nous renvoyons à la discussion des univers multiples au Chapitre X (notes 14 et 15), pour les références concernant l'interprétation de la mécanique quantique d'Everett, Graham et Wheeler.

d' « univers multiples », offre certainement des perspectives encourageantes quant à la résolution de ces difficultés conceptuelles; nous y reviendrons brièvement dans le contexte du Principe Anthropique.

7.7. L'UNIVERS A-T-IL ÉTÉ CRÉÉ « DE RIEN » ?

Parallèlement à ces travaux récents en géométrodynamique quantique, se sont développées des recherches théoriques sur la possibilité de création de l'Univers à partir de « rien ». L'Univers est alors considéré comme une gigantesque fluctuation quantique virtuelle du « vide ». Comme nous l'avons déjà fait remarquer, la mécanique quantique véhicule une notion du « vide » fondamentalement différente de l'idée classique que l'on se fait du « vide », associé à l'absence de toute particule, de tout champ et donc de toute matière. La théorie quantique, par contre, visualise le « vide » comme un milieu rempli de paires particule-antiparticule se créant et se détruisant sans cesse. Cependant, l'emprunt d'énergie au « vide », nécessaire à créer des particules à partir de « rien », constitue une violation de la loi de conservation de l'énergie ; aussi, cette énergie doit-elle être restituée très rapidement de façon à ce que les particules créées soient individuellement inobservables. Plus précisément, si une particule créée possède une énergie ΔE, elle ne pourra exister que pendant un temps Δt, tel que le produit $\Delta E.\Delta t$ soit inférieur à une quantité de l'ordre de la constante de Planck, ceci en accord avec le fameux principe d'incertitude de Heisenberg : cette condition assure donc l'inobservabilité des paires de particules créées, celles-ci étant dès lors appelées particules virtuelles. La quantité d'énergie empruntée au « vide » par chacune de ces paires peut être aussi grande que l'on veut mais, plus elle est élevée, plus courte est la durée de l'emprunt et donc le temps de vie des particules créées. Une paire individuelle de particules virtuelles ne peut pas être observée mais, si celles-ci sont présentes en grand nombre, elles entraînent des conséquences observationnelles importantes au niveau de la physique atomique, conséquences qui ont été confirmées par l'expérience et ce, avec une précision étonnante, de l'ordre du millionième. Ce sont d'ailleurs aussi ces particules virtuelles qui sont à l'origine des densités d'énergie négative qui peuvent se développer dans les systèmes quantiques. De plus, en présence d'un champ électrique élevé, il est possible de transformer ces particules virtuelles en particules réelles, donc observables, l'énergie nécessaire pour créer ces paires étant fournie par le champ électrique : l'existence de ce phénomène a été confirmée en laboratoire. Un phénomène de même nature a pu se produire dans l'Univers primordial, au voisinage du temps de Planck. Le champ de gravitation y était alors extrêmement intense et il variait fortement d'un endroit à l'autre, ainsi qu'au cours du temps : chaque membre des paires virtuelles qui sont nées dans ce milieu de très haute densité a alors ressenti des forces gravitationnelles légèrement différentes de celles agissant sur son partenaire, ce qui a altéré leur trajectoire, les empêchant alors de s'annihiler deux à deux, le résultat final étant l'apparition de paires réelles, rendue donc possible par l'inhomogénéité du champ de gravitation. C'est de cette manière, par ce phénomène de création quantique de particules, que la matière de notre Univers a pu prendre naissance. C'est d'ailleurs aussi un mécanisme physique de ce type qui est la base de l'évaporation quantique des mini-trous noirs, comme l'a montré Hawking[19] en 1974.

Dans le même contexte, Tryon[20] a suggéré, dès 1973, de considérer la naissance spontanée d'un Univers fermé, dans

19. S. W. Hawking, Nature, *248,* 1974, p. 30 : Communications in Mathematical Physics, *43,* 1975, p. 199 ; Scientific American, *236,* janvier 1977, p. 34. Une explication simple de ce mécanisme est donnée dans : S. W. Hawking, *Une brève histoire du temps,* op. cit., Chapitre 7.
20. E. P. Tryon, Nature, *246,* 1973, p. 396.

sa totalité, comme le résultat d'une fluctuation du « vide » de très longue durée (au moins égale à l'âge de l'Univers, c'est-à-dire, $\Delta t > 15$ milliards d'années). Cette fluctuation serait, en accord avec le principe d'incertitude, caractérisée par une énergie extrêmement faible, $\Delta E \simeq 0$; elle correspondrait alors à un Univers de densité très proche de la densité critique, pour autant, comme l'admet Tryon, qu'un Univers de densité critique possède une énergie totale identiquement nulle. Ce schéma, dans sa version originale, était assez simpliste et, de plus, il souffrait de l'impossibilité théorique de définir de manière réellement satisfaisante l'énergie totale d'un Univers fermé. L'idée de Tryon n'a cependant pas été abandonnée, elle a même été reprise récemment, sur une base plus rigoureuse, par divers groupes de chercheurs (voir Annexe 2, en fin de ce Chapitre). La naissance de l'Univers est alors considérée comme le passage spontané d'un état instable décrit par un espace-temps vide, au sens quantique, c'est-à-dire l'espace-temps plat de Minkowski de la relativité restreinte, à un modèle de de Sitter en expansion accélérée ; la matière pourrait y apparaître par création quantique de particules, à partir du champ de gravitation extrêmement variable au cours du temps. Cette transition spontanée est censée se faire par **effet tunnel quantique :** ce phénomène, particulier à la mécanique quantique, permet le passage d'un état d'un système à un autre état, séparé par une barrière de potentiel infranchissable classiquement ; il est bien connu dans le cas de la radioactivité α des noyaux, des particules subatomiques pouvant traverser par effet tunnel la barrière de potentiel nucléaire (cf. fig. 7.3). Cette phase très précoce, durant laquelle l'Univers est du type de Sitter, a toutes les caractéristiques d'une phase inflationnaire, avec tous les avantages qu'elle offre au niveau de la résolution des difficultés du modèle standard. A partir d'un certain moment, cette évolution extrêmement rapide va devoir se ralentir et faire place à une dynamique beaucoup plus lente, celle d'un Univers FLRW rempli de rayonnement.

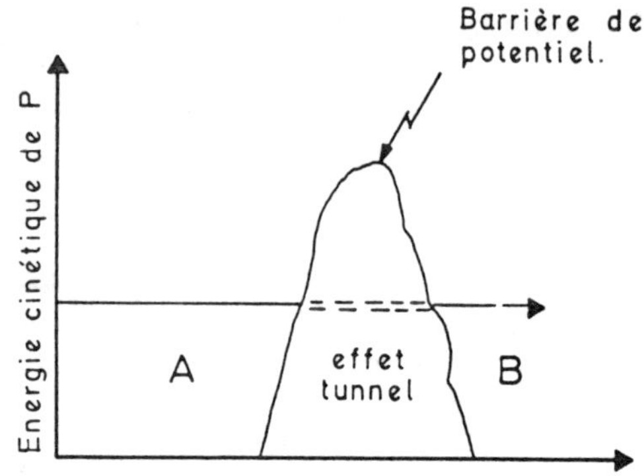

Fig. 7.3 : *Le mécanisme d'effet tunnel en mécanique quantique permet à une particule P de passer d'un état A à un état B, alors que cette transition est interdite en mécanique classique suite à la présence d'une barrière de potentiel élevée. Tout se passe comme si la mécanique quantique autorisait le percement d'un tunnel intermittent au travers du mur de potentiel. La probabilité de pénétration peut être calculée théoriquement : ce phénomène est rare et ce, d'autant plus que le mur est élevé. C'est ce mécanisme qui est invoqué dans l'explication de la radioactivité α des noyaux et, en cosmologie, dans les modèles de naissance de l'Univers à partir de « rien ».*

Une propriété importante d'un tel scénario est que la singularité cosmologique de type Big Bang y est absente ; elle est remplacée par un processus relevant de la théorie quantique de la gravitation, que l'on peut appeler : **naissance spontanée de l'Univers** (diverses variantes de ce type de scénario sont décrites dans l'Annexe 2). Il ne s'agit cependant là nullement d'une création **ex nihilo** au sens métaphysique du terme : en effet, le « vide quantique » du départ, doté d'une structure géométrique d'espace quadridimensionnel de Minkowski, n'est manifestement pas le néant. Une authentique création **ex nihilo** consisterait en la genèse spontanée de la totalité de l'existant : aussi bien le « vide » quantique que l'espace-temps et la matière. Ce type de scénario, malgré son intérêt indéniable, se heurte cependant aujourd'hui encore à un grand nombre de difficultés :

trop d'ingrédients sont totalement arbitraires et les mécanismes impliqués restent encore souvent hypothétiques, comme la possibilité d'instabilité quantique du « vide » de départ.

7.8. EST-IL POSSIBLE DE CRÉER UN UNIVERS AU LABORATOIRE ?

Dans le prolongement naturel de ces idées, la possibilité de création d'un univers au **laboratoire** a été récemment envisagée par Guth[21]. Cette question semble a priori relever davantage de la fiction que de la science et elle peut, au premier abord, prêter à sourire. Et pourtant, c'est une démarche authentiquement scientifique que Guth a suivie, adoptant, dès le départ, le formalisme théorique sous-jacent aux modèles inflationnaires. Il a montré qu'il était possible, bien que peu probable, qu'une certaine région de l'Univers (de façon plus précise, une bulle de « faux vide », c'est-à-dire faite d'un « vide » métastable d'énergie élevée (cf. § 6.4)) connaisse une phase d'inflation et entraîne la formation d'un anévrisme cosmique : cette excroissance en arriverait littéralement à créer son propre espace et son propre temps, se dissociant alors à tout jamais de l'univers dont elle est issue. Du point de vue de l'observateur extérieur, cet « univers-enfant » aurait toutes les apparences d'un trou noir classique.

Serait-il possible de provoquer artificiellement au laboratoire la formation d'un nouvel univers par un tel mécanisme ? Tant que l'analyse se situe dans le cadre de la relativité générale classique, il semble qu'un tel « univers-enfant » ne puisse apparaître sans la présence obligatoire d'un compagnon indésirable : une singularité initiale du même type que celle associée au Big Bang, mais nécessaire-

21. E. Farhi et A. H. Guth, Physics Letters, *183* B, 1987, p. 149. A. H. Guth, *Inflation and False Vacuum Bubbles*, Proceedings of the Annual Meeting of the Division of Particles and Fields of the American Physical Society, Connecticut, 1988 (à paraître).

ment différente, et dont la création en laboratoire constitue un obstacle manifestement insurmontable.

Mais, si on introduit la mécanique quantique dans la discussion, cette conclusion apparemment radicale pourrait être modifiée. Ainsi, Guth et ses collaborateurs ont envisagé le scénario suivant : comme ingrédient de base, une bulle de « faux vide » d'une masse de quelques kilos seulement est indispensable, mais sa densité doit être extrêmement élevée, de l'ordre de 10^{75} g/cm^3 ; en communiquant à cette bulle un mouvement global d'expansion de vitesse appropriée, il est possible d'en provoquer, à partir d'un certain moment, l'effondrement : c'est alors que se manifeste l'influence de la mécanique quantique, sous la forme d'un effet tunnel qui entraînerait le rebond de la bulle avant qu'elle ait pu atteindre la singularité classique, donnant ainsi naissance à un univers en expansion de type inflationnaire.

Un tel scénario est certes extrêmement peu probable, mais il est fascinant de constater que les théories physiques dont nous disposons actuellement permettent, non seulement d'évoquer la possibilité de principe de fabrication d'un univers au laboratoire, mais aussi d'envisager la réalisation pratique de ce processus, même si celle-ci n'est certainement réservée qu'à d'hypothétiques civilisations futures, au développement technologique beaucoup plus avancé que le nôtre.

7.9. LES UNIVERS CYCLIQUES DE LEMAÎTRE, GOLD, DAVIES ET WHEELER

Un bilan objectif de la situation nous fait conclure qu'aucune indication définitive quant à la présence ou l'absence de la singularité initiale de l'Univers n'a pu être dégagée des travaux récents : aussi, nous paraît-il sage d'envisager les conséquences des deux possibilités.

Si, tout d'abord, la singularité classique est éliminée par un mécanisme physique adéquat, de nature quantique ou autre, l'Univers a dû passer par une phase de volume minimal très petit mais non nul, à partir de laquelle il a, en quelque sorte, « rebondi » (nous ne considérons pas, dans ce qui suit, l'éventualité d'une création spontanée de l'Univers sans Big Bang). Dans le cas où l'Univers est fermé, on est alors amené à envisager la possibilité d'un Univers cyclique, constitué d'une suite périodique et indéfinie, voire même éternelle, d'expansions et de contractions, à la fois donc dans le passé et dans le futur (cf. fig. 7.4a). Le chanoine Lemaître[22] avait baptisé ce type d'Univers d' « **Univers phénix** » pour signifier que, comme le phénix, il peut, en quelque sorte, renaître de ses cendres. L'existence d'un tel Univers oscillant éternellement a souvent été considérée dans le cadre des doctrines matérialistes athées et panthéistes, de manière à éviter un commencement absolu de l'Univers, que paraissaient suggérer certains modèles de la cosmologie relativiste.

Un Univers cyclique éternel est-il réellement possible ? Il semble que non, car il se heurte à une difficulté sérieuse, déjà soulignée il y a quelques dizaines d'années, par Tolman[23] : en effet, on peut montrer que la durée de chaque cycle, tout comme la valeur du rayon maximum de l'Univers au cours de chaque cycle, doit constamment croître (voir fig. 7.4b). La raison de ces modifications des caractéristiques physiques des cycles successifs est l'accumulation progressive du rayonnement émis par les étoiles, qui conduit à une augmentation du rapport du nombre de photons à celui des baryons, donc de l'inverse du paramètre η, c'est-à-dire de l'entropie par baryon. Le fait que nous observons une valeur finie pour $1/\eta$, en l'occurrence un milliard, nous force alors à admettre que si le modèle cyclique d'Univers peut avoir un futur infini, il a dû connaître un début à une distance finie dans le passé : tout au plus quelques dizaines

22. G. Lemaître, référence 9, ch. 2, p. 157.
23. R. C. Tolman, *Relativity, Thermodynamics and Cosmology*, Clarendon Press, Oxford, 1934, § 175, p. 439.

de cycles ont pu précéder celui dans lequel nous existons, ce qui, de nouveau, nous ramène à un commencement de l'Univers à un moment défini.

Il y a certes moyen d'éviter cette conclusion, mais au prix d'un certain nombre d'hypothèses additionnelles **ad hoc,** à vrai dire assez étranges, mais qu'on n'a probablement pas le droit d'éliminer **a priori :** la réalité ne dépasse-t-elle pas souvent la fiction ? Pour échapper à ce phénomène d'usure progressive de l'Univers au cours des cycles successifs, liée à l'augmentation de l'entropie par baryon, ceci, en conformité avec le second principe de la thermodynamique, Gold[24] a suggéré que, lorsque l'Univers atteint son rayon maximum, l'entropie cesse d'augmenter et, qu'au contraire, elle décroît au cours de la phase de contraction (cf. fig. 7.5). Cette hypothèse entraîne évidemment un certain nombre de conséquences déroutantes, puisque tous les phénomènes auxquels nous sommes habitués devraient s'y dérouler à rebours : l'énergie refluerait vers les étoiles, les êtres vivants rajeuniraient au lieu de vieillir. Conséquence de l'hypothèse de Gold : l'Univers ne s'userait pas, l'entropie par baryon ne se modifiant pas d'un cycle à l'autre, ce qui, en principe, permettrait une succession infinie de tels cycles. Le modèle de Gold serait symétrique dans le temps, en ce sens que les deux moitiés du cycle apparaîtraient en fait identiques à leurs habitants respectifs car, au cours de la phase de contraction, les processus mentaux des êtres vivants devraient aussi fonctionner à « rebrousse-temps ». L'Univers de Gold n'a alors véritablement ni commencement ni fin, puisqu'il oscille sans cesse entre le Big Bang et le Big Crunch, celui-ci étant d'ailleurs perçu comme un Big Bang par les habitants de la phase de contraction. Cette théorie de Gold n'est guère prise au sérieux par la majorité des scientifiques qui y voient plutôt une curiosité intellectuelle née de l'imagination fertile de certains cosmologistes. Elle débouche, de plus, sur plusieurs paradoxes : ainsi, par

24. T. Gold, American Journal of Physics, *30,* 1962, p. 403.

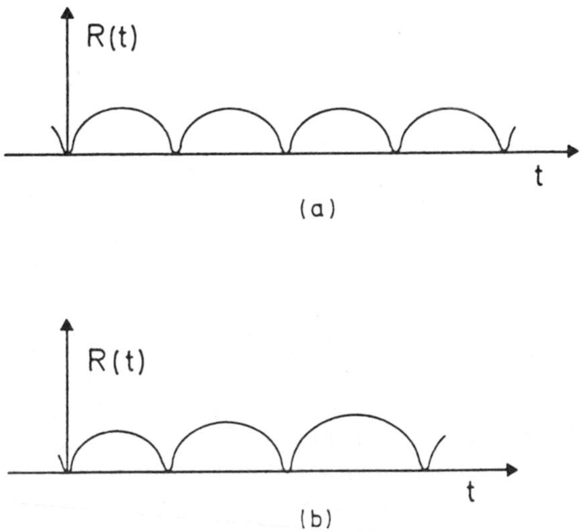

Fig. 7.4 : *(a) Univers cyclique éternel constitué d'une suite infinie de cycles expansion-contraction. L'Univers oscille perpétuellement entre une valeur maximale de rayon R et une valeur minimale non nulle, la singularité cosmologique étant supposée éliminée par un mécanisme physique adéquat.*

(b) L'existence de processus irréversibles, comme l'émission de rayonnement par les étoiles, conduit à un accroissement constant de la durée de chaque cycle, ainsi que de la valeur du rayon maximum de l'Univers au cours de chaque cycle. La valeur finie observée de l'entropie par baryon invalide alors l'hypothèse d'un passé infini pour notre Univers.

exemple, en cas de non uniformité de l'expansion de l'Univers, si certaines régions commencent à se contracter avant d'autres, comment peut-on faire coexister des phénomènes physiques caractérisés par des directions opposées du temps ?

Il y a cependant moyen de remédier à ces difficultés en effectuant quelques aménagements au modèle de Gold : ainsi, Davies[25] a proposé de remplacer le cycle expansion-contraction de Gold par deux cycles successifs avec, comme grande différence, le fait que la direction du temps et celle des processus irréversibles, tels que la croissance de l'entropie, s'inverse, non plus au moment où l'Univers atteint son volume maximum, mais bien dans la singularité du Big Crunch (voir fig. 7.6). La singularité finale du second cycle est alors identifiée à la singularité initiale du premier et ainsi l'Univers de Davies n'a pas de fin, mais bien deux débuts identifiés l'un à l'autre : il en va d'ailleurs de même dans le modèle de Gold. Puisque le temps varie à rebours durant la seconde moitié de l'évolution de ces univers, ils possèdent tous deux un temps cyclique. Ce concept a des conséquences philosophiques troublantes : le libre arbitre ne pourrait en effet exister dans un tel type d'Univers puisque le futur y est identique au passé. Un Univers cyclique à temps « fermé » pourrait ainsi en quelque sorte être considéré du point de vue physique comme cause de lui-même : il constitue certainement un sujet de réflexion intéressant pour le philosophe[26], dans le cadre des discus-

25. P. C. W. Davies, *Nature Physical Science, 240,* 1972, p. 3. P. C. W. Davies, *The Physics of Time Asymmetry,* Surrey University Press, Londres, 1974, Chapitre VII, p. 185.

26. L. Podeur, dans un très bel ouvrage : *Image moderne du monde et foi chrétienne,* Editions du Centurion, Paris, 1976, a abordé le problème de la place de Dieu et de la création dans le cadre d'un Univers consistant et autonome en son fonctionnement : « ... Adoptons l'hypothèse d'un Univers cyclique en pulsation, selon la séquence expansion-contraction-expansion. Dans ce cas, en effet, l'explication se boucle sur elle-même : la phase A explique la phase B, qui explique la phase C, qui explique à son tour la phase A. Chaque phase est en quelque sorte raison d'elle-même puisqu'elle

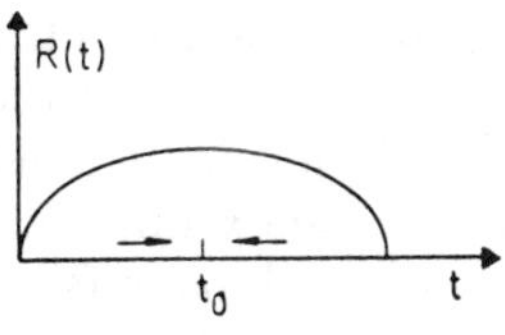

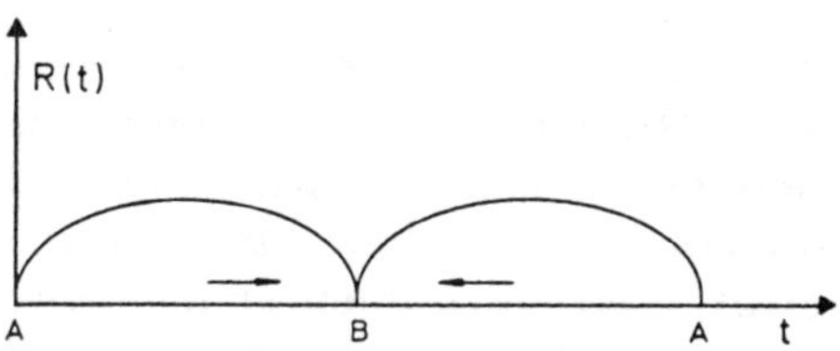

Fig. 7.5 (en haut) : *L'Univers cyclique de Gold. Les flèches indiquent le sens de l'accroissement d'entropie. C'est à l'instant* t_0, *correspondant au rayon maximum de l'Univers, que s'opère l'inversion de la variation de l'entropie.*

Fig. 7.6 (en bas) : *L'Univers cyclique à temps « fermé » de Davies. Les flèches indiquent le sens d'accroissement de l'entropie : celui-ci s'inverse dans la singularité finale (Big Crunch) du premier demi-cycle AB. La singularité finale du deuxième demi-cycle BA est identifiée à la singularité initiale du premier, ce qui confère un caractère cyclique au temps (il faut faire coïncider par la pensée les deux points A de la figure).*

sions concernant les notions de commencement et de création de l'Univers, qui n'ont pas cessé depuis le XIIIe siècle, c'est-à-dire depuis la fameuse controverse qui avait opposé alors saint Thomas d'Aquin à saint Bonaventure (cf. Annexe, ch. 1).

Il est certain, cependant, que ces modèles relativistes cycliques sont basés sur une hypothèse extrêmement forte : le maintien des propriétés physiques de l'Univers au travers des singularités avec, comme seule exception, les lois de la thermodynamique qui sont violées dans le Big Crunch de la fin du premier cycle du modèle de Davies. C'est là une hypothèse tout à fait gratuite, sans aucun fondement. Ce n'est, en effet, que dans le cadre d'une théorie quantique unifiée des diverses interactions, comme nous l'avons déjà souligné, que ce problème pourrait trouver sa solution; en attendant, rien ne permet d'affirmer que l'Univers peut survivre à une singularité relativiste et en réémerger, sans avoir été détruit, pour recommencer un nouveau cycle. Si, de plus, on tient compte des théories de grande unification dans notre description de l'Univers primordial, on s'aperçoit, puisque la valeur de l'entropie par baryon peut être justifiée en termes de physique fondamentale, que l'Univers

---

est raison des phases qui la suivent et qui la ramèneront lorsque le cycle sera bouclé : la phase A est raison d'elle-même par l'intermédiaire des phases B et C; B est raison de soi par l'intermédiaire de C et de A, etc. C'est la mise en œuvre parfaite de la causalité réciproque chère à la philosophie de la nature du marxisme classique et qui permet à Engels de définir l'Univers comme *causa sui*, " cause de soi ". C'est sans doute sur ce genre d'hypothèse que la foi désormais aura à travailler... » (p. 112). L. Podeur entreprend alors de dépoussiérer la notion théologique de « création » : « La notion de " création " est une notion piégée, car elle évoque spontanément pour nous un espace vide et noir, un " néant " à partir duquel ou dans lequel, il y a quatre mille ans ou bien treize milliards d'années, Dieu aurait constitué l'Univers. Or, en réalité, il s'agit bien d'autre chose : à savoir du fait que l'Univers perpétuellement, à chaque instant, actuellement, est " posé " par Dieu, est " tenu " par lui, est " fondé " par lui dans son existence. En d'autres termes, sans Dieu actuellement créant, l'Univers n'existerait pas » (p. 114). « En réalité, " création " signifie avant tout : position de " (l'Univers); elle rend " présent ", au sens absolu du terme » (p. 115).

pourrait peut-être passer d'un cycle à l'autre en perdant toute mémoire des processus irréversibles tels que l'émission d'énergie par les étoiles, qui ont contribué à accroître son entropie : dans ce cas, l'argument de Tolman n'aurait plus aucune portée. Tout ceci souligne, si besoin en était encore, toute l'importance des futurs développements des théories unifiées pour la cosmologie. Nous n'aurions d'ailleurs probablement pas évoqué ici les modèles cycliques de Gold et de Davies, qu'on peut considérer plutôt comme des exercices de style, si cette idée d'inversion de la flèche du temps thermodynamique liée à une hypothétique décroissance de l'entropie au cours de la contraction de l'Univers n'avait été envisagée un moment par Hawking, dans le contexte de son approche de la cosmologie quantique (cf. Annexes 1 et 3, en fin de Chapitre).

En l'absence de renseignements tout à fait fiables sur les propriétés des singularités relativistes et de leur voisinage immédiat, les cosmologistes ont laissé libre cours à leur imagination : ainsi, Wheeler[27] a émis l'hypothèse que toutes les lois de la physique pouvaient être violées au moment du Big Bang ou du Big Crunch (il est curieux de constater cependant que, dans tous ces travaux, la relativité générale est supposée inviolable, puisque l'évolution de l'Univers, dans sa période classique, reste toujours, au cours des cycles successifs, gouvernée par les équations de la cosmologie relativiste !). Ainsi, les valeurs mêmes des constantes physiques fondamentales, telles que la charge de l'électron ou la constante de Planck pourraient être modifiées au voisinage immédiat des singularités extrêmes de chaque cycle ; de plus, les concepts d'espace et de temps perdent eux-mêmes leur signification habituelle durant l'ère quantique, si bien que plus aucun lien causal ni temporel ne semble pouvoir

27. C. W. Misner, K. S. Thorne et J. A. Wheeler, *Gravitation*, op. cit., Chapitre 44. C. M. Patton et J. A. Wheeler, *Is Physics Legistaled by Cosmogony ?*, dans : *Quantum Gravity : An Oxford Symposium*, édité par C. J. Isham, R. Penrose et D. W. Sciama, op. cit., p. 538.

relier les événements se déroulant dans deux cycles adjacents. Aussi, peut-on très bien considérer ces univers « successifs » comme totalement disjoints : ceux-ci constituent alors une réalisation concrète du concept d'ensemble infini d'univers. Dans certains univers, les lois et les constantes de la physique sont, peut-être, comme dans le nôtre, telles qu'elles conduisent à la formation d'êtres vivants et d'observateurs comme nous : nous voilà de nouveau ramenés au Principe Anthropique.

Nous n'avons considéré jusqu'ici que la possibilité de rebond d'un Univers fermé. Qu'en est-il pour un modèle ouvert qui semble plutôt favorisé par les observateurs astronomiques ? Sa phase d'expansion ne pourrait alors être précédée que d'une seule phase de contraction. Ce rebond, pour autant qu'il puisse être justifié physiquement, devrait s'accompagner, selon Zel'dovich et Novikov [28], d'instabilités tendant à provoquer la fragmentation de l'Univers; on comprend mal, dès lors, comment il pourrait rebondir avec l'aspect isotrope et quasi-homogène qu'il présente actuellement.

7.10. LA SINGULARITÉ COSMOLOGIQUE CONSTITUE-T-ELLE UN COMMENCEMENT ABSOLU DE L'UNIVERS ?

Devant le caractère non concluant de toutes ces tentatives pour échapper à la singularité, certains cosmologistes — et non des moindres — ont été amenés à reconnaître à la singularité le statut d'un élément essentiel de la cosmologie (cf. encadré p. 207) : son voisinage immédiat doit être le siège de phénomènes physiques extrêmement importants, tels que la création de particules à partir du champ gravitationnel, mécanisme surtout efficace dans des

28. I. D. Novikov et Ya. B. Zel'dovich, *Physical Processes near Cosmological Singularities,* dans : Annual Review of Astronomy and Astrophysics, *14*, 1973, p. 387.

modèles anisotropes. Ainsi, l'étude des singularités relativistes et de leur proche environnement, considérée parfois comme un sujet ésotérique, dénué de tout intérêt physique, pourrait, au contraire, jouer un rôle capital dans la résolution des grands problèmes cosmologiques et, notamment, rendre compte de la présence de matière dans l'Univers.

L'acceptation de la présence d'une singularité dans un passé fini de notre Univers implique-t-elle nécessairement la certitude d'un **commencement absolu** de l'Univers, il y a un **temps fini ?** A priori, non, puisque cette singularité pourrait être beaucoup plus inoffensive que celle de type Big Bang, comme, par exemple, une singularité « whimper » : ceci est cependant très peu probable, comme nous l'avons vu. Aussi, pour Wheeler, l'existence d'une véritable singularité est-elle nécessaire pour que l'Univers puisse apparaître : « Sans Big Bang, il n'y a pas de singularité, pas d' " ombilic ", et aucune manière évidente pour notre Univers de pouvoir prendre naissance[29]. »

Pour atténuer le « scandale » causé par la présence d'une singularité à un temps fini dans le passé, suscitant avec insistance la question paradoxale de l'**avant** (et suggérant aussi par trop une création de l'Univers ?), il a été suggéré à plusieurs reprises qu'une redéfinition du temps cosmique pourrait renvoyer son « origine » à un passé infini, éliminant ainsi le paradoxe.

Ainsi, Misner est d'avis que « la prédiction d'une singularité serait plus tolérable si les densités infinies pouvaient être renvoyées à un passé infiniment distant. [...] une densité infinie deviendait une abstraction formelle jamais réalisée au cours de l'évolution »[30]. En introduisant une nouvelle coordonnée temporelle, τ, reliée au temps cosmique du modèle standard, t, par : $\tau = \ell n\, t$ (ℓn désigne le logarithme),

29. C. M. Patton et J. A. Wheeler, *Is Physics Legislated by Cosmogony ?*, op. cit., p. 560.
30. C. W. Misner, K. S. Thorne et J. A. Wheeler, *Gravitation*, op. cit., Box 30.1, p. 813-814.

$t = 0$ correspond à $\tau = -\infty$. Mais, en cosmologie relativiste, une coordonnée arbitraire est dépourvue de signification : c'est le temps propre cosmique qui est le temps le plus significatif du point de vue physique. Si on veut réinterpréter un intervalle de temps cosmique fini comme infini, il convient de justifier la possibilité que le temps cosmique soit physiquement inadéquat pour décrire correctement les premiers instants de l'Univers. De quelle horloge pourrait-on envisager de disposer au voisinage de la singularité initiale, alors que la matière n'existe même pas encore ? Dans le cas du modèle Mixmaster (cf. Annexe 1, ch. VI), (mais uniquement, dans un modèle de ce type ?), une possibilité existe, liée au nombre infini de cycles d'oscillations qui doivent nécessairement se produire entre la singularité et toute époque ultérieure, c'est-à-dire durant un intervalle de temps cosmique fini. Ainsi, « l'Univers est réellement infiniment vieux parce qu'un nombre infini d'événements se sont produits depuis le commencement »[31].

Levy-Leblond[32] a récemment repris cette idée de définir une autre échelle temporelle que celle du temps cosmique de manière à conférer à l'Univers un âge infini : « Dans cette échelle, il n'y a pas d'instant initial (le Big Bang " commence à moins l'infini ", si l'on veut) et l'Univers a existé et évolué de toute éternité. [...] Ainsi, l'Univers n'aurait jamais commencé, et, **a fortiori**, la question de savoir ce qui se serait passé avant $t = 0$ ne se pose même pas. » Ce choix — à moins d'être justifié physiquement, comme Misner a tenté de le faire — est tout à fait gratuit : il n'a, en fait, comme particularité — mais c'est celle qui est explicitement recherchée — que de se débarrasser d'une singularité initiale à un temps fini dans le passé et, ainsi, d'éviter les conséquences métaphysiques — que l'on estime probablement indésirables — qui découlent de l'existence d'un commencement absolu de l'Univers (le qualitatif « rassurant » dans la citation qui suit est, à ce propos, révélateur) : « Peut-être

31. C. W. Misner, Physical Review, *186*, 1969, p. 1328.

dans la brume qui s'étend au-delà des barreaux de notre prison temporelle, pouvons-nous de même imaginer que l'origine de l'Univers se perd à l'horizon rassurant de l'infinitude[32]. »

Cependant, les discussions précédentes sont exclusivement classiques alors que nous savons que, durant l'ère quantique, c'est-à-dire pour $t < 10^{-43}$ seconde, le concept d'espace-temps cesse d'être valable ; si l'on veut continuer à décrire l'Univers au cours de cette période, il faut donc essayer de découvrir d'autres concepts plus fondamentaux dont dérivent l'espace et le temps (et notamment, le nombre de dimensions spatiales, c'est-à-dire trois), ainsi d'ailleurs que les lois de la physique qui font appel dans leur formulation à des concepts spatio-temporels. Wheeler appelle **prégéométrie** cette structure plus profonde qui devrait constituer le niveau ultime de description de l'Univers physique et dont devraient dériver la géométrie et les structures physiques telles que les particules élémentaires. Jusqu'à présent, personne n'a encore pu cerner la nature réelle de la prégéométrie. Après une tentative avortée d'identification de la prégéométrie au calcul des propositions de la logique mathématique, Wheeler[33] a proposé, généralisant une idée fondamentale de la mécanique quantique, que la notion sur laquelle toute la structure de l'Univers reposerait, serait celle d'**observateur :** ces idées représentent, comme nous le verrons, la forme la plus extrême du Principe Anthropique.

Une autre voie possible est celle des théories quantiques unifiées des diverses interactions, qui font l'objet du Chapitre suivant, mais dont le stade de développement actuel paraît encore bien insuffisant pour apporter une réponse

32. J.-M. Levy-Leblond, Ciel et Espace, n° 229, octobre 1988, p. 40 et American Journal of Physics, *58*, 1990, p. 156. Voir aussi : J. Rosen, American Journal of Physics, *55*, 1987, p. 498.

33. J. A. Wheeler, cf. note 27 et *Genesis and Observership*, dans : *Foundational Problems in the Special Sciences*, édité par R. E. Butts et K. J. Hintikka, Reidel, Dordrecht, 1977, p. 3.

définitive à un problème aussi complexe que celui du commencement de l'Univers.

Mais, la résolution d'un tel problème est-elle réellement à la portée de l'intelligence humaine ? En particulier, serons-nous capables, dans la lignée des travaux de Wheeler, d'identifier les structures conceptuelles fondamentales susceptibles d'expliquer l'existence de l'Univers et le mécanisme de sa naissance ?

CHAPITRE VII

ANNEXE 1

L'UNIVERS SANS BORD DE HAWKING

C'est dans le cadre de la formulation de la géométrodynamique quantique due à Wheeler et de Witt, cette dernière théorie combinant mécanique quantique et relativité générale, que Hawking [17] a construit un modèle d'Univers quantique.

D'un point de vue technique, le problème qui se pose est celui de la résolution de l'**équation fondamentale de Wheeler-de Witt** qui est, en quelque sorte, l'analogue gravitationnel de la célèbre équation de Schrödinger de la mécanique quantique. Cette équation, comme d'ailleurs les équations qui régissent le comportement des divers champs familiers qui constituent la réalité physique que nous observons quotidiennement (comme, par exemple, l'équation qui décrit la propagation des ondes électromagnétiques) est une équation complexe que les mathématiciens appellent « équation aux dérivées partielles ».

La résolution d'une telle équation exige la connaissance du champ inconnu aux frontières à la fois spatiale et temporelle (dans le passé) du système étudié : c'est ce qu'on appelle le **problème des conditions aux limites.** Ce problème se pose d'ailleurs déjà en cosmologie classique où il se réduit au choix de conditions initiales pour l'Univers : la valeur du facteur d'échelle et celle du taux d'expansion à l'instant initial, correspondant classiquement à la singularité spatio-temporelle. Ainsi donc, lorsque l'espace-temps possède un bord (ou une frontière) associé à l'existence d'une singularité, les lois de la physique sont, par elles-mêmes, incapables de déterminer l'état initial de l'Univers, elles ne peuvent que prédire l'évolution ultérieure de l'Univers, d'où la nécessité de **compléter les lois physiques par des conditions aux frontières.**

Dans le cas du modèle d'Univers quantique de Hawking, ces conditions doivent être imposées dans le superespace et elles vont, très probablement, conditionner de matière déterminante le comportement spatio-temporel de la fonction d'onde universelle. Ces conditions aux frontières nous sont, en fait, totalement inconnues, ce qui constitue le problème majeur de la géométrodynamique quantique en plus, évidemment, des difficultés mathématiques considérables inhérentes à la résolution de l'équation de Wheeler-de Witt. On peut imaginer qu'il existe des lois simples régissant ces conditions, mais quelles sont-elles ? Nous n'en avons pas la moindre idée...

L'apport fondamental de Hawking se situe à ce niveau. Pour éluder ce problème des conditions aux limites, il a avancé une proposition originale, tout à fait radicale, contenue dans cet énoncé plutôt énigmatique : **« La condition aux limites de l'Univers est qu'il n'a pas de limites. »** En d'autres mots, le modèle quantique de Hawking a la propriété de ne pas avoir de bord : tout comme la surface bidimensionnelle d'un ballon ou encore l'hypersurface tridimensionnelle d'un Univers FLRW fermé, à un instant donné, l'espace-temps global constituerait, selon Hawking, une hypersurface fermée, donc sans frontière, mais, cette fois, à quatre dimensions. Ainsi, en plus des trois dimensions spatiales refermées sur elles-mêmes, à la manière du modèle FLRW fermé, l'Univers de Hawking a la propriété d'être aussi fini et sans borne dans le temps : il constitue donc **une structure quadridimensionnelle sans bord à la fois dans l'espace et dans le temps, et, qui plus est, non singulière.**

Cependant, un tel modèle n'a été obtenu qu'au prix d'une pirouette mathématique : le remplacement du temps « réel », celui mesuré par nos horloges, par un temps « imaginaire » (« imaginaire » étant pris ici dans le sens mathématique du terme, c'est-à-dire comme caractérisant la racine carrée d'un nombre négatif) (cf. fig. 7.7.). L'équation de Wheeler-de Witt peut alors être résolue, du moins, en principe, car les calculs nécessaires sont extrêmement difficiles. Aussi, ce n'est que dans les cas simplifiés où l'on tronque le superespace, en lui laissant seulement un petit nombre de paramètres (le « minisuperespace », correspondant à des modèles simplifiés très symétriques) que la fonction d'onde universelle a pu être obtenue explicitement. Ces premiers résultats sont tout à fait encourageants. Que l'on en juge : dans l'espace fictif avec temps « imaginaire », la fonction d'onde est dépourvue de singularité aux points singuliers classiques : le Big Bang et le Big Crunch ; d'autre part, elle conduit à un modèle d'Univers possédant « naturellement » un grand nombre des propriétés que nous lui attribuons : ainsi, il présente une phase inflationnaire précoce se muant très vite en une expansion décélérée de type FLRW, suivie elle-même d'une phase de contraction symétrique, caractéristique d'un Univers fermé ; ce modèle est, de plus, isotrope et spatialement homogène à grande échelle et devrait être aujourd'hui très vaste, ce que, en fait, nous observons. Il est aussi très possible qu'une explication satisfaisante de l'origine des fluctuations de densité nécessaires à rendre compte de l'architecture à grande échelle de l'Univers, essentiellement de la présence de galaxies et d'amas de galaxies, puisse être trouvée à l'intérieur du formalisme quantique adopté par Hawking et Hartle. Un autre bon point de ce modèle, sur lequel nous revenons avec plus de détails dans l'Annexe 3, est qu'il pourrait apporter une justification intéressante à la concordance de la flèche du temps thermodynamique, associée au déroulement du temps dans le sens du désordre (le fameux second principe de la thermodynamique), avec l'évolution temporelle de l'Univers, caractérisée par une expansion globale.

L'hypothèse de Hawking est cependant probablement loin de constituer le dernier mot sur le sujet. Tout d'abord, comme Hawking l'admet d'ailleurs lui-même, il s'agit, pour l'instant, seulement d'une proposition qui ne peut être déduite d'un principe fondamental. En fait, d'autres suggestions de conditions aux limites pour l'équation de Wheeler-de Witt ont été faites, notamment par Linde[34] et Vilenkin[35], et le schéma d'évolution de l'Univers qui en découle présente certaines différences marquantes par rapport à celui de Hawking. Mais le problème majeur auquel est confrontée la proposition de Hawking est, sans conteste, le fait qu'elle est basée sur une théorie — la géométrodynamique quantique, en l'occurrence — qui, malgré son intérêt indéniable, n'est certainement pas la théorie unifiée ultime des interactions physiques. Il est d'ailleurs possible que cette théorie tant convoitée n'utilise même pas comme ingrédients fondamentaux les éléments géométriques spatio-temporels, propres à la relativité générale : c'est le cas, par exemple, de la théorie des supercordes, que nous examinerons au Chapitre suivant.

Le type d'Univers sur lequel débouchent les réflexions de Hawking, c'est-à-dire un Univers complètement déterminé par les lois de la physique seules — des lois certes encore inconnues dans leur totalité, dans l'état actuel de nos connaissances, mais qui ne nécessiteraient, en tout cas, aucune information complémentaire sous forme de conditions aux frontières — n'est pas sans implications philosophiques et théologiques profondes que Hawking lui-même a d'ailleurs déduites : « L'Univers se contiendrait entièrement lui-même et ne serait affecté par rien d'extérieur à lui. Il ne pourrait être ni créé ni détruit. Il ne pourrait qu' " être " »[36]. Comme on le voit, les caractéristiques que Hawking attribue à l'Univers sont identiquement celles que la théologie judéo-chrétienne réserve à Dieu, à savoir, l'aséité (**« Je suis celui qui est »**). Nous sommes donc là en plein panthéisme. Ainsi donc, pour Hawking, un Univers borné dans l'espace et le temps est automatiquement autonome, ce qui le dispense de Créateur : « Tant que l'Univers aura un commencement, nous pouvons supposer qu'il a un Créateur. Mais si réellement l'Univers se contient tout entier, n'ayant ni frontières ni bord, il ne devrait avoir ni commencement ni fin : il devrait simplement être. Quelle place reste-t-il alors pour un

34. Voir les articles de Linde cités à la référence 17 du Chapitre VI.
35. Voir les articles de Vilenkin cités plus loin (Annexe 2, d).
36. S. W. Hawking, *Une brève histoire du temps*, op. cit., p. 173.

Créateur ? »[37]. Que penser d'une telle affirmation sinon que, de nouveau, elle véhicule la confusion extrêmement fréquente entre commencement et création de l'Univers, que nous avons déjà relevée précédemment (cf. Annexe, ch. I) : le fait que l'Univers de Hawking ne possède pas de commencement n'autorise évidemment pas la conclusion qu'il n'ait pas été créé, du moins, si on se place dans la perspective chrétienne qui accorde au terme « création » le sens d'une relation de dépendance ontologique de l'Univers vis-à-vis du Créateur, et ce, indépendamment de toute considération temporelle.

37. S. W. Hawking, *Une brève histoire du temps*, op. cit., p. 179.

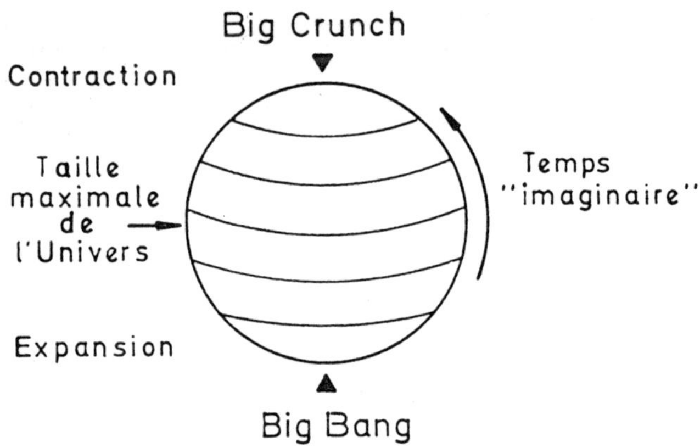
Big Crunch
Contraction
Taille maximale de l'Univers
Temps "imaginaire"
Expansion
Big Bang

Fig. 7.7 : *L'Univers de Hawking est fini et sans bords, si l'on utilise un temps « imaginaire » : on peut alors considérer sa structure géométrique comme l'équivalent quadridimensionnel de la surface d'un sphère qui est, elle-même, fermée et sans frontière.*

La géométrie de l'Univers de Hawking est représentée sur cette figure avec deux dimensions spatiales en moins. Au tout début de son évolution, l'Univers apparaît alors comme un point situé au pôle Sud. Le temps « imaginaire » croît vers le haut, si bien que lorsqu'on se déplace vers le Nord, la taille des cercles de latitude constante qui représentent la géométrie spatiale de l'Univers augmente de façon continue, ce qui correspond à un Univers en expansion. A l'équateur, l'Univers atteint sa taille maximale, puis se contracte vers un point coïncidant avec le pôle Nord de la figure.

Tout comme les pôles Nord et Sud d'une surface sphérique ne sont pas singuliers, ils ne le sont plus dans la structure quadridimensionnelle de Hawking, bien que la taille de l'Univers soit nulle en ces points. Ainsi donc, les lois de la physique y sont toujours valables.

En temps réel, l'histoire de l'Univers est cependant différente. Il y a quelque 15 milliards d'années, l'Univers a émergé du chaos quantique spontanément, sous la forme d'une structure non singulière possédant un rayon différent de zéro ; très vite, celle-ci s'est considérablement enflée, comme dans le modèle inflationnaire de Linde, puis, après être passée par un rayon maximum, elle s'est contractée vers le Big Crunch qui conserve malgré tout, semble-t-il, son caractère singulier.

Ce n'est donc qu'en temps « imaginaire » que l'Univers n'a ni singularité, ni bord : en temps réel, il possède un début et une fin, associés à des points qui peuvent être singuliers et qui constituent alors une frontière de l'espace-temps.

La question de savoir ce qui s'est passé avant le Big Bang est alors équivalente à celle de savoir ce qui existe, par exemple, un km au Sud du pôle Sud : tout comme la direction Sud cesse d'être définie au pôle Sud, le temps, lui, n'est plus défini au point représentatif du Big Bang dans la structure spatio-temporelle de Hawking. Bien que le temps possède un commencement, ceci n'implique pas que l'espace-temps ait une frontière, tout comme il n'existe pas de frontière aux pôles d'une surface sphérique.

CHAPITRE VII

ANNEXE 2

QUELQUES RECETTES DE FABRICATION D'UN UNIVERS

Nous rappellerons, tout d'abord, une bonne vieille recette, celle de l'**Univers chaud,** dans le cadre du **modèle du Big Bang canonique** (cf. Chapitre IV), telle qu'elle apparaît chez Weinberg[38] : « Prenez une charge par photon égale à zéro, un nombre baryonique par photon égal à un pour un milliard et un nombre leptonique par photon indéterminé mais petit. Réglez la température pour qu'elle soit à tout instant supérieure à la température de 2,7 Kelvins du fond de rayonnement actuel dans le rapport de la taille de l'Univers actuel à sa taille à l'instant considéré. Bien agiter afin que les distributions détaillées des particules des différents types soient déterminées par les conditions de l'équilibre thermique. Mettez le tout dans un Univers en expansion, la vitesse de celle-ci étant commandée par le champ de gravitation produit par le milieu. Après une durée suffisante, cette mixture devrait donner notre Univers actuel. »

Avec les développements récents de la cosmologie théorique, sont apparues d'autres recettes de fabrication de notre Univers, plus fondamentales en ce sens qu'elles ont pour

38. S. Weinberg, *Les trois premières minutes de l'Univers,* op. cit., p. 121.

ambition d'expliquer à la fois la structure géométrique et le contenu matériel de l'Univers à partir d'un nombre minimal d'ingrédients, l'espace vide, en l'occurrence, dans la plupart des propositions.

C'est Tryon[20] qui, le premier, a émis l'hypothèse qu'un Univers fermé puisse naître spontanément à partir d'une fluctuation quantique du « vide ». Cependant, il n'a proposé aucune recette explicite pour un tel processus physique.

a) La recette du groupe bruxellois de cosmologie.

Le premier véritable modèle de **création de l'Univers à partir de l'espace vide** par un processus quantique est dû à Brout, Englert, Gunzig et leurs collaborateurs[39] : « Nous montrons que les lois de la mécanique quantique formulées dans le cadre de la relativité générale sont parfaitement compatibles avec la création spontanée de toute la matière et de tout le rayonnement de l'Univers. Cette création s'opère en un point spatio-temporel arbitraire »[40]. Le « vide » de départ est, dans ce cas, un espace-temps plat vide à quatre dimensions (l'espace-temps de la relativité restreinte, dit de Minkowski). Comme l'on montré notamment Gunzig et Nardone[41], ce « vide » est, du point de vue quantique, instable, dans le sens suivant : une fluctuation quantique composée de particules virtuelles surgissant du « vide » pour disparaître aussitôt est capable de déchirer le tissu spatio-temporel du « vide » quantique et donc de se matérialiser pour autant que les particules impliquées aient

39. L'article de base est : R. Brout, F. Englert et E. Gunzig, Annals of Physics, *115*, 1978, p. 78. Une introduction plus simple à ce scénario de « création » de l'Univers est donnée dans : R. Brout, F. Englert et E. Gunzig, General Relativity and Gravitation, *10*, 1979, p. 1. On trouvera aussi une bonne synthèse des premiers travaux concernant ce scénario dans : F. Englert, *The Creation of the Universe as the Breakdown of a Grand Unified Symmetry*, dans *Cosmologie Physique*, Ecole d'été des Houches, session XXXII, 1979, édité par R. Balian, J. Audouze et D. N. Schramm, North-Holland, Amsterdam, 1980, p. 515.

40. R. Brout, F. Englert et E. Gunzig, 1978, op. cit., p. 78.

41. E. Gunzig et P. Nardone, Physics Letters, *188 B*, 1982, p. 324. — B. Biran, R. Brout et E. Gunzig, Physics Letters, *125* B, 1983, p. 399. — E. Gunzig et P. Nardone, General Relativity and Gravitation, *16*, 1984, p. 305. — P. Spindel, *Physics Letters, 107* B, 1981, p. 361.

une masse extrêmement élevée, supérieure à $1{,}3.\ 10^{20}$ Gev/c^2, soit encore à $3.\ 10^{-4}$ g, c'est-à-dire à environ 50 fois la masse de Planck.

Ces particules, une fois apparues, contribuent, par leurs interactions gravitationnelles mutuelles, à courber cet espace, entraînant alors, suivant un mécanisme coopératif hautement non linéaire, la production en cascade de nouvelles particules. Le bilan de toute l'opération est la création, à partir de l'espace vide et plat de départ, d'un espace ouvert et rempli de matière du type de de Sitter, c'est-à-dire en expansion exponentielle.

Du point de vue énergétique, ces deux configurations physiques possèdent la même énergie, si bien que le passage de l'une à l'autre ne consomme ni ne fournit globalement aucune énergie. Ce mécanisme de création de l'Univers apparaît alors comme un « repas gratuit » : l'énergie totale du système final, constituée de la somme de l'énergie du champ de gravitation, comptabilisée comme négative, et de l'énergie liée à la masse des particules créées, elle, positive, est égale à l'énergie associée à l'espace plat et vide ; en fait, toutes deux sont nulles.

Les particules monstrueuses de plus de 50 fois la masse de Planck ainsi créées sont, en réalité, des mini-trous noirs qui doivent s'évaporer suivant le processus quantique de Hawking et disparaître en un temps record, de l'ordre de 10^{-37} seconde, en émettant des particules massives ordinaires ainsi que des photons (cf. Annexe, ch. III). Cette évaporation des mini-trous noirs marque la fin de l'expansion exponentielle à la de Sitter, qui se voit remplacée par l'expansion décélérée beaucoup plus lente du modèle standard qui se poursuit aujourd'hui[42] (cf. fig. 7.8). Ainsi, en un temps très bref, apparaissent la matière et le rayonnement de l'Univers et est produite la quasi-totalité de son entropie, mesurée par l'entropie des mini-trous noirs créés (on associe conventionnellement une valeur nulle à l'entropie de l'Univers vide et

42. Ce scénario est décrit avec tous les détails techniques dans : E. Gunzig et P. Nardone, Fundamentals of Cosmic Physics, *11*, 1987, p. 311. E. Gunzig, *Self-consistent Cosmogenesis*, dans : *Relativity, Supersymmetry and Cosmology*, Proceedings of SILARG V, édité par O. Bressan, M. Castanino et V. Hamity, World Scientific, Singapour, 1987, p. 181.

plat de Minkowski). Ce scénario d'évolution précoce de l'Univers présente des analogies manifestes avec les divers scénarios inflationnaires du Chapitre VI : l'origine physique du phénomène y est cependant fondamentalement différente.

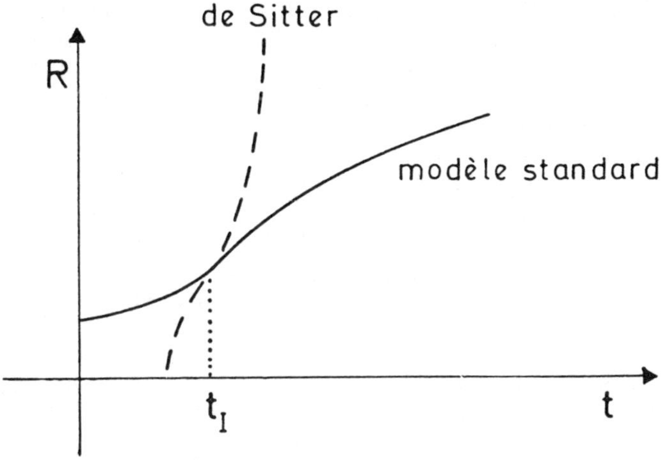

Fig. 7.8 : *Evolution temporelle du « rayon » de l'Univers de Brout, Englert, Gunzig et Prigogine. La première phase est du type de Sitter, avec un « rayon » non nul et pas de singularité initiale pour $t = 0$. La transition entre cet Univers et le modèle standard décéléré se fait au temps t_I. Les courbes en tirets représentent des phrases d'évolution non réalisées physiquement de ces deux modèles d'Univers.*

Une autre caractéristique intéressante de ce scénario est l'**absence de singularité initiale caractéristique des modèles de type Big Bang :** en effet, la pression associée au fluide constitué des particules créées par le mécanisme quantique décrit précédemment est négative et ce, suffisamment, semble-t-il, pour violer la condition de positivité de l'énergie, essentielle, selon les théorèmes de Hawking et Penrose (cf. § 7.2), à assurer l'existence d'une singularité : « Nous montrons comment il est possible aux confins de la relativité générale et de la mécanique quantique, de concevoir un Univers non singulier comme la réponse de la matière et du champ gravitationnel à une perturbation spatio-temporelle locale. Ainsi, nous complétons l'ancien adage : " La Nature abhorre le vide " par le principe : " La Science abhorre les singularités "[43]. »

Ce scénario a été récemment reconsidéré par Gunzig, Géhéniau et Prigogine[44] qui l'ont développé sous un angle plus thermodynamique et ont confronté ses prédictions avec les observations actuelles : ainsi, ils estiment pouvoir rendre compte de la valeur observée du nombre baryonique par photon, η, estimée à 10^{-9} (cf. Chapitre IV), uniquement à partir de la valeur de la masse des mini-trous noirs et de celle de trois constantes physiques universelles h, c et k.

La légitimité de cette affirmation a cependant été contestée par Brout et Spindel[45] : leurs critiques portent à la fois sur les fondements théoriques des divers mécanismes impliqués, c'est-à-dire l'instabilité de l'espace vide, la production des mini-trous noirs, le développement de la phase inflationnaire, qu'ils estiment peu consistants, et sur les évaluations numériques des grandeurs observables, qu'ils considèrent comme non fiables et, en tout cas, prématurées.

Ce type général de critique s'adresse évidemment aussi à tous les autres scénarios de fabrication d'un Univers qui ont été imaginés et qui sont décrits ci-après : en effet, tous reposent sur une physique qui, à l'heure actuelle, reste au stade exclusif de l'hypothèse, si bien qu'il convient de garder à l'esprit le caractère hautement spéculatif de toutes ces propositions.

Les implications philosophiques de ces nouvelles idées sont néanmoins fascinantes à explorer. De l'avis même de Gunzig, le scénario qu'il a développé avec ses collaborateurs

43. R. Brout, F. Englert et E. Gunzig, 1979, op. cit., p. 1.

44. E. Gunzig, J. Geheniau et I. Prigogine, Nature, *330*, 1987, p. 621. I. Prigogine, J. Geheniau, E. Gunzig et P. Nardone, General Relativity and Gravitation, *21*, 1989, p. 767. I. Prigogine, J. Geheniau et E. Gunzig, Proceedings of the National Academy of Sciences (New York), *85*, 1988, p. 7428. Une excellente description non technique de ce scénario pour la naissance de l'Univers est donnée dans : I. Prigogine et I. Stengers, *Entre le temps et l'éternité*, Fayard, Paris, 1988, Chapitre VI, p. 147 et Appendice III, p. 206.

45. R. Brout et P. Spindel, Nature, *337*, 1989, p. 215. La réponse de Gunzig se trouve à la suite de cette lettre, p. 216.

« jette un éclairage nouveau sur l'ancienne quête métaphysique : Pourquoi y a-t-il quelque chose plutôt que rien ? » qui « passe ainsi du domaine métaphysique à celui de la rationalité »[46] (curieuse affirmation, en fait, que celle — extrêmement fréquente — qui associe à la quête métaphysique un caractère nécessairement irrationnel !). La réponse apportée à cette interrogation serait l'instabilité du « vide » quantique et le mécanisme impliqué constituerait une réalisation physique de la création **ex nihilo**, au sens métaphysique du terme. Il faut avouer qu'on est bien loin du compte, car le « vide » quantique de départ possède une structure géométrique d'espace à quatre dimensions et est peuplé de particules virtuelles, ce qui en fait une entité fondamentalement différente du néant du métaphysicien. D'autre part, quelle signification peut-on attribuer au concept de **loi physique** (en l'occurrence, les lois de la mécanique quantique) **existant avant l'Univers lui-même ?** N'est-on pas là en train d'accorder aux lois de la physique le statut de l' « Etre absolu », auquel serait assujettie l'existence de l'Univers ?

Prigogine et Stengers sont d'ailleurs bien conscients du fait que, dans le scénario qu'ils décrivent, le « vide » quantique originel « implique un temps latent, celui que présupposent les fluctuations de ce vide. [...] Le temps précède l'existence »[47]. Il est alors manifeste que ce mécanisme de fabrication de l'Univers ne peut, en aucune façon, être considéré comme une création **ex nihilo** puisqu'**avant l'Univers,** a dû exister (de toute éternité ?) une structure physique identifiée ici au « vide » quantique (les considérations de Saint Augustin exposées dans l'Annexe du Chapitre I sont, à ce propos, particulièrement pertinentes).

D'autre part, dans le cadre de ce scénario, la naissance de l'Univers ne serait pas nécessairement un événement unique : celui-ci pourrait, tout d'abord, se reproduire en d'autres points spatio-temporels de l'espace de Minkowski, mais aussi, à l'intérieur d'un Univers déjà développé. En effet, la densité de matière diminuant progressivement au cours de

46. E. Gunzig, op. cit, 1987, p. 182.
47. I. Prigogine et I. Stengers, *Entre le temps et l'éternité*, op. cit., p. 166 à 170.

l'évolution de l'Univers, on pourrait retrouver, dans un futur très éloigné, un état de « vide » instable qui, par le même type de mécanisme, engendrerait un autre univers en expansion : « En ce cas, nous pourrions conférer à l'éternité de l'Univers une nouvelle signification, celle d'une succession d'explosions entropiques se succédant au cours du temps. [...] L'Univers serait création continue, succession infinie d'univers naissant partout et allant vers l'infini »[47]. Le concept de naissance absolue du temps nous échapperait alors : nous ne pourrions penser que « les " explosions entropiques " [...] qui sont créatrices de nouvelles temporalités, productrices d'existences nouvelles caractérisées par des temps qualitativement nouveaux ». Ainsi, « la question de savoir " quand a commencé le temps " échappe plus que jamais à la physique, comme elle échappe sans doute aussi aux possibilités de notre langage et de notre imagination »[47].

b) La recette d'Atkatz et Pagels

Atkatz et Pagels[48] ont développé un modèle mathématique où la naissance de l'Univers est considérée comme une transition spontanée s'opérant par effet tunnel quantique à partir d'une configuration initiale, constituée d'un Univers statique et de section spatiale compacte (un Univers fermé au sens de § 2.2). Mais, alors, se pose un problème intrigant, déjà largement débattu, dans son essence, dès le IVe siècle, parmi les philosophes chrétiens : comment, en effet, dans ce cas, expliquer que l'Univers soit resté un temps infini dans un état statique avant de se métamorphoser en l'Univers en expansion qui est observé aujourd'hui ?

c) La recette de Gott

Gott[49] a proposé une recette originale de « création » d'un Univers ouvert. Il postule l'existence a priori d'un espace en

48. A. Atkatz et H. Pagels, Physical Review, D *25*, 1982, p. 2065. Pour une introduction non technique, voir : H. Pagels, *Perfect Symmetry*, Simon and Schuster, New York, 1985, Chapitre V.
49. J. R. Gott III, Nature, *295*, 1982, p. 304.

expansion exponentielle, du type de de Sitter, ayant donc toutes les caractéristiques d'un modèle inflationnaire. Des bulles d'espace pourraient germer au sein de cet espace fertile. S'enflant à la vitesse de la lumière, elles s'empliraient de matière et de rayonnement, grâce à un mécanisme analogue à celui proposé par Hawking pour l'évaporation des trous noirs. Cette phase de création de particules venant bien vite à cesser, l'expansion de la bulle se ralentirait progressivement ; les photons subsistant aujourd'hui constitueraient alors le rayonnement cosmique à 2,7 K.

Rien n'empêcherait, en principe, d'autres bulles d'atteindre un stade adulte comparable à celui de notre Univers, mais avec une physique éventuellement différente, au niveau des valeurs des constantes fondamentales. Ce que nous appelons Univers observable ne constituerait alors que l'intérieur d'une bulle perdue parmi une multitude d'autres univers-bulles. Sans être absolument interdite, la communication entre ces univers serait néanmoins extrêmement rare : une collision entre deux de ces univers en 10^{500} ans, tout au plus[50].

Toutes ces recettes de fabrication d'un Univers ont en commun l'hypothèse de la préexistence d'un espace quadridimensionnel vide, qu'il soit plat (a), fermé (b) ou encore du type de de Sitter (c). Arguant du fait que l'espace, c'est quand même « quelque chose », certains cosmologistes ont imaginé de construire un modèle mathématique, dans lequel ce qu'ils appellent « **rien** » (« **nothing** ») et qu'ils identifient à l'absence d'espace et de temps, engendrerait par effet tunnel quantique une structure géométrique à quatre dimensions qui servirait de matrice au développement ultérieur d'un Univers inflationnaire.

d) La recette de Vilenkin

Le premier à proposer un scénario détaillé de ce type pour la « création » de l'Univers a été Vilenkin[51]. Le cadre

50. J. R. Gott III et T. S. Statler, Physics Letters, *136* B, 1984, p. 157.
51. A. Vilenkin, Physics Letters, *117* B, 1982, p. 25 ; Physical Review, D *27*, 1983, p. 2848 ; Physical Review, D *30*, 1984, p. 509 ; Nuclear Physics, B *252*, 1985, p. 141.

conceptuel dans lequel a été formalisé ce modèle est, de nouveau, la géométrodynamique quantique, et l'équation de Wheeler-de Witt est explicitement utilisée pour étudier le mécanisme d'effet tunnel par lequel prend naissance l'Univers.

Pour Vilenkin, « rien » signifie un état physique du réel pour lequel les concepts classiques d'espace et de temps ne sont pas définis : c'est le cas, en cosmologie quantique, du ferment indistinct d'énergie quantique antérieur au temps de Planck : « “ Rien ” est le royaume de la gravité quantique pure; c'est un état plutôt étrange dans lequel tous nos concepts de base, ceux d'espace, de temps, d'énergie, d'entropie, etc., perdent leur signification »[52].

Beaucoup de physiciens identifient « rien » au **néant** et parlent d'apparition spontanée de l'Univers quantique à partir du néant : « Au début, l'Univers jaillit spontanément du néant [...]. L'humanité a pensé pendant des millénaires que rien ne venait de rien. Nous soutenons aujourd'hui que tout est venu de rien »[53]. Pour Pagels, « le néant “ avant ” la création de l'Univers est le vide le plus complet que nous puissions imaginer — il n'existait ni espace, ni temps, ni matière. C'est un monde sans lieu, sans durée ou éternité — c'est ce que les mathématiciens appellent “ l'ensemble vide ” »[54].

Ce sont, de nouveau, **les lois de la physique et elles seules** qui engendrent l'Univers à partir du néant : « Nous voyons comment tous les traits fondamentaux du Monde ont pu naître **automatiquement** comme une conséquence des lois de la physique »[53]; « Ce vide inimaginable se transforme par lui-même en la plénitude de l'existence — une conséquence **nécessaire** des lois physiques »[54]. Ce processus physique est, de plus, identifié à la création **ex nihilo** de la théologie chrétienne : « La spirale cosmique s'approche du concept théologique de création “ **ex nihilo** ” »[55].

52. A. Vilenkin, op. cit., 1983, p. 2851.
53. P. Davies, *Superforce : Recherches pour une théorie unifiée de l'Univers*, Payot, Paris, 1987, Chapitre XII, p. 256-257.
54. H. Pagels, *Perfect Symmetry*, op. cit., p. 347.
55. P. Davies, *Superforce : Recherches pour une théorie unifiée de l'Univers*, op. cit., p. 249.

L'Univers de Vilenkin possède un commencement, mais pas de singularité initiale, et, en principe, il n'aurait pas de fin.

Les critiques que nous avons déjà formulées précédemment à l'égard de certaines affirmations de nature métaphysique déduites des scénarios de « création » de l'Univers à partir du « vide » s'appliquent, pour l'essentiel, au modèle de Vilenkin.

Ainsi, tout d'abord, il est manifeste que ce « néant » qui engendre l'Univers, c'est « quelque chose » : en l'occurrence, la structure géométrique du superespace de la géométrodynamique quantique, ce vaste réservoir de tous les modèles d'univers relativistes possibles, dont jaillit notre Univers, sous l'action des lois physiques qui jouent ainsi un rôle de démiurge. Ces univers existent-ils réellement ou ne sont-ils que des virtualités ? La même question se posera plus loin à propos des univers multiples d'Everett-Wheeler.

D'autre part, le statut des lois physiques est, dans ce contexte, pour le moins surprenant : devant exister de façon autonome, elles jouent, en quelque sorte, le rôle du **Créateur** de la théologie chrétienne, dont elles partagent d'ailleurs un certain nombre d'attributs. « Mais, où ces lois sont-elles écrites dans ce " vide " ? Qu'est-ce qui " indique " au " vide " qu'il est gros d'un Univers potentiel ? Il semblerait que même le " vide " soit sujet à une loi, à une logique qui préexiste à l'espace et au temps »[54].

Ainsi, à notre sens, le raisonnement de Parménide, considéré comme caduc par Davies, reste tout à fait valide : le « néant » **seul** n'est capable de rien engendrer par lui-même. Dans la théologie chrétienne, le néant n'existe pas, il y a toujours de l'être et cet être, c'est l'Etre absolu, distinct de l'Univers matériel, c'est Dieu ! Aucun des modèles physiques de « création » de l'Univers ne nous paraît permettre de faire l'économie du concept de **Créateur** : celui-ci n'y est nullement banni mais réintroduit de façon déguisée, sous la forme de cet étrange couple « néant-loi physique » dont le statut métaphysique est, pour le moins, obscur et fragile.

L'Univers sans bord de Hawking (cf. Annexe 1, ch. VII) peut aussi être interprété dans le même contexte conceptuel que celui de Vilenkin : la fonction d'onde universelle qui régit leur comportement à tous deux est, en effet, solution de la même équation, celle de Wheeler-de Witt, mais les conditions aux limites imposées dans le superespace sont, pour chacun d'entre eux, différentes. Ceci entraîne une différence au niveau de l'évolution au cours du temps des deux modèles, la présence d'une phase inflationnaire importante paraissant beaucoup plus probable dans l'Univers de Vilenkin[56].

D'autre part, la naissance des « mini-univers » dans l'**Univers auto-reproducteur et chaotique de Linde** (cf. Annexe 2, ch. VI) relève aussi d'un mécanisme quantique de « création » à partir de « rien » (la « mousse quantique »), qui est très proche de celui de de Vilenkin.

56. A. Vilenkin, Physical Review, D *37*, 1988, p. 888.

CHAPITRE VII

ANNEXE 3

LE PROBLÈME DE LA FLÈCHE DU TEMPS

Les lois physiques et, en particulier, la relativité générale ne font aucune distinction entre passé et futur : elles sont **réversibles.** Ainsi, en relativité générale, la connaissance de l'état de l'Univers à un instant donné permet tout aussi bien de déterminer son évolution ultérieure que de reconstituer son passé.

Or, notre expérience quotidienne nous révèle que le temps s'écoule de manière irréversible du passé vers le futur : personne n'a jamais observé un verre brisé se reconstituer spontanément ni une goutte d'encre diluée dans l'eau se reformer.

Il existe, en fait, essentiellement quatre manières différentes de distinguer le passé du futur, c'est-à-dire de caractériser la flèche du temps :

— Tout d'abord, le second principe de la thermodynamique stipule que le désordre d'un système isolé ne peut que croître au cours du temps, c'est-à-dire qu'en fin de compte, le chaos doit triompher de l'ordre. La quantité de désordre d'un système physique peut être définie de manière précise : il s'agit de l'**entropie ;** une formulation plus précise de la seconde loi de la thermodynamique peut alors être donnée : l'entropie d'un système fermé ne peut jamais décroître. Ainsi, le temps s'écoule dans le sens de l'accroissement de l'entropie, donc du désordre, ce qui définit la **« flèche thermodynamique »** du temps.

— D'autre part, alors que nous nous souvenons, du moins partiellement, des événements passés, il n'en va pas de même des événements futurs. Aussi, possédons-nous une notion intérieure, innée du sens de l'écoulement du temps, à laquelle nous pouvons associer une « **flèche psychologique** » du temps.

— Il est aussi possible d'introduire ce qu'on pourrait appeler une « **flèche ondulatoire** » du temps, liée au fait que dans toute expérience où interviennent des ondes, quelle que soit leur nature physique, celles-ci s'éloignent toujours de leur source : c'est le cas des ondes qui prennent naissance lors de la chute d'une pierre dans l'eau ou des ondes radio émises par une antenne, et ceci, bien que les équations qui régissent leur comportement permettent le phénomène inverse, c'est-à-dire la convergence des ondes en un point.

— Enfin, phénomène cosmologique majeur : l'Univers n'est pas statique, il est en expansion, ce qui permet de définir la « **flèche cosmologique** » du temps comme la direction temporelle dans laquelle l'Univers se dilate, direction inverse de celle où il se contracterait.

C'est un fait d'expérience que ces quatre flèches du temps, a priori fondamentalement différentes, sont en parfait accord, pointant toutes dans la même direction. Est-il possible d'offrir une explication à ce fait intrigant ?

On peut certes admettre qu'il existe un lien entre les flèches psychologique et ondulatoire, d'une part, et la flèche thermodynamique, d'autre part ; en effet, les processus biologiques à la base du fonctionnement de notre cerveau ont certainement une origine thermodynamique, tandis que le choix d'ondes de type divergent est équivalent à la sélection de systèmes physiques présentant exclusivement un accroissement du désordre. Mais, pourquoi la direction du temps dans laquelle le désordre croît — la flèche thermodynamique — coïncide-t-elle avec celle dans laquelle l'Univers est en expansion, c'est-à-dire la flèche cosmologique ?

Comme nous l'avons vu au Chapitre VI, il semble que l'Univers ait dû commencer dans un état extrêmement ordonné et ait ensuite évolué vers un état de plus grand désordre. Le **caractère particulier** de l'Univers primordial apparaît de manière encore plus criante avec ce raisonnement, dû à Penrose[57]. Si l'on admet que la configuration physique qui a le plus de chances d'être réalisée est celle d'entropie maximale, il serait alors beaucoup plus probable que l'Univers ait débuté sous la forme, par exemple, de galaxies de 10^{11} masses solaires dont les noyaux seraient constitués de trous noirs de 10^{6} masses solaires : en effet, l'entropie d'un tel Univers serait considérablement plus élevée — d'un facteur 10^{23} — que celle de notre Univers, telle que nous l'observons aujourd'hui, c'est-à-dire associée au rayonnement de fond : dans ce cas, comme le souligne Penrose, le Créateur a dû sélectionner notre Univers avec une précision tout à fait extraordinaire, que l'on peut chiffrer à $1/10^{10^{123}}$, un nombre incroyablement petit, qui n'a d'équivalent dans aucun autre domaine de la physique. Aussi, Penrose est-il d'avis qu'il est nécessaire de faire appel à une nouvelle loi de la physique si l'on veut rendre compte, de manière scientifique, de la particularité de l'état initial de notre Univers : il a, lui-même, proposé une contrainte de nature géométrique sur la singularité initiale, qui assure à l'Univers primordial un caractère lisse et ordonné.

Une autre possibilité est d'avoir recours au Principe Anthropique : nous y reviendrons plus loin, nous limitant ici essentiellement à la réponse apportée par Hawking à cette question très controversée.

Hawking[58] pense que l'explication de la concordance entre les flèches thermodynamique et cosmologique de temps doit se rechercher au sein de la théorie quantique de la gravitation : en particulier, adoptant sa propre version de la cosmologie quantique, c'est-à-dire choisissant comme condition initiale l'absence de condition initiale, il montre que l'Univers a dû prendre naissance dans un état extrêmement ordonné, le désordre étant apparu au cours de l'expansion, sous la forme d'inhomogénéités qui ont engendré les grandes structures cosmiques.

L'Univers de Hawking est, dans sa phase primordiale, en inflation; il continue, par après, à se dilater à un taux très

57. R. Penrose, *Time-asymmetry and Quantum Gravity*, dans : *Quantum Gravity 2 : a Second Oxford Symposium*, op. cit., 1981, p. 244. R. Penrose, *The Emperor's New Mind*, Oxford University Press, Oxford, 1989.
58. S. W. Hawking, *Une brève histoire du temps*, op. cit., p. 180.

proche du taux critique et pourra éventuellement, dans un futur extrêmement éloigné, se contracter. Hawking[59] a d'abord cru à une symétrie complète entre la phase de dilatation et celle de contraction : le désordre décroîtrait au cours de l'effondrement de l'Univers, celui-ci retournant vers un état ordonné, et la flèche thermodynamique serait alors inversée, comme dans le modèle cyclique de Gold. Cependant, lorsque furent construits, dans le même cadre conceptuel, certains modèles cosmologiques quantiques plus complexes, dans lesquels le désordre continuait à croître durant la phase de contraction[60], Hawking se vit contraint de changer d'avis : « Je réalisai que je m'étais fourvoyé : la condition « pas de bord » impliquait que le désordre continuerait en fait à s'accroître devant la contraction. Les flèches thermodynamique et psychologique du temps ne s'inverseraient pas au moment où l'Univers se mettrait à se contracter »[61].

Dans ce cas, les flèches thermodynamique et cosmologique ne coïncident que durant la phase d'expansion : pourquoi, dès lors, vivons-nous dans un Univers en train de se dilater plutôt que de se contracter ?

La réponse de Hawking fait appel au **Principe Anthropique faible** (cf. Chapitres IX et X), selon lequel les grandes caractéristiques de l'Univers doivent être nécessairement compatibles avec l'existence d'êtres vivants et intelligents. Ainsi, notre présence dans l'Univers n'est possible qu'à certaines époques, lorsque sont réunies les conditions propices à notre apparition : ce serait le cas durant la phase d'expansion cosmologique mais, par contre, pas au cours de celle de contraction. L'argument de base sous-tendant cette conclusion est que l'Univers de Hawking ne pourra se contracter que dans un futur très lointain. A ce moment, toutes les étoiles étant consumées, l'Univers serait essentiellement rempli d'électrons et de photons donc complètement désordonné, ce qui interdirait l'existence d'une flèche thermodynamique du temps importante et, par là même,

59. S. W. Hawking, Physical Review, D *32*, 1985, p. 2489.

60. D. N. Page, Physical Review, D *32*, 1985, p. 2496. R. Laflamme et E. P. S. Shellard, Physical Review, D *35*, 1987, p. 2315.

61. S. W. Hawking, *Une brève histoire du temps*, op. cit., p. 190.

d'une vie intelligente. Comment, en effet, pourrait survivre un être vivant s'il ne consommait pas de nourriture, un processus qui convertit une forme ordonnée d'énergie en chaleur, c'est-à-dire une forme désordonnée d'énergie, et qui ne peut se produire en l'absence d'une flèche thermodynamique forte ?

Explication satisfaisante ou non ? Les avis sont partagés[62] ; d'autres explications ont été avancées, une des plus radicales, due à Prigogine[63], étant de modifier les lois fondamentales de la physique de façon à les rendre irréversibles.

L'explication de la flèche du temps reste manifestement une question controversée, comme d'ailleurs toutes celles qui touchent à ce concept éminemment subtil que constitue le temps.

62. Pour une discussion critique du point de vue de Hawking, voir : H. Price, Nature, *340*, 1989, p. 181.

63. I. Prigogine et I. Stengers, *Entre le temps et l'éternité*, op. cit. P. V. Coveney, La Recherche, *20*, 1989, p. 190.

CHAPITRE VIII

SUPERTHÉORIES ET UNIVERS MULTIDIMENSIONNELS

Nous avons mentionné à plusieurs reprises les théories unifiées des diverses interactions physiques qui ont été récemment proposées et nous avons mis en évidence les perspectives intéressantes qu'elles offrent pour la résolution de bon nombre de problèmes cosmologiques. Où en est-on aujourd'hui dans ce domaine ? La situation apparaît relativement confuse en ce sens que, d'une part, les théories impliquées, très complexes, sont encore insuffisamment développées — une grande part d'arbitraire y règne toujours, les valeurs de nombreux paramètres dans les divers schémas possibles n'ayant pas encore pu être fixées — et que, d'autre part, elles restent totalement hypothétiques, n'ayant encore conduit à aucune vérification expérimentale. Nous allons essayer de décrire brièvement les caractéristiques fondamentales de ces théories ainsi que les conséquences qu'elles entraînent au niveau cosmologique.

8.1. LE CONCEPT DE SUPERSYMÉTRIE

Les plus prometteuses parmi les théories unifiées font appel au concept de **supersymétrie**[1], qui permet d'englober

1. Pour une introduction au concept de supersymétrie, voir : H. E. Haber et G. L. Kane, Scientific American, *254*, juin 1986, p. 42. P. Fayet, La Recherche, *19*, 1988, p. 334. G. Cohen-Tannoudji et M. Spiro, *La matière espace-temps*, op. cit.

dans la même description mathématique, les deux classes distinctes de particules élémentaires de propriétés fondamentalement différentes. On trouve, d'une part, les **fermions** (du nom du physicien Fermi), dont le spin intrinsèque (souvent interprété, de manière quelque peu naïve, comme le taux de rotation de la particule sur elle-même) est caractérisé par des valeurs demi-entières, ceci, par rapport à une unité de base, liée à la constante de Planck : ainsi, les quarks, les protons et les neutrons ainsi que les leptons (électrons et neutrinos) sont des fermions. Ces particules obéissent toutes au principe d'exclusion de Pauli, qui interdit à deux fermions d'occuper le même état quantique au même instant. Par contre, les **bosons** (du nom du physicien

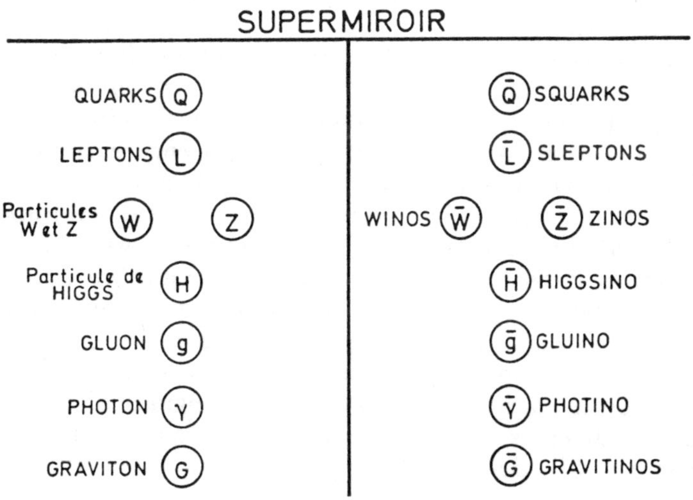

Fig. 8.1 : *Le Supermiroir. Si la supersymétrie existe dans la nature, alors chaque particule élémentaire connue (quark, lepton, photon, gluon...) possède un superpartenaire (squark, slepton, photino, gluino,...). A un boson (respectivement un fermion), correspond un superpartenaire fermionique (respectivement bosonique). Aucune de ces particules supersymétriques n'a encore pu être détectée.*

indien Bose) qui possèdent un spin nul ou entier (toujours dans les mêmes unités) n'obéissent pas à ce principe : les photons et les particules W^+, W^- et Z° sont des bosons. De façon générale, les particules fondamentales constitutives de la matière sont des fermions, tandis que les messagers des diverses interactions, échangés entre ces particules, sont des bosons. La supersymétrie enferme ces deux classes de particules, tout à fait distinctes, dans un même schéma mathématique et offre ainsi une description unifiée de la matière et de ses interactions. Elle prévoit qu'à tous les bosons, correspondent des partenaires fermioniques : ainsi, aux photons, gluons, bosons W, bosons Z et aux gravitons, sont respectivement associés des fermions dénommés photinos, gluinos, winos, zinos et gravitinos ; de la même manière, les quarks et les leptons auraient des partenaires bosoniques, appelés squarks et sleptons (cf. fig. 8.1).

Certaines de ces particules, notamment les photinos et les gravitinos, ont été invoquées, comme nous l'avons déjà noté, pour constituer la « masse manquante » nécessaire à fermer l'Univers, mais aucune d'entre elles n'a encore jamais pu être observée. Les conséquences cosmologiques de l'existence de ces particules hypothétiques ont été récemment évaluées[2]. La méthode consiste à supposer ces particules présentes dans la soupe originelle, en équilibre avec les autres espèces, et à calculer ce que les propriétés qui leur sont attribuées impliquent pour l'évolution de l'Univers ; ceci constitue un test pour le modèle prévoyant leur existence. Cette contrainte de nature cosmologique a été appliquée à diverses particules supersymétriques, permettant ainsi d'établir des limites sur leur masse.

2. G. Gelmini, *Supersymmetry and the Early Universe*, dans *The Early Universe*, édité par W. G. Unruh et W. W. Semenoff, Reidel, Dordrecht, 1988, p. 115.

8.2. LA SUPERGRAVITÉ

La théorie de la **supergravité**[3] est la théorie supersymétrique qui propose une description quantique de la gravitation : elle constitue, aujourd'hui, une des voies les plus prometteuses vers cette théorie complètement unifiée, dont rêvent les physiciens, qui intégrerait la gravitation au même titre que les trois autres interactions fondamentales. La force de gravitation y agit par l'entremise, tout d'abord, comme en relativité générale, du graviton (boson de spin 2 et de masse nulle) mais aussi des particules fermioniques, partenaires supersymétriques du graviton, c'est-à-dire les gravitinos de spin 3/2, dont le nombre varie de 1 à 8, suivant le modèle considéré (voir fig. 8.1). D'un point de vue technique, la supergravité constitue un progrès par rapport à la relativité générale, en ce sens que les techniques propres à la théorie quantique des champs visant à éliminer les quantités infinies qui apparaissent très fréquemment lors du traitement quantique des champs classiques, se révèlent partiellement efficaces, dans le cas de la supergravité, alors qu'elles sont totalement inopérantes pour la théorie d'Einstein. Cependant, l'ensemble des particules dont l'existence est prévue dans les diverses versions de la supergravité ne paraît pas du tout compatible avec les particules observées dans la nature et aucune vérification expérimentale directe de cette théorie ne semble possible à l'heure actuelle.

3. La littérature traitant du concept de supergravité est déjà très vaste et extrêmement technique. Epinglons au niveau introductif : D. Z. Freedman et P. Van Nieuwenhuizen, Scientific American, *238*, février 1978, p. 126. B. Zumino, Courrier CERN, janvier/février 1983, p. 18. M. Mitchell Waldrop, Science, *220*, 1983, p. 493. B. Parker, *Search for a Supertheory : From Atoms to Superstrings*, Plenum Press, New York, 1987, Chapitre 13, p. 227. Parmi les ouvrages spécialisés, signalons tout particulièrement : J. Wess et J. Bagger, *Supersymmetry and Supergravity*, Princeton University Press, Princeton, 1983.

8.3. NOTRE UNIVERS POSSÉDAIT-IL À SES DÉBUTS PLUS DE TROIS DIMENSIONS SPATIALES ?

Dans le domaine cosmologique, la supergravité entraîne des conséquences inattendues d'un intérêt considérable. La formulation à la fois la plus élégante et la plus simple de cette théorie nécessite un espace à onze dimensions, ce qui, à première vue, paraît tout à fait artificiel et dépourvu de sens physique, puisque la dimension de l'espace-temps qui nous entoure n'est que de quatre. Cette idée de dimensions excédentaires par rapport aux dimensions directement observées n'est pas neuve : déjà, au début des années vingt, Kaluza et Klein[4] avaient suggéré qu'il pût exister à côté des trois dimensions spatiales et de la dimension temporelle qui nous sont familières, une cinquième dimension (de nature spatiale) invisible. La géométrie et la dynamique de cet espace à cinq dimensions sont supposées obéir aux mêmes équations que celles de la relativité générale, mais transcrites cette fois à une dimension supplémentaire ; cette théorie à cinq dimensions conduit à un résultat remarquable : elle contient, à la fois, la théorie de la gravitation d'Einstein et l'électromagnétisme de Maxwell. Cet espace à cinq dimensions a toujours, dans le passé, été considéré comme purement fictif, une curiosité mathématique ; aujourd'hui, la tendance est d'admettre qu'il est réel, la cinquième dimension ne nous étant pas perceptible pour des raisons physiques que nous allons tenter d'expliquer. Une petite analogie va nous permettre de comprendre pourquoi nous considérons notre Univers comme doté de quatre dimensions seulement. Si nous observons de très loin un mince tube cylindrique creux, il nous apparaîtra comme une ligne droite ; ce n'est que de très près que l'épaisseur du tube

4. T. Kaluza, Sitzungsberichte der köninglichen Preussischen Akademie der Wissenschaften zu Berlin, 1921, p. 966. O. Klein, Zeitschrift für Physik, *37*, 1926, p. 895.

nous sera perceptible. En particulier, une section transversale dc celui-ci, vue de loin, sera, pour nous, un point alors qu'en réalité, il s'agit d'un petit cercle : la nature tridimensionnelle du tube ne nous est donc pas perçue, tout simplement parce que le diamètre de sa section est très faible (cf. fig. 8.2). Ainsi, dans la théorie de Kaluza-Klein, chaque point de l'espace à trois dimensions à un instant donné serait, en réalité, un petit cercle se déroulant dans la dimension excédentaire, la cinquième dimension : nous ne pouvons pas l'observer parce que son diamètre est extrêmement petit, probablement de la taille de la longueur de Planck, c'est-à-dire vingt ordres de grandeur en dessous de celle du noyau atomique. En fait, l'existence de cette dimension excédentaire se manifeste, pour nous, par l'existence du phénomène physique, appelé champ électromagnétique.

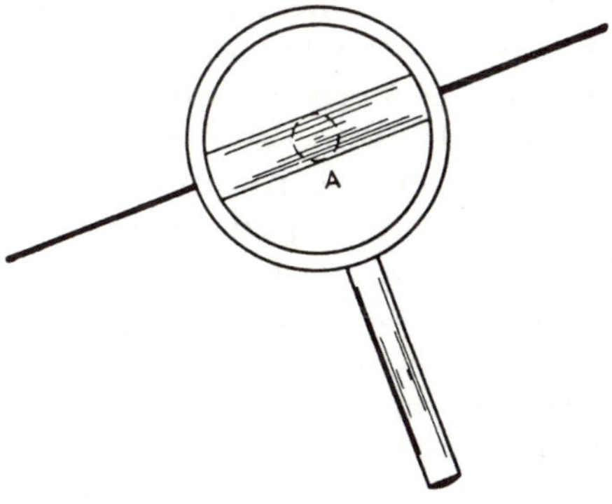

Fig. 8.2 : *Un tube mince cylindrique, vu de loin, nous apparaît comme une ligne droite ; ce n'est que de très près (ou à l'aide d'une loupe) que l'épaisseur du tube nous est perceptible. De plus près, un point A sur la ligne droite se révèle être un cercle, dont le rayon est celui du tube. L'idée de considérer tout point de notre espace à trois dimensions comme un petit cercle dans une hypothétique quatrième dimension spatiale de l'espace est à la base de la théorie de Kaluza-Klein, qui tente d'unifier les interactions gravitationnelle et électromagnétique.*

Revenant, à présent, au cas de la formulation de la supergravité dans un espace à onze dimensions, on est conduit, dans la lignée de l'interprétation précédente de la théorie de Kaluza-Klein, à accorder une existence réelle aux onze dimensions (une dimension de temps et dix d'espace), seules les quatre d'entre elles qui constituent notre Univers, pouvant être perçues [5]. La différence avec la théorie originelle de Kaluza-Klein est que, pour incorporer en plus de la force électromagnétique, les interactions faible et forte, il est nécessaire d'introduire sept dimensions excédentaires au lieu d'une seule.

Un scénario cosmologique d'un grand intérêt permet alors d'expliquer pourquoi l'Univers nous apparaît actuellement seulement quadridimensionnel. Au départ, l'Univers possédait réellement dix dimensions spatiales toutes équivalentes ; peu après, probablement dès la fin de l'ère quantique, par un processus physique mal connu — certains physiciens parlent d'un mécanisme classique spontané, d'autres font appel à des effets quantiques — trois de ces dimensions se mettent à croître pour atteindre aujourd'hui la taille de notre Univers, après une éventuelle phase inflationnaire ; les sept autres dimensions, par contre, s'enroulent en une sphère à sept dimensions, éventuellement déformée, de diamètre très faible — constant ou en tout cas très peu variable au cours du temps — de l'ordre de la longueur de Planck, et donc totalement inobservable (un mécanisme souvent appelé « compactification » (cf. fig. 8.3)). Des solutions cosmologiques de ce type des équations de la supergravité à onze dimensions ont été effectivement obtenues [6] ; cependant, d'une part, il s'agit de solutions particulières dérivées à partir d'hypothèses simplificatrices

5. D. Z. Freedman et P. Van Nieuwenhuizen, Scientific American, *252*, mars 1985, p. 62. B. Parker, *Search for a Supertheory : From Atoms to Superstrings*, op. cit., Chapitre 14, p. 237. P. Davies, « *Superforce : Recherches pour une théorie unifiée de l'Univers* », op. cit., Chapitre 10, p. 184.
6. P. G. O. Freund, Nuclear Physics, B 209, 1982, p. 146.

et, d'autre part, il existe d'autres solutions où la scission des dimensions spatiales observables et inobservables se fait d'une manière différente[7] (par exemple, 2 + 8, 5 + 5 au lieu de 3 + 7). Nul ne peut donc dire aujourd'hui si les solutions les plus générales seront de ce type et donc si l'on dispose là de l'explication ultime du nombre de dimensions de l'Univers. En tout cas, cette idée est séduisante et son examen mérite certainement d'être poursuivi.

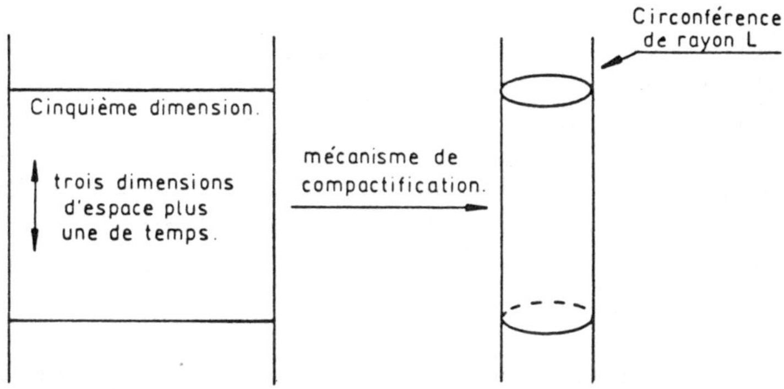

Fig. 8.3 : *Représentation symbolique du mécanisme de « compactification » de l'espace dans la théorie à cinq dimensions de Kaluza-Klein.*

Cet espace pentadimensionnel est représenté à gauche, avec trois dimensions en moins, la direction verticale étant associée aux quatre dimensions (trois d'espace plus une de temps) de notre Univers, tandis que la direction horizontale figure la cinquième dimension. Le mécanisme de « compactification » enroule sur elle-même cette cinquième dimension en un cercle très petit, de l'ordre de la longueur de rayon de Planck, communiquant ainsi à l'espace pentadimensionnel global (bidimensionnel sur la figure) une structure cylindrique.

7. J. Demaret, J.-L. Hanquin, M. Henneaux et P. Spindel, Nuclear Physics, B *252*, 1985, p. 538.

8.4. LA THÉORIE ULTIME : LES SUPERCORDES ?

Une nouvelle théorie de nature supersymétrique est née, il y a cinq ans : la théorie des « **supercordes** »[8]. Elle connaît un engouement extraordinaire, car certains y voient une possibilité de réalisation de la théorie quantique complètement unifiée des diverses interactions, tant attendue, constituant la clé ultime de la structure de la matière. Cette théorie est basée sur une remise en question totale d'une idée traditionnelle, considérée comme intuitive, à savoir que les particules élémentaires sont des objets ponctuels, sans forme et sans structure, différant les uns des autres par leurs propriétés intrinsèques, telles que la masse et la charge électrique ainsi que par les interactions qu'ils subissent. Les particules élémentaires (quarks, leptons, bosons) auraient toutes, selon les nouvelles conceptions des théoriciens, une

8. De l'abondante littérature traitant des « supercordes », nous extrayons un certain nombre d'articles introductifs, de niveau abordable : M. B. Green, Nature, *314*, 1985, p. 409. R. Walgate, La Recherche, *17*, 1986, p. 116. J. Ellis, Nature, *323*, 1986, p. 595. M. B. Green, Scientific American, *255*, septembre 1986, p. 44. J. H. Schwarz, Physics Today, novembre 1987, p. 33. B. Parker, *Search fo a Supertheory : From Atoms to Superstrings*, op. cit., Chapitre 15, p. 247.
Un recueil d'interviews des meilleurs spécialistes actuels de la physique des particules élémentaires, édité par P. C. W. Davies et J. Brown, sous le titre : *Superstrings, a Theory of Everything ?* (Cambridge University Press, Cambridge, 1988) permet de voir à quel point les supercordes fascinent la communauté scientifique; ainsi, certains physiciens ont abandonné d'importants travaux de recherche, dans lesquels ils étaient engagés depuis de longues années, pour se consacrer exclusivement à ce nouveau domaine. D'autres, cependant (notamment Feynman, décédé depuis) restent très sceptiques devant le concept de supercordes et sont très critiques vis-à-vis des partisans de cette nouvelle théorie, surtout lorsque ceux-ci y voient la théorie ultime du Tout.
D'autres critiques formulées sur un ton plus ironique ont vu le jour, notamment un petit pamphlet dû à N. Nakanishi, mathématicien à l'Université de Kyoto, et publié dans la revue japonaise Soryushiron Kenkyu (Recherches théoriques sur les particules élémentaires) : nous reproduisons, dans l'encadré ci-après, un extrait de sa traduction (cf. Courrier CERN, juillet/août 1986, p. 24).

LE SYNDROME DE LA SUPERCORDE *

Une épidémie s'est récemment déclarée dans les rangs des théoriciens des particules élémentaires (sic) ; elle a pour nom syndrôme de la supercorde et se manifeste par les symptômes de Kaluza-Klein. L'agent pathogène est, dit-on, d'une taille bien plus petite que tous les virus connus et a la forme d'une boucle ou d'une corde. D'après les constatations, les personnes jeunes et dynamiques sont les plus exposées. En règle générale, la contagion se fait par voie orale, mais comme elle se propage de temps à autre par l'œil, des précautions particulières doivent être prises.

Déjà, il y a plus de dix ans, cette maladie avait pris les proportions d'une épidémie, mais ses ravages avaient été alors très limités car les symptômes de Kaluza-Klein ne lui étaient pas associés [...] Or, l'épidémie qui déferle actuellement est beaucoup plus grave. [...] Les personnes qu'afflige ce mal croient à un miracle. Pas un miracle comparativement mineur comme celui du partage de la Mer Rouge relaté dans le livre de l'Exode, mais un Grand Miracle dans lequel un espace-temps à dix dimensions se divise en un espace-temps à quatre dimensions et un espace à six dimensions. La formule magique de « Calabi-Yau » permet apparemment aux malades de voir clairement les structures variées de l'espace à six dimensions.

Autre trouble : les malades ne sont pas conscients de leur état, jugeant les symptômes de Kaluza-Klein comme normaux et ignorant le caractère quadridimensionnel du monde réel. Un possible désastre est à craindre si un antidote n'est pas bientôt découvert.

* Cf. note 8.

forme allongée et seraient infiniment minces, ressemblant donc à des ficelles, d'où leur nom de « supercordes » (à ne pas confondre avec les « cordes » cosmiques, dont les conséquences cosmologiques ont déjà été évoquées précédemment) : leur longueur serait de l'ordre de la longueur de Planck, c'est-à-dire 10^{-33} cm. Comme l'ont montré Green et Schwarz[9], un des grands succès de cette théorie est l'absence totale des quantités infinies qui compliquent habituellement le traitement quantique des divers champs physiques. Ces « supercordes » sont, de plus, élastiques ; elles peuvent être, soit ouvertes, soit fermées, et peuvent interagir entre elles par cassure et collage (voir fig. 8.4). Il n'y a, non plus, dans le cadre de cette théorie, aucune différence entre les fermions, constituants de la matière, et les bosons, vecteurs des diverses interactions. Contrairement aux autres théories unifiées, celle-ci ne fait intervenir qu'un seul paramètre : la tension des « supercordes ». Elle requiert, par contre, l'existence de 496 bosons, alors que 12 seulement sont connus actuellement des physiciens ! Ce n'est, en fait, que pour des énergies de collisions extrêmes de l'ordre de l'énergie de Planck (10^{19} Gev), c'est-à-dire plus de 10^{16} fois supérieures à celles atteintes dans les accélérateurs les plus puissants que l'on pourrait observer directement les « supercordes ». Si l'on connaissait le comportement de ces dernières à basse énergie, peut-être serait-il possible de tester la théorie sous-jacente dans les grands accélérateurs ; actuellement, cependant, aucune prédiction expérimentalement vérifiable n'a encore pu être dégagée.

La théorie des « supercordes » est formulée dans un espace à dix dimensions (dont neuf spatiales) que l'on peut considérer, comme dans le cas de la supergravité, comme réel ; notre Univers quadridimensionnel en expansion pourrait alors prendre naissance, suivant le mécanisme expliqué

9. M. B. Green, J. H. Schwarz et E. Witten, *Superstring Theory*, volumes 1 et 2, Cambridge University Press, Cambridge, 1987.

précédemment, impliquant ici la compactification des six dimensions spatiales qui restent aujourd'hui inobservables en un espace qui pourrait être d'un type mathématique particulier, dit de « Calabi-Yau ».

Cette théorie prédit aussi l'existence possible d'un nouveau type de matière, appelée matière « fantôme »[10], qui a la propriété de n'interagir que gravitationnellement avec la matière ordinaire ; certains astrophysiciens ont émis l'hypothèse que cette matière « fantôme » pourrait contribuer, de manière appréciable, à la masse « manquante » de l'Univers.

Il est aussi possible — version renouvelée de l'atome primitif de Lemaître ? — que l'Univers primordial soit apparu sous la forme d'une « supercorde » unique emplissant tout l'espace[11].

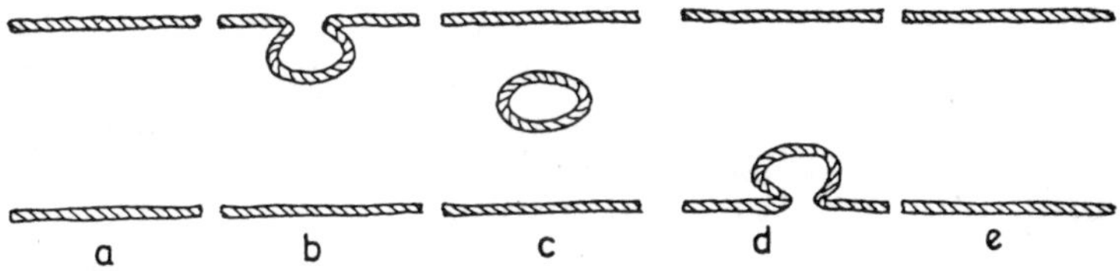

Fig. 8.4 : *Traditionnellement, l'interaction entre deux particules est décrite par l'échange de particules médiatrices : par exemple, deux électrons échangent un photon (cf. Chapitre IV). Dans les théories des supercordes, ce sont, en fait, des « bouts de cordes » qui sont échangés : ceux-ci peuvent être fermés, comme dans le cas de l'interaction gravitationnelle explicitement considéré sur cette figure, ou ouverts. L'interaction entre les deux particules est alors décrite en termes de cassure et collage. (Figure adaptée de l'article de R. Walgate, op. cit.).*

10. E. W. Kolb, D. Seckel et M. S. Turner, Nature, *314*, 1985, p. 415.
11. Y. Aharonov, F. Englert et J. Orloff, Physics Letters, *199* B, 1987, p. 366. F. Englert, J. Orloff et T. Piran, Physics Letters, *212* B, 1988, p. 423.

Les spécialistes estiment cependant que plusieurs années, voire plusieurs décades, seront nécessaires avant de pouvoir dominer cette théorie extrêmement complexe des « supercordes » et de pouvoir préciser le rôle que ces objets ont pu jouer dans la genèse des particules élémentaires de notre Univers.

Le lecteur doit certainement ressentir un certain malaise devant cette accumulation de nouvelles hypothèses théoriques, issues pour la plupart de la physique des hautes énergies. C'est ainsi que le vocabulaire de la cosmologie s'est récemment enrichi d'un grand nombre de nouveaux termes : inflation, grande unification, théories à la « Kaluza-Klein », dimensions excédentaires, compactification spontanée, « supercordes », font partie du langage du cosmologiste d'aujourd'hui. Tous ces concepts offrent des perspectives tout à fait fascinantes quant à la résolution des grandes énigmes cosmologiques et continuent à soulever énormément de passion dans le monde de la physique. Il n'empêche que toutes ces théories restent toujours extrêmement spéculatives : croire qu'elles détiennent l'explication ultime de la structure géométrique et du contenu matériel de l'Univers actuel relève encore d'un pur acte de foi, car aucune confirmation expérimentale n'a encore jamais pu étayer une seule d'entre elles.

TROISIÈME PARTIE

UN AUTRE REGARD SUR L'UNIVERS : LE PRINCIPE ANTHROPIQUE

CHAPITRE IX

L'EXISTENCE HUMAINE, FACTEUR EXPLICATIF ULTIME DE L'UNIVERS ?

9.1. LA NATURE DE L'EXPLICATION EN COSMOLOGIE

Le moment nous paraît opportun de nous interroger sur la nature de l'explication théorique qui peut exister en cosmologie, vu le statut tout à fait particulier de cette discipline. L'Univers étant un phénomène unique — du moins de notre point de vue d'observateurs terrestres — donc, non reproductible et imprévisible, il sort, en quelque sorte, du domaine de la compétence de la physique, qui est l'étude de l'ordre dans les phénomènes reproductibles : nous n'avons, en effet, qu'un Univers à notre disposition et nous ne pouvons pas affirmer qu'un Univers typique doit être semblable au nôtre. (L'hypothèse selon laquelle l'Univers qui nous est accessible par l'observation n'est pas unique mais, qu'au contraire, il existe une infinité d'autres « mini-univers » possédant des propriétés éventuellement différentes du nôtre est discutée au § 10.2).

La cosmologie relativiste permet d'étudier scientifiquement la naissance éventuelle de l'Univers et son évolution, mais des questions telles que : « Pourquoi l'Univers existe-t-il ? », « Pourquoi est-il tel qu'il est ? » ressortissent au domaine de la métaphysique (métacosmologie ?). La cosmologie scientifique se rattache d'ailleurs aussi, dans ses fondements mêmes, à la métaphysique ; en effet, comme nous l'avons déjà fait remarquer, il semble impossible de construire un modèle d'Univers sans imposer un certain nombre d'hypothèses complètement invérifiables : par exemple, la supposition implicite que les lois de la physique ont toujours été et seront toujours partout les mêmes que celles que nous observons aujourd'hui. Tout ce que nous pouvons alors demander à un modèle cosmologique, c'est d'être **compatible avec l'ensemble des données d'observation** et d'être **cohérent.** La physique ne permet d'ailleurs pas d'affirmer qu'un tel modèle soit unique et elle n'offre aucun critère de choix parmi les divers modèles cohérents possibles. Il en va d'ailleurs de même pour une éventuelle ultime théorie unifiée, dont nous venons d'évoquer quelques voies d'approche prometteuses, et qui engloberait donc dans sa description l'Univers et ses propriétés ainsi que les composants microscopiques fondamentaux et leurs interactions. Un tel schéma unificateur constituerait une description physique — mais non, une explication physique — de la totalité du réel : une authentique explication physique ne peut véritablement exister qu'entre éléments du tout, un de ceux-ci étant utilisé pour en expliquer un autre.

9.2. LE PREMIER ARGUMENT COSMOLOGIQUE DE TYPE ANTHROPIQUE

Ainsi, à côté des théories unifiées, il existe une autre possibilité, tout aussi valable a priori, d'analyser la totalité de la réalité physique, c'est de baser le processus explicatif sur un élément irréfutable de celle-ci, à savoir notre présence dans l'Univers en tant qu'êtres vivants. Il s'agit là, peut-être, du fait le plus fondamental de la réalité, puisque pour chacun d'entre nous, sa propre existence paraît constituer le phénomène physique le plus solidement fondé. Une explication cohérente des caractéristiques de l'Univers, basée sur ce fait, est, dès lors, certainement légitime : elle est connue sous le nom de **Principe Anthropique** et certains n'hésitent d'ailleurs pas à considérer ce principe comme ce que nous pourrons jamais voir de plus proche d'une explication ultime de l'Univers [1] (voir Annexe 1, fin du ch. X).

Le premier argument de type anthropique qui a réellement inspiré les réflexions ultérieures de cosmologistes sur ce thème est dû à Dicke [2]. Celui-ci a essayé, en 1961, d'apporter une réponse aux questions que l'homme a souvent été amené à se poser sur sa place dans cet immense Univers. En effet, la disproportion qui existe entre l'échelle humaine et l'échelle cosmique est tout à fait vertigineuse : on peut l'évaluer à un facteur impressionnant, de l'ordre de 10^{25}, ce qui a souvent conduit l'homme à considérer son existence comme insignifiante, accidentelle, voire absurde. Pourquoi, en fait, l'Univers est-il aussi vaste ? N'aurait-il pas pu se borner à n'être, par exemple, pas plus grand que notre système solaire ou, tout au plus, que notre galaxie ? Pourquoi ce nombre impressionnant — au moins cent milliards — de systèmes galactiques qui peuplent l'Univers ? La réponse de Dicke est que c'est notre présence dans l'Univers en tant qu'êtres vivants qui conditionne les dimensions de celui-ci. Elle est basée sur le raisonnement suivant : l'Univers doit certainement être assez vieux pour que nous ayons eu le temps d'apparaître. Or, on admet que la vie, telle que nous la connaissons, n'a pu se développer qu'à partir de molécules organiques formées d'atomes suffisamment lourds (le carbone, dans le cas de la vie terrestre). L'astrophysique nucléaire nous a appris, d'autre part, dès les années cinquante, que les noyaux lourds n'ont pu être synthétisés qu'à des températures suffisamment élevées, qui n'ont pu être atteintes qu'au cœur des étoiles au cours des phases avancées de leur évolution. S'il existe des êtres vivants, donc si nous existons, c'est que l'âge de l'Univers est au moins égal à la durée de vie d'une étoile typique sur la séquence principale, qui est de l'ordre de dix milliards

1. J. Rosen, American Journal of Physics, *53*, 1985, p. 335.
2. R. H. Dicke, Nature, *192*, 1961, p. 440.

d'années. Les équations de la cosmologie relativiste imposent alors que l'Univers ait une taille proche de celle de l'Univers observable aujourd'hui. Un modèle d'Univers qui n'aurait que la masse d'une galaxie devrait très vite s'effondrer vers une singularité finale, probablement après quelques jours de vie seulement, ce qui est manifestement insuffisant pour qu'aient pu apparaître étoiles et planètes susceptibles d'abriter des êtres vivants. Du même coup, Dicke offrait une explication de cette mystérieuse coïncidence entre grands nombres[3] construits à partir des constantes fondamentales de la physique ainsi que de paramètres cosmologiques, coïncidence déjà relevée au cours des années vingt par Eddington (cf. Annexe en fin de Chapitre). Pour Dicke, cette coïncidence serait caractéristique de tout Univers abritant des observateurs et susceptible d'être étudié par eux.

9.3. LA FORMULATION DE CARTER DES PRINCIPES ANTHROPIQUES FAIBLE ET FORT

Une dizaine d'années plus tard, l'astrophysicien Carter[4] devait reprendre et approfondir les idées de Dicke : il les

3. Les premières discussions des coïncidences entre grands nombres sont dues à : H. Weyl, Annalen der Physik, *59*, 1919, p. 101. A. S. Eddington, *The Nature of the Physical World*, Cambridge University Press, Cambridge, 1929. A. S. Eddington, *Fundamental Theory*, Cambridge University Press, Cambridge, 1946. J. Q. Stewart, Physical Review, *38*, 1931, p. 2071. P. A. M. Dirac, Nature, *139*, 1937, p. 23 ; Proceedings of the Royal Society of London, A *165*, 1938, p. 199 ; Proceedings of the Royal Society of London, A *338*, 1974, p. 439.

L'article suivant fait le point sur les diverses tentatives d'explication des coïncidences entre grands nombres : E. R. Harrison, Physics Today, décembre 1972, p. 30.

4. B. Carter, *The Significance of Numerical Coincidences in Nature*, preprint non publié, Université de Cambridge, 1967. B. Carter, *Large Number Coincidences and the Anthropic Principle in Cosmology*, dans : *Confrontation of Cosmological Theories with Observational Data*, Symposium IAU n° 63, édité par M. S. Longair, Reidel, Dordrecht, 1974, p. 291. Il existe, à présent, une littérature abondante sur le Principe Anthropique. Au

codifiait en un postulat auquel il donnait le nom de **Principe Anthropique** et qu'il énonçait sous deux formes différentes.

Selon la **forme faible** de ce principe, la présence d'observateurs dans l'Univers impose des contraintes sur la position temporelle de ceux-ci, ainsi que sur les variables cosmologiques telles que la taille et la densité de l'Univers. L'argument de Dicke relève manifestement de cette forme faible du Principe Anthropique.

La **forme forte** du Principe Anthropique est plus générale et plus spéculative : elle stipule que l'existence d'observateurs dans l'Univers impose des contraintes sur l'ensemble des caractéristiques de celui-ci, y compris les valeurs des paramètres fondamentaux de la physique qui le caractérise. Autrement dit, les lois et les constantes de la nature doivent être telles que la vie puisse exister à un certain moment, donc l'**Univers doit être adapté à l'apparition d'observateurs.**

Ainsi, la structure de notre Univers serait, au niveau fondamental, régie par le Principe Anthropique : l'Univers est tel qu'il est parce que nous existons ; il appartient à une

---

niveau introductif, mentionnons : J. A. Wheeler, American Scientist, *62,* 1974, p. 683. V. Trimble, American Scientist, *65,* 1977, p. 76. P. C. W. Davies, *Other Worlds,* J. M. Dent, Londres, 1980. G. Gale, Pour la Science, février 1982, p. 46. J. D. Barrow, F. J. Tipler et M. O. Monchicourt, *L'homme et le Cosmos,* Edition Imago, France-Culture, 1984. H. Reeves, *L'heure de s'enivrer,* Le Seuil, Paris, 1986. J. Demaret, *Le Principe Anthropique,* dans le volume : *Aux Confins de l'Univers : Faut-il croire au Big Bang ?,* op. cit., p. 327. J. Demaret, *Le Principe Cosmologique Anthropique,* Revue des Questions Scientifiques, *159,* 1988, p. 109. J. D. Barrow, *The World within the World,* Clarendon Press, Oxford, 1988, Chapitre VII. J. Gribbin et M. Rees, *Cosmic Coincidences,* Bantam Books, New York, 1989.

A un niveau plus avancé, signalons : J. Demaret et C. Barbier, *Le Principe Anthropique en cosmologie,* Revue des Questions Scientifiques, *152,* 1981, p. 181 ; *152,* 1981, p. 461. P. C. W. Davies, *The Accidental Universe,* Cambridge University Press, Cambridge, 1982. J. D. Barrow et F. J. Tipler, *The Cosmological Anthropic Principle,* Clarendon Press, Oxford, 1986. F. Bertola et U. Curi, *The Anthropic Principle,* Proceedings of the Second Venice Conference on Cosmology and Philosophy, Novembre 1988, Cambridge University Press, Cambridge, 1989. J. Leslie, *Universes,* Routledge, Londres, 1989.

classe de modèles capables d'abriter des êtres vivants et d'être étudié par eux. Cette manière de concevoir l'explication de notre Univers est, comme nous l'avons déjà souligné, manifestement radicalement différente de celle qui caractérise la méthode scientifique traditionnelle, mais tout aussi légitime, cependant. Un bel exemple d'argument de type anthropique fort invoqué pour justifier une caractéristique fondamentale de l'Univers est l'explication de l'isotropie de ce dernier, avancée par Collins et Hawking[5] (cf. § 6.3) : ce ne serait que dans les univers susceptibles de devenir isotropes au cours de leur évolution que les galaxies, donc les étoiles et les planètes pourraient se former. Dans le cadre de l'argumentation anthropique, c'est donc le fait de notre existence qui a conditionné l'isotropie de l'Univers.

9.4. L'EXTRAORDINAIRE AJUSTEMENT DES PARAMÈTRES DE L'UNIVERS

Le Principe Anthropique, dans sa version forte, est potentiellement riche d'une série d'implications cosmologiques et physiques, dérivées par Carter et d'autres[4,6]. Ainsi, par le biais de notre existence, il paraît possible de justifier (sinon d'expliquer, au sens traditionnel du terme, c'est-à-dire en se référant à une chaîne causale de processus physiques) l'isotropie et l'homogénéité spatiale de l'Univers, ainsi que les valeurs des constantes fondamentales des théories physiques, pour lesquelles il n'existe pas encore d'explication satisfaisante. Des scénarios fictifs ont été étudiés, les valeurs des constantes physiques étant modifiées, ainsi que les propriétés géométriques et physiques de l'Univers, telles que son isotropie, son entropie, sa masse totale et même le nombre de dimensions de l'espace. Les résultats repris dans les Tableaux 9.1 et 9.2 sont étonnants : ils montrent que des

5. C. B. Collins et J. W. Hawking, op. cit. (ch. VI).
6. B. J. Carr et M. J. Rees, Nature, *278*, 1979, p. 605

TABLEAU 9.1 : CONSEQUENCES ANTHROPIQUES DE MODIFICATIONS DES CONSTANTES FONDAMENTALES

INTERACTION	DIMINUTION DE LA CONSTANTE DE COUPLAGE	AUGMENTATION DE LA CONSTANTE DE COUPLAGE
Forte	- Pas d'autres noyaux que l'hydrogène. - Pas d'étoiles, pas de carbone	- Formation de noyaux lourds; pas de carbone.
Electromagnétique	- Pas de liaison chimique possible, donc pas de molécules organiques complexes	- Peu de réactions chimiques possibles
Faible	- Univers contenant uniquement de l'hélium; pas d'eau - Pas de cycles de réactions nucléaires de combustion de l'hydrogène. - Pas de supernovae	- Pas de supernovae, donc pas d'éjection d'éléments lourds, nécessaires à la génération des êtres vivants
Gravitationnelle	- Pas d'amorçage des réactions thermonucléaires au sein de nuages interstellaires en contraction - Pas de supernovae.	- Durée de vie des étoiles très courte; pas de planètes

écarts parfois minimes aux propriétés de notre Univers sont suffisants pour que ne soient plus réunies les conditions nécessaires à la genèse de la vie, et notamment à la formation de carbone. N'importe quel cadre cosmologique et n'importe quelle physique, plus précisément n'importe quelle combinaison des constantes de couplage des interactions fondamentales, ne permettent donc pas l'apparition ni le développement d'êtres vivants ; il n'est certainement ni évident ni naturel que l'Univers soit tel qu'il est. Ces réflexions débouchent en quelque sorte, sur un principe de « biosélection » des caractéristiques de l'Univers, qui ne peut être mieux formulé qu'en ces termes de Dyson[7] : « Lorsque nous regardons l'Univers et identifions les multiples accidents de la physique et de l'astronomie qui ont travaillé de concert à notre profit, tout semble s'être passé comme si l'Univers devait, en quelque sorte, savoir que nous avions à apparaître ». Ce caractère extrêmement particulier de notre Univers était déjà apparu de manière évidente au travers des exemples quantitatifs que nous avons donnés précédemment.

Parmi les divers arguments de caractère anthropique, celui discuté par Hoyle[8], il y a une trentaine d'années déjà, est particulièrement convaincant : il concerne la possibilité de formation du carbone dans l'Univers. Celui-ci ne peut être fabriqué que dans des étoiles suffisamment évoluées qui brûlent leur hélium à une température de l'ordre de 100 millions de degrés : la quantité de carbone ainsi formée dépend de manière extrêmement sensible du schéma des niveaux nucléaires du carbone et donc de la constante de couplage des interactions fortes. Si celle-ci était un tout petit peu différente, il n'existerait pas de quantité appréciable de carbone dans l'Univers et, apparemment, pas de possibilité de genèse d'êtres vivants.

7. F. J. Dyson, Scientific American, *225*, septembre 1971, p. 51.
8. F. Hoyle, The Astrophysical Journal Supplement Series, *1*, 1954, p. 121. F. Hoyle, *Galaxies, noyaux et quasars*, Buchet-Chastel, Paris, 1966.

TABLEAU 9.2 : CONSEQUENCES ANTHROPIQUES DE MODIFICATIONS DES PROPRIETES DE NOTRE UNIVERS

PROPRIETE DE L'UNIVERS	CONSEQUENCES DE MODIFICATIONS DE CETTE PROPRIETE
Courbure de l'Univers, reliée au rapport de la densité actuelle de l'Univers à la densité critique	- Si courbure plus élevée (positive) : effondrement de l'Univers trop rapide pour que les étoiles aient le temps de fournir du carbone. - Si courbure plus faible (négative) : pas de formation de galaxies.
Isotropie de l'Univers	- Difficulté de formation de galaxies dans des Univers anisotropes (sauf ceux initialement proches des modèles isotropes FLRW de géométrie spatiale euclidienne et justement susceptibles de devenir isotropes au cours de leur évolution).
Masse totale de l'Univers, supposé fermé	- Une réduction considérable de la masse d'un Univers fermé conduirait à une durée du cycle expansion-contraction, beaucoup trop courte pour que des étoiles, des éléments lourds et des planètes puissent se former et donc que la vie puisse apparaître.
Nombre de dimensions de l'espace, n	- Si $n < 3$, difficulté d'imaginer l'existence d'organismes complexes avec des systèmes nerveux suffisamment développés. - Si $n > 3$, pas d'orbites planétaires, ni d'atomes stables.
Identité des particules de même type	Si les particules de même type n'étaient pas identiques, le principe d'exclusion de Pauli ne s'appliquerait pas et les noyaux constitutifs des êtres vivants seraient altérés, voire n'existeraient pas.
Existence même de particules élémentaires	Comment la vie pourrait-elle exister sans particules?

A la même époque, Whitrow[9] avait déjà avancé un argument intéressant en faveur de l'existence de trois dimensions spatiales dans notre Univers : si ce nombre était inférieur à trois, il serait difficile d'imaginer l'existence d'organismes complexes avec des systèmes nerveux suffisamment développés ; d'autre part, s'il était supérieur à trois, il n'existerait pas d'orbites planétaires ni d'atomes stables, ce qui empêcherait évidemment l'existence d'organismes vivants. Il s'agissait là manifestement d'un argument anthropique avant la lettre.

Quant aux cosmologistes russes qui ont aussi fait appel au Principe Anthropique dans leurs travaux, ils en revendiquent la paternité : l'astronome soviétique, Idlis[10], avait, en fait, montré en 1959 que certaines conditions astronomiques particulières devaient être vérifiées pour qu'un Univers soit habitable. Quoi qu'il en soit de l'histoire exacte de la genèse des idées anthropiques, le travail d'Idlis, publié dans une obscure revue russe, a été complètement oublié et n'a certainement joué aucun rôle dans les développements récents en ce domaine.

9. G. J. Whitrow, British Journal for the Philosophy of Science, *6*, 1955, p. 13. La plupart des travaux consacrés à l'explication de la dimension de l'espace sont discutés dans l'ouvrage suivant : M. Jammer, *Concepts of Space*, 2e édition, Harvard University Press, Cambridge, 1969.

10. G. M. Idlis, Akad. Nauk Kazakhskoi Izvestiya Astrofizicheskogo Instituta, *7*, 1958, p. 39.

CHAPITRE IX

ANNEXE

LES GRANDS NOMBRES EN COSMOLOGIE

Les grands nombres sont des expressions sans dimension construites à partir des constantes fondamentales de la physique et de quantités d'importance cosmologique, et qui doivent leur nom à leur valeur numérique très élevée. Ainsi, on peut former les trois grands nombres suivants :

$$\text{a)}\ N_1 = \frac{\hbar c}{G m_p^2} = \frac{1}{\alpha_G} \sim 10^{39}$$

$$\text{b)}\ N_2 = \frac{c/H_o}{\hbar / m_p c} \sim 10^{40}$$

où H_o est la valeur actuelle de la constante de Hubble, $c/H_o = R_o$, la taille de l'Univers observable aujourd'hui ($\sim 1{,}5 \times 10^{10}$ années-lumière), et $\frac{\hbar}{m_p c}$, la taille du proton, de l'ordre de 10^{-13} cm,

$$\text{c)}\ N_3 = \frac{M_u}{m_p} \sim \frac{(4n/3)\, \rho_o R_o^3}{m_p} \sim 10^{80}$$

N_3, appelé nombre d'Eddington, est le rapport de la masse de l'Univers observable actuellement, M_U (ρ_o étant la densité moyenne actuelle de l'Univers), à la masse du proton, c'est-à-dire le nombre de protons présents dans l'Univers observable.

On constate des coïncidences tout à fait étonnantes entre ces grands nombres :

$$N_1 \sim N_2$$
$$N_3 \sim N_1^2 \sim N_2^2$$

Nombre d'hypothèses plus ou moins sérieuses ont été avancées pour expliquer ces coïncidences.

a) Eddington, dans sa « Théorie fondamentale » — aujourd'hui, bien dépassée — tente de calculer le nombre total de nucléons dans l'Univers, pour lequel il trouve : $\frac{3}{2} \times 136 \times 2^{256} \sim 2{,}4 \times 10^{79}$ (« Je crois qu'il existe : 15. 747. 724. 136. 275. 002. 577. 605. 653. 961. 181. 555. 468. 044. 717. 914. 527. 116. 709. 366. 231. 425. 076. 185. 631. 031. 296. protons dans l'Univers et le même nombre d'électrons »).

b) Dirac, en 1937, postule que tous les grands nombres sans dimension construits à partir des constantes fondamentales de la physique sont, à toute époque, connectés par des relations dans lesquelles les coefficients sont de l'ordre de l'unité et qu'en plus, ces grands nombres varient au cours du temps. Ainsi, N_2, suite à l'expansion de l'Univers, croît au cours du temps, ce qui implique, via la relation $N_1 \sim N_2$, que G, la constante de la gravitation newtonienne, varie comme l'inverse du temps cosmique, donc décroisse. Cette conséquence paraît difficilement conciliable avec les observations astrophysiques et cosmologiques actuelles : la limite supérieure tolérée du taux de variation relatif de G n'est, en effet, que de 10^{-11} par an.

c) L'explication de type **anthropique** de la coïncidence $N_1 \sim N_2$ est due à Dicke : cette coïncidence n'aurait pas lieu à n'importe quelle époque de l'évolution de l'Univers, mais seulement lorsque sont réunies les conditions physiques nécessaires à notre existence ; elle apparaîtrait ainsi comme une conséquence de la présence d'êtres vivants dans l'Univers et serait alors caractéristique de tout Univers abritant des observateurs et susceptible d'être étudié par eux.

Le raisonnement anthropique de Dicke permet, en effet, d'identifier l'âge actuel de l'Univers, $t_o \sim \frac{1}{H_o}$, à la durée de vie moyenne d'une étoile, c'est-à-dire : $\alpha_G^{-1} \frac{\hbar}{m_p c^2}$, ce qui implique $N_1 \sim N_2$.

La seconde coïncidence $N_3 \sim N_1^2 \sim N_2^2$ relève aussi d'une explication de type anthropique, comme l'a montré Carter. L'argument de base est que la formation de galaxies ne paraît possible — du moins, selon les vues traditionnelles en la matière — que dans un Univers de structure très proche d'un Univers spatialement plat (de type Einstein-de Sitter) ; l'équation fondamentale de la cosmologie relativiste débouche alors sur une relation exprimant la seconde coïncidence entre grands nombres.

CHAPITRE X

QUELLE INTERPRÉTATION ET QUEL STATUT POUR LE PRINCIPE ANTHROPIQUE?

Si la version faible du Principe Anthropique ne devrait susciter aucune critique, puisqu'elle n'est que la formulation explicite du fait indéniable qu'il existe un certain nombre de conditions auxquelles doivent nécessairement satisfaire les variables cosmologiques pour que puissent exister des observateurs, il n'en va pas de même du Principe Anthropique fort, vu sa nature essentiellement conjecturale.

Diverses interprétations du Principe Anthropique fort sont possibles et, comme le montrent les citations reprises dans l'Annexe 1 (fin du Chapitre), son statut est diversement apprécié : pour certains, qui le considèrent comme un principe fondamental régissant la structure de l'Univers, c'est l'assentiment total ; d'autres, par contre, le rejettent de manière inconditionnelle car ils n'y voient qu'une résurgence d'idées anthropocentriques et téléologiques auxquelles ils sont hostiles.

10.1. UNE INTERPRÉTATION TÉLÉOLOGIQUE DU PRINCIPE ANTHROPIQUE

L'interprétation la plus immédiate du Principe Anthropique fort se rattache à la vision téléologique de la théologie classique : les conditions initiales ayant conduit à notre

Univers, considéré comme unique, auraient été choisies par un Créateur distinct de l'Univers matériel en vue de l'accomplissement d'un projet, la création d'êtres humains. C'est là une position qui a été soutenue évidemment par les théologiens des siècles passés qui se sont préoccupés des problèmes de philosophie naturelle. Certains scientifiques, dans le courant de ce siècle, ont cependant aussi émis des idées manifestement téléologiques : ainsi, Hoyle[1] déclarait à propos du processus de synthèse stellaire du carbone qu'il avait découvert : « Je ne crois pas qu'un seul scientifique qui examine les réactions nucléaires de fabrication du carbone à l'intérieur des étoiles, ne soit pas conduit à la conclusion que les lois de la physique ont été délibérément choisies en vue des conséquences qu'elles entraînent à l'intérieur des étoiles. Si ce n'est pas le cas, nous sommes de nouveau ramenés à une monstrueuse séquence d'accidents ». Une telle interprétation de nature téléologique (et a fortiori si, en plus, elle est théologique) ne paraît évidemment pas pouvoir être vérifiée ou éliminée sur la base d'expériences physiques.

En fait, les idées finalistes ont toujours constitué un des grands thèmes de la réflexion humaine. Que l'on pense notamment à Aristote[2], pour qui le sens ultime des choses doit se rechercher dans leur « fin » plutôt que dans leur configuration actuelle; que l'on pense à Leibniz[3] et à Maupertuis[4], pour qui notre Univers est « le meilleur parmi les Mondes possibles ».

On doit, semble-t-il, les premiers arguments scientifiques de type anthropique au philosophe britannique Paley qui, dans son ouvrage : « Natural Theology », publié en 1802, justifie la nécessité de la forme observée de la loi de la gravitation newtonienne sur la base de la stabilité des

1. F. Hoyle, dans : *Religion and the Scientists,* SCM, Londres, 1959.
2. Aristote, *La Métaphysique,* 2 volumes traduits par Jean Tricot, Vrin, Paris, 1974.
3. G. W. Leibniz, *Discours métaphysique,* Vrin, Paris, 1974.
4. P. L. M. Maupertuis, *Essai de cosmologie,* 1751, dans : *Œuvres,* volume 4, Lyon, 1768.

orbites planétaires que cette loi implique, condition nécessaire pour l'existence d'êtres humains.

Du côté des biologistes, les arguments de type finaliste n'ont pas manqué, surtout avant Darwin. Progressivement, s'est imposée l'idée que l'apparition d'êtres vivants et intelligents n'avait été possible que grâce à un certain nombre de propriétés physico-chimiques tout à fait particulières des quelques éléments fondamentaux à la base de l'architecture des organismes vivants, c'est-à-dire essentiellement, l'hydrogène, le carbone et l'oxygène. C'est la thèse centrale de l'ouvrage du biochimiste Henderson : « The fitness of environment », publié en 1913 : « On perçoit aujourd'hui que les propriétés de la matière et le déroulement de l'évolution cosmique sont intimement reliés à la structure des êtres vivants et à leurs activités. »

Cette idée éminemment téléologique de préparation de l'Univers physique pour la genèse de la vie et de la pensée imprègne toute l'œuvre du philosophe Maurice Blondel : « La pensée ne naît et ne se développe que grâce au concours effectif de cette nature qui, même sous son aspect matériel, est non seulement pénétrée d'intelligence mais qui prépare les instruments de la pensée »[5].

10.2. VARIATIONS SUR LE THÈME DES UNIVERS MULTIPLES

Autres tentatives d'interprétation du Principe Anthropique visant, d'une part, à porter au rang d'explication authentique, au sens traditionnel du terme, ce qui pouvait n'être vu que comme une justification anthropique post hoc, et, d'autre part, à trouver un substitut scientifique à l'explication téléologique du caractère particulier de notre Univers, ce sont celles qui font appel à la notion d'ensemble d'univers.

5. M. Blondel, *La Pensée,* inédit, dictée Isambert, 1927, cité par : C. Tresmontant, *Introduction à la métaphysique de Maurice Blondel,* Editions du Seuil, Paris, 1963, p. 63.

L'hypothèse de l'existence d'univers multiples est certainement ancienne : déjà, en 1277, l'évêque de Paris, Etienne Tempier, avait proclamé solennellement qu'il pouvait exister plusieurs « Mondes »[6].

Aujourd'hui, les univers multiples ou « parallèles » constituent un des thèmes majeurs de la science-fiction[7]; il semble cependant que le premier à avoir considéré cette possibilité dans un contexte scientifique — précisément, en 1965 — soit le biologiste anglais Pantin[8].

C'est à Carter[9], cependant, que l'on doit l'introduction de l'hypothèse des univers multiples en cosmologie. Carter a imaginé qu'il existe réellement non pas un, mais un très grand nombre, voire une infinité d'univers différents, séparés, qui réalisent l'ensemble des combinaisons des propriétés géométriques et physiques possibles : les seuls univers où pourrait apparaître la vie seraient alors ceux dont les caractéristiques (structure, lois et constantes physiques) obéiraient au Principe Anthropique. Appartenant à un de ceux-ci, nous n'aurions plus alors à nous interroger sur son caractère extrêmement particulier puisqu'en fait, nous ne pourrions nous trouver ailleurs.

Un peu auparavant, d'ailleurs, ce concept d'univers multi-

6. E. Gilson, *La philosophie au Moyen-Age*, tome 2, Editions Payot, Paris, 1976, p. 460. Voir aussi le Chapitre II de l'ouvrage de J. D. Barrow et F. J. Tipler, *The Anthropic Cosmological Principle*, pour plus de détails sur la genèse et l'évolution du concept d'univers multiples au travers de l'histoire de la pensée humaine et le Chapitre IV de l'ouvrage de J. Leslie, *Universes*, pour une revue des divers modèles d'univers multiples discutés dans les travaux actuels de cosmologie théorique.

7. Pour des études sur divers aspects du thème des univers « parallèles » dans la science-fiction, la science, la parapsychologie..., voir les ouvrages suivants : J. Van Herp, *Panorama de la science-fiction*, Gérard (Marabout), Verviers, 1973, Chapitre II, p. 77. D. Hemmert et A. Roudene, *A la découverte des univers parallèles*, Marabout, Verviers, 1975. J. Gribbin, *Time Warps*, J. M. Dent, Londres, 1979.

8. C. F. A. Pantin, dans : *Biology and Personality*, édité par I. T. Ramsey, Blackwell, Oxford, p. 83.

9. B. Carter, *Large Number Coincidences and the Anthropic Principle in Cosmology*, op. cit.

ples était déjà apparu dans les travaux concernant le destin de la matière capturée dans un trou noir doté d'une rotation : il a été, en effet, suggéré, à plusieurs reprises — sans, cependant, que cette possibilité ait pu être confirmée de manière probante par des calculs détaillés effectués ultérieurement [10] — que cette matière puisse réémerger dans un univers différent du nôtre, un univers « parallèle » dont l'existence est prévue par les techniques mathématiques d'étude des trous noirs (cf. Annexe, Chapitre III).

En fait, les équations de la relativité générale permettent, en principe, l'existence d'étranges objets, baptisés **« trous de vers »** : il s'agit de modifications locales de la stucture géométrique et topologique de l'espace-temps, ayant la forme de tunnels pouvant connecter, soit des univers séparés, soit des régions distinctes du même espace-temps, donc du même univers (cf. fig. 10.1 (a) et (b)). Einstein et Rosen [11] avaient déjà, en 1935, émis un certain nombre de spéculations sur le rôle que de tels objets pourraient jouer dans la structure interne des particules élémentaires, mais la durée de vie de ces objets devait être si faible qu'on voyait mal quels effets physiques durables ils auraient pu engendrer. En 1988, Morris, Thorne et Yurtsever [12] ont suggéré que, dans des conditions physiques favorables, essentiellement en violant la condition d'énergie, c'est-à-dire en présence d'une densité d'énergie négative (cf. § 7.2), ces « trous de vers » puissent rester ouverts durant une durée non négligeable et alors permettre le passage d'une parti-

10. M. Simpson et R. Penrose, International Journal of Theoretical Physics, *7*, 1973, p. 183. N. D. Birrell et P. C. W. Davies, Nature, *272*, 1978, p. 35. J. M. McNamara, Proceedings of the Royal society of London, A *358*, 1978, p. 499. Y. Gursel, I. D. Novikov, V. D. Sandberg et A. A. Starobinsky, Physical Review, D *20*, 1979, p. 1260.

11. A. Einstein et N. Rosen, Physical Review, *48*, 1935, p. 73.

12. M. S. Morris, K. S. Thorne et U. Yurtsever, Physical Review Letters, *61*, 1988, p. 1446. Voir aussi : I. D. Novikov, Soviet Physics, JETP, *68*, 1989, p. 439. Pour un exposé pédagogique sur les propriétés des « trous de vers » et sur leur utilisation possible dans des voyages interstellaires, voir : M. S. Morris et K. S. Thorne, American Journal of Physics, *56*, 1988, p. 395

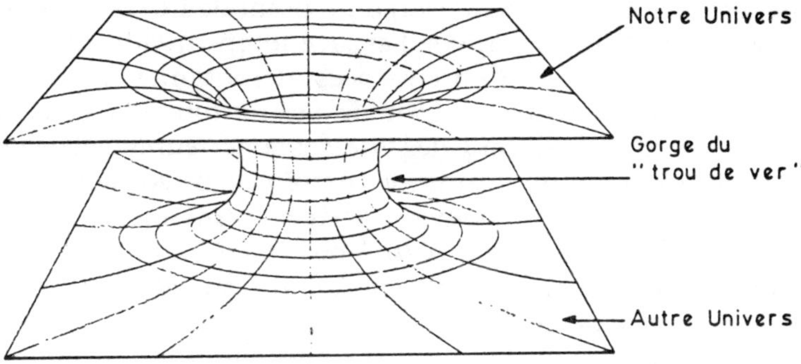

(a)

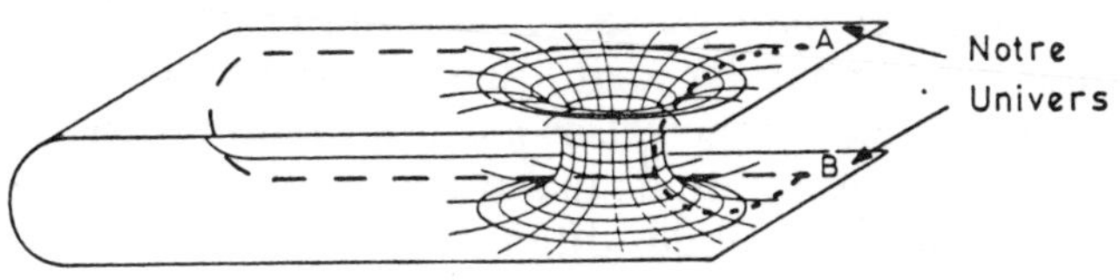

(b)

Fig. 10.1 . *(a) Ce diagramme donne une représentation bidimensionnelle du « trou de ver » connectant deux univers différents.*

(b) Ici. le « trou de ver » relie deux régions distantes de notre Univers, constituant un nouveau chemin (représenté en pointillés) permettant, en principe, de passer de A à B, différent de la voie traditionnelle (représentée en tirets), qui emprunte, elle, constamment l'espace-temps quadridimensionnel de notre Univers. Le voyage à travers le « trou de ver » pourrait s'effectuer à une vitesse supérieure à celle de la lumière !

cule (ou de tout objet matériel) d'un point de l'Univers à un autre point, sans emprunter l'espace-temps quadri-dimensionnel traditionnel. Conséquences déroutantes d'un tel voyage au travers d'un « trou de ver » : tout d'abord, la possibilité de se déplacer à des vitesses supérieures à celle de la lumière et, dans des conditions extrêmes, de voyager dans le temps, la particule pouvant arriver avant même d'être partie ! Science-fiction ou réalité possible ? Trop de choses fondamentales nous échappent encore au niveau de la théorie quantique de la gravitation et du concept de causalité pour pouvoir conclure. Il n'empêche que le problème est désormais posé, au sein de la physique, et pourquoi ne pas envisager alors la possibilité de passer, par un mécanisme du même type, au travers d'un trou noir ou d'une autre structure topologique spatio-temporelle, de notre univers à un hypothétique autre univers [13] ?

Diverses réalisations concrètes du concept d'ensemble d'univers ont été proposées : nous en avons déjà rencontré précédemment. On peut les classer essentiellement en deux types : tout d'abord, celles qui considèrent des univers multiples séparés mais possédant des lois et des constantes physiques fondamentales identiques, ensuite celles qui envisagent des modèles caractérisés par des valeurs numériques des constantes physiques, de la dimension spatio-temporelle et même des lois physiques différentes.

Comme représentant typique de la première classe, on trouve le concept d'**univers multiples d'Everett-Wheeler-Graham** [14], s'intégrant dans le cadre d'une interprétation

13. V. P. Frolov, M. A. Markov et V. F. Mukhanov, Physics Letters, *216* B, 1989, p. 272. P. C. W. Davies et I. G. Moss, Classical and Quantum Gravity, *6*, 1989, L 173. F. Mellor et I. Moss, Physical Review, D *41*, 1990, p. 403.

14. Les principaux travaux consacrés à l'interprétation d'Everett-Wheeler de la mécanique quantique sont repris dans : B. S. de Witt et N. G. Graham (éditeurs), *The Many-Worlds Interpretation of Quantum Mechanics*, Princeton University Press, Princeton, 1973. Pour une introduction, voir : B. S. de Witt, Physics Today, septembre 1970, p. 30 et le débat dans le numéro d'avril 1971 de la même revue, p. 36.

non conventionnelle du formalisme de la mécanique quantique. L'idée de base de cette théorie est que, dans le cas où l'Univers est fermé, il ne peut manifestement pas exister d'observateur extérieur qui pourrait effectuer une mesure sur le système étudié que constitue l'Univers. Aussi, Everett [15] a-t-il proposé, en 1957, de réinterpréter la mécanique quantique en associant à chaque résultat de mesure possible, effectuée à un endroit et à un instant quelconques, un univers tout aussi réel que le nôtre et qui représente une version différente de celui-ci. Le concept d'ensemble d'univers regroupe alors ici toutes les copies de notre univers à l'instant considéré : nous occupons une copie qui n'est, a priori, pas univoquement déterminée, mais dont le choix doit être régi par le Principe Anthropique, de manière à permettre notre existence en tant qu'observateurs. Cependant, peu de physiciens semblent disposés, à l'heure actuelle, à accepter ce type d'interprétation de la mécanique quantique, bien que, d'une part, il ne semble pas exister, au niveau expérimental, de possibilité de réaliser une discrimination entre cette interprétation et celle, plus conventionnelle, de l'école de Copenhague et que, d'autre part, comme nous l'avons déjà noté, l'approche de la cosmologie quantique de Wheeler-de Witt suggère de manière tout à fait naturelle la nécessité d'une telle interprétation (cf. § 7.6).

L'**Univers globalement inhomogène et chaotique** imaginé par Ellis [16] constitue une autre réalisation possible du concept d'ensemble d'univers : Ellis suppose qu'il puisse exister dans cet Univers une infinité — ou, en tout cas, un très grand nombre — de « mini-univers », certains en expansion, d'autres en contraction, certains de forte densité matérielle, d'autres de très faible densité, certains encore en rotation, d'autres pas : ces « mini-univers » constituent la matérialisation effective de tous les modèles géométriques compatibles avec la cosmologie relativiste. Nous occupons

15. H. Everett III, Reviews of Modern Physics, *29*, 1957, p. 454.
16. G. F. R. Ellis, General Relativity and Gravitation, *11*, 1979, p. 281.

dans ce vaste Univers un des « mini-univers » privilégiés, spatialement homogènes, isotropes et en expansion dans lesquels, suivant le Principe Anthropique, sont réunies les conditions favorables à l'émergence de la vie. Une telle conception de l'Univers transpose manifestement à l'échelle cosmologique la vision de Darwin du monde biologique selon laquelle des espèces vivantes végétales et animales n'apparaissent et ne se développent dans la biosphère terrestre que dans un environnement approprié à leur type particulier. Un tel Univers présente aussi l'intérêt indéniable de lever les difficultés, principalement d'ordre philosophique, auxquelles se trouve confronté un Univers spatialement homogène infini. Cet Univers séduisant proposé par Ellis ne repose malheureusement encore sur aucune base théorique solide et ses conséquences observationnelles éven tuelles n'ont pas encore été étudiées en détail : on peut cependant être sceptique sur la possibilité de découvrir des effets véritablement observables qui permettraient de mettre en évidence la réalité de l'existence d'autres « mini univers » que le nôtre.

La seconde classe d'ensemble d'univers, la plus générale, a pour représentants formalisés de manière relativement détaillée, d'une part, l'**Univers inflationnaire chaotique « auto-reproducteur » de Linde,** constitué d'un labyrinthe infini de mini-univers, chacun en inflation et possédant des propriétés géométriques et physiques différentes (cf. Annexe 2, ch. VI), et, d'autre part, le **modèle cyclique d'univers fermés de Wheeler,** déjà décrit au § 7.9 : l'ensemble d'univers se réduit, dans ce dernier cas, à un seul élément, notre Univers en pulsation, mais les diverses possibilités pour ses caractéristiques seraient réalisées par l'infinité de cycles par lesquels il passe au cours de son évolution.

Toutes ces propositions relèvent cependant, au stade actuel de nos connaissances, uniquement de la spéculation ; elles montrent néanmoins que le concept d'univers parallèles a cessé d'appartenir exclusivement au domaine de l'imaginaire pur pour faire irruption dans le discours scientifique. Elles souffrent cependant d'un grave défaut commun, à savoir l'impossibilité d'être soumises à des observations falsifiantes, puisque aucune information ne peut, semble-t-il, être échangée entre les hypothétiques univers parallèles coexistant spatialement et nous.

10.3. LA COSMOLOGIE « AUTO-RÉFÉRENTIELLE » DE WHEELER

Wheeler[17] a cependant récemment abandonné ce modèle cyclique pour un Univers à un seul cycle (débutant par une phase de Big Bang et se terminant par une phase symétrique de Big Crunch), représentant d'un type de cosmologie qu'il qualifie « d'**auto-référentielle** » (« self-reference cosmogony ») et qui constitue une troisième interprétation possible du Principe Anthropique fort. La notion fondamentale sur laquelle s'articule ce type de cosmologie est, pour Wheeler, l'**observateur.** On sait qu'en mécanique quantique, au cours de tout processus de mesure, l'observateur perturbe le système qu'il étudie et intervient donc dans son évolution ultérieure. Wheeler généralise cette idée de manière radicale en conférent à l'observateur humain un rôle actif capital de participant à la définition de la réalité et à la genèse de l'Univers (« Is observership the " electricity " that powers genesis ? »[18]). Une connexion mystérieuse du futur avec le passé nous aurait, en quelque sorte, conduits à conditionner la genèse qui se serait alors déroulée de manière à ce que nous puissions apparaître. Les réflexions émises sur ce thème, indépendamment par un philosophe (Blondel) et un physicien (Wheeler), et illustrées dans les deux citations suivantes présentent, on en conviendra, une similitude remarquable et tout à fait étonnante :

« La pensée créée n'existe pas sans la nature, et la nature

17. C. M. Patton et J. A. Wheeler, réf. 27 du Chapitre VII. J. A. Wheeler, réf. 33 du Chapitre VII.
18. J. A. Wheeler, *Genesis and Observership*, op. cit., p. 21.

elle-même se suspend à la pensée comme à sa raison d'être »[19] (M. Blondel)

« The Universe gives birth to communicating participators. Communicating participators give meaning to the Universe »[20] (J. A. Wheeler).

C'est un tel modèle que Wheeler qualifie d' « auto-excité » ou d' « auto-référentiel », signifiant par là un Univers donnant naissance à un ensemble d'**observateurs-partici-**

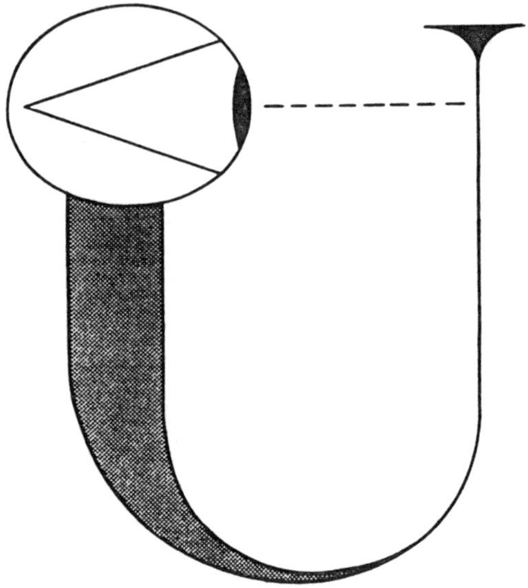

Fig. 10.2 : *Univers « auto-référentiel » de Wheeler, système « auto-excité » à un cycle donnant naissance à des « observateurs-participants » qui, eux, donnent un sens à cet Univers. Celui-ci ne peut, en fait, prendre naissance que s'il est destiné à être observé par quelque être pensant.*

19. M. Blondel, *La Pensée,* cité par C. Tresmontant, *Introduction à la métaphysique de Maurice Blondel,* op. cit., p. 52.

20. C. M. Patton et J. A. Wheeler, *Is Physics Legislated by Cosmogony ?* op. cit., p. 565.

pants (« participators ») qui, par l'intermédiaire de leurs multiples actes de communication, lui donnent un sens (cf. fig. 10.2). Les lois de la physique et toute la structure de l'Univers seraient donc conditionnées par l'exigence que ce dernier puisse réellement prendre naissance et par celle de produire des observateurs qui donnent un sens à l'Univers et constituent alors le moteur de la genèse. Ces idées relèvent manifestement de la philosophie sous-jacente au Principe Anthropique, poussée à son extrême : elles se situent apparemment aussi dans le prolongement du courant philosophique idéaliste, dans la lignée de Parménide (« Ce qui est, est identique à la pensée qui le saisit ») et de Berkeley (« Etre, c'est être perçu »), puisque dans le cadre de ce modèle cosmologique de Wheeler, ce que nous observons est, en un certain sens, le reflet de nous-mêmes. On ne peut manquer aussi, à ce propos, de faire un rapprochement avec l'œuvre du philosophe français Hamelin, sous-tendue par l'idée que la seule réalité de l'Univers est l'activité pensante. Dans les termes de François Grégoire[21], « ... toute l'œuvre d'Hamelin tente de retracer les étapes à travers lesquelles l'esprit engendre le monde apparent, et de prouver que les lois internes de son activité **devaient** nécessairement faire naître cet ensemble de relations (spatiales, temporelles, causales, ...), qui nous apparaît comme un « monde extérieur ».

La cosmologie « auto-référentielle » de Wheeler considère-t-elle nécessairement l'homme comme le créateur de l'Univers ? Il ne faudrait certainement pas conclure trop hâtivement que les idées de Wheeler coïncident exactement avec la pensée idéaliste : celle-ci n'attribue, en effet, d'existence propre qu'à l'esprit, alors que l'Univers de Wheeler a certainement une consistance propre, une réalité à laquelle peu de physiciens seraient disposés à renoncer. De plus, l'idée d' « auto-référence » n'est ici certainement pas une contrainte purement linguistique, c'est-à-dire sur le langage

21. G. Grégoire, *Les grands problèmes métaphysiques,* Presses Universitaires de France, Paris, 1969, p. 54.

avec lequel nous décrivons l'Univers; dans l'esprit de Wheeler, il s'agit d'un authentique attribut intrinsèque de l'Univers. Manifestement, la cosmologie « autoréférentielle » de Wheeler, tout imprégnée de finalisme et d'idéalisme, et, à ce titre, constituant une forme extrême du Principe Anthropique fort, mériterait une analyse détaillée de la part des philosophes.

10.4. LA FORME FINALE DU PRINCIPE ANTHROPIQUE DE BARROW ET TIPLER

Une autre formulation du Principe Anthropique, encore plus audacieuse, qualifiée d'ailleurs de « **finale** », a été avancée par Barrow et Tipler[22] ; elle s'énonce comme suit : à partir d'un certain moment de l'histoire de l'Univers supposé fermé, donc de durée finie, l'information qui y est présente doit nécessairement pouvoir être traitée par des êtres intelligents, et ce, de manière éternelle, en ce sens que les intelligences qui subsisteraient jusqu'à la singularité finale de l'Univers devraient pouvoir avoir un nombre infini de pensées différentes ! Cette hypothèse débouche sur des considérations extrêmement spéculatives, relevant de ce qu'on pourrait appeler l' « astro-théologie » et allant jusqu'à associer, comme Tipler l'a suggéré, la singularité finale de l'Univers au point Omega de Teilhard de Chardin, considéré comme un être omnipotent, omniscient, omniprésent, créateur à la fois de lui-même et de l'Univers tout entier.

10.5. CRITIQUES DES ARGUMENTS ANTHROPIQUES

Sans aller jusqu'aux extrêmes que constituent les idées de Wheeler et de Tipler, il est clair que le Principe Anthropique, dans sa version forte, n'est pas à l'abri de critiques et celles-

22. J. D. Barrow et F. J. Tipler, *The Cosmological Anthropic Principle*, op. cit., Chapitre X, p. 613.

ci n'ont d'ailleurs pas manqué ! On voit d'ailleurs, de suite, sur quels points elles peuvent porter : ignorance des mécanismes physiques réels de formation des grandes structures cosmiques (planètes, supernovae, galaxies) rendant sujets à caution certains arguments anthropiques repris dans les Tableaux 9.1 et 9.2, absence — souvent reprochée — de pouvoir prédictif (voir à ce sujet, cependant, dans l'Annexe 2, fin de ce Chapitre, quelques exemples fructueux de prédictions du Principe Anthropique), portée apparemment exagérée, en ce sens que le Principe Anthropique indique des conditions nécessaires à notre existence, certes, mais totalement insuffisantes (entre la synthèse des noyaux de carbone et l'apparition effective d'êtres intelligents, il existe, en effet, un long chemin jalonné d'une multitude de phénomènes complexes... qui, eux aussi, cependant, auraient pu être complètement modifiés en cas de changements excessifs des lois physiques et des valeurs des constantes fondamentales).

On objectera aussi bien sûr qu'il est peut-être hasardeux d'extrapoler nos connaissances locales concernant les organismes vivants présents sur terre à d'autres types d'êtres vivants qui pourraient exister ailleurs dans l'Univers. On peut cependant penser que les conditions nécessaires à l'existence d'organismes vivants, qui sont postulées dans la plupart des arguments anthropiques, c'est-à-dire : molécules complexes, support planétaire, température pas trop élevée, étoile centrale stable, ..., sont suffisamment générales pour s'appliquer à l'ensemble du phénomène vie dans l'Univers. D'autres types de configurations vivantes fondamentalement différentes de celles que nous connaissons ont cependant aussi été imaginées par Dyson[23]. Celui-ci suppose qu'il devrait être possible de transposer l'intelligence humaine sur un système de particules chargées, disposées de

23. F. J. Dyson, Reviews of Modern Physics, *51*, 1979, p. 447. Pour une étude détaillée de divers scénarios pour l'évolution future de notre Univers, voir : J. D. Barrow et F. J. Tipler, *The Cosmological Anthropic Principle*, op. cit., Chapitre X, p. 613.

manière appropriée dans l'espace. Cette possibilité est basée sur l'hypothèse extrêmement audacieuse que l'intelligence serait indépendante de la structure matérielle à laquelle elle est associée (les macromolécules organiques dans le cas de notre cerveau) et ne dépendrait que de la disposition spatiale de ces macromolécules, c'est-à-dire de la complexité de la structure de la substance impliquée. De telles configurations pourraient, selon Dyson, exister perpétuellement dans un Univers ouvert, donc de durée infinie, pour autant que de longues périodes d'hibernation soient prévues, de manière à utiliser au mieux les faibles quantités d'énergie disponibles dans un Univers infiniment dilué. Avec cette vision hyperoptimiste de Dyson, selon laquelle de nouvelles formes de vie, adaptées à la température décroissante d'un Univers ouvert en expansion, peuvent apparaître perpétuellement, nous quittons manifestement le domaine de la science pour celui de la science-fiction...

Quant au succès de l'hypothèse des univers multiples, elle s'explique par le fait qu'elle apparaît comme un moyen de justifier, par le jeu des probabilités, l'existence d'un univers extrêmement particulier tel que le nôtre et, en postulant la réalisation effective de toutes les probabilités, d'éviter les conclusions qu'un choix ait dû être opéré par un Etre distinct de l'Univers matériel parmi une infinité de possibilités virtuelles, une conclusion qui constituerait un élément métaphysique extra-scientifique.

Mais, même si l'on fait abstraction de son caractère ad hoc et de l'impossibilité actuelle de toute vérification expérimentale, cette hypothèse soulève un certain nombre de problèmes de principe délicats. Est-elle tout d'abord, tout compte fait, si différente de l'interprétation téléologique faisant appel à un Univers unique ? En effet, existe-t-il a priori **obligatoirement** au moins une certaine combinaison définie de lois physiques et de valeurs des constantes fondamentales, réalisée dans un univers particulier, qui permette l'existence de la vie ? De plus, on ne peut manquer de trouver quelque peu surprenante une réponse à une interrogation née du sentiment de surprise devant la taille de l'Univers (comme dans le raisonnement de Dicke) qui fasse appel à une infinité d'univers tout aussi vastes et dont l'existence est, pour le moins, sujette à caution. Serait-ce là réellement le prix à payer pour assurer l'émergence de la vie dans l'Univers ? Que penser, d'autre part, du principe défendu par certains[24], selon lequel tous les univers logiquement possibles doivent, **par nécessité**, exister, disjoints les uns des autres, certains stériles, d'autres propices à l'éclosion de la vie ? De toute manière, le recours à un tel Univers composé d'une infinité de « mini-univers » n'élude aucunement le problème fondamental de la création du monde matériel, au sens métaphysique de terme ; celui-ci se trouverait même plutôt exacerbé, dans ce contexte d'infinitude spatiale et temporelle.

10.6. UN PRINCIPE D'INTELLIGIBILITÉ ET DE COHÉRENCE DE L'UNIVERS

Quel est finalement le statut actuel du Principe Anthropique ? Pour certains, ce principe n'a aucun intérêt, ni scientifique, ni philosophique, et devrait être banni au plus tôt du discours scientifique; d'autres par contre, comme nous l'avons noté, y voient le principe le plus fondamental, le plus proche d'une explication ultime, dont nous disposions. D'autres encore sont disposés à le tolérer et y ont recours, mais uniquement comme pis-aller, dans l'attente de la théorie unifiée tant convoitée; ils estiment, en effet, qu'en possession d'une telle théorie, il conviendrait de reléguer le Principe Anthropique au rang de curiosité marginale de la science. Nous ne partageons pas ce point de vue car, d'une part, comme nous l'avons déjà souligné, l'argumentation anthropique, si elle est différente de l'explication scientifi-

24. D. W. Sciama, *The Anthropic Principle and the Non-uniqueness of the Universe*, dans : *The Anthropic Principle*, édité par F. Bertola et U. Curi, op. cit., p. 109.

que traditionnelle, n'en est pas moins tout aussi légitime ; elle lui est, en fait, complémentaire. D'autre part, ce principe n'exclut aucunement la recherche de la théorie unifiée ultime ; mais même, si toutes les coïncidences d'apparence anthropique pouvaient être expliquées à l'aide d'une théorie fondamentale de ce type, il n'en resterait pas moins remarquable que les formes des lois physiques et les valeurs des constantes associées soient justement celles qui sont propices au développement de la vie[25].

Le Principe Anthropique peut certainement être considéré comme un **principe d'intelligibilité et de cohérence du cosmos,** au sens où : « Des données dispersées, apparemment arbitraires si on les considère séparément, prennent un sens à partir du moment où on découvre non seulement qu'elles sont cohérentes mais que leur cohérence assure l'émergence d'un fait privilégié, considéré comme suffisamment chargé par lui-même de sens pour fonder une compréhension satisfaisante de l'ensemble »[26]. A ce titre, il mériterait certainement plus d'intérêt actif de la part, non seulement des physiciens qui devraient se muer en véritables bâtisseurs d'univers afin de vérifier la véracité des divers arguments, encore souvent fragiles, à la base de ce principe, mais aussi des philosophes qu'il interpelle, en soulevant, comme nous l'avons noté, un certain nombre de problèmes importants de portée métaphysique évidente.

Mais, la véritable signification du Principe Anthropique ne serait-elle pas, en fin de compte, comme l'a suggéré Jean Ladrière, authentiquement **téléologique ? :** « Ce serait de nous suggérer une lecture qui, au lieu de monter d'échelon en échelon, de conditionnement en conditionnement, vers un palier supérieur qui n'apparaît alors que comme le produit de tous les conditionnements, descend au contraire

25. B. J. Carr et M. J. Rees, réf. 6 du Chapitre IX, p. 612.

26. J. Ladrière, *Le Principe Anthropique, l'homme comme être cosmique,* Cahiers de l'école des Sciences philosophiques et religieuses, Facultés Universitaires Saint-Louis, Bruxelles, *2,* 1987, p. 23.

du pôle de centration la plus extrême qui s'atteste dans l'expérience, de proche en proche, vers les conditions informatiques, biologiques et cosmiques de son émergence. **C'est l'unité la plus achevée, l'individuation la plus forte qui donne sens, non l'inverse** »[27].

27. J. Ladrière, *Le Principe Anthropique, l'homme comme être cosmique* op. cit., p. 29.

CHAPITRE X

ANNEXE 1

QUELQUES OPINIONS SUR LE PRINCIPE ANTHROPIQUE

« Le Principe Anthropique ne peut manifestement pas fournir d'explication scientifique au sens propre. Au mieux, il peut offrir une satisfaction de type bouche-trou à notre curiosité relative aux phénomènes pour lesquels nous n'avons pas encore obtenu d'explication scientifique authentique. Par exemple, le Monde serait très différent et, peut-être même, dépourvu d'observateurs susceptibles de le comprendre, si les intensités relatives des interactions forte (nucléaire) et électromagnétique étaient quelque peu altérées, mais on espère toujours le développement d'une théorie physique unifiée qui prédise ou relie les constantes de couplage actuelles. »

M. J. REES
(*Quarterly Journal of the Royal Astronomical Society of London*, 22, 1981, p. 109.)

« Affirmer que l'existence de la vie est impossible si la charge de l'électron était 1,603 coulomb au lieu de 1,602 coulomb est aussi absurde que de déduire la valeur de la charge de l'électron d'une étude de la biologie. [...] A moins que les partisans de la théorie anthropique/mondes multiples puissent [...] dire pourquoi les conditions pour l'existence de la vie doivent nécessairement produire ce que nous observons en physique, nous devons la rejeter en tant qu'explication de la réalité physique »

P. J. HALL
(*Quarterly Journal of the Royal Astronomical Society of London*, 24, 1983, p. 443.)

« Le Principe Anthropique représente le principe le plus fondamental dont nous disposions, vu que les explications physiques qu'il fournit sont basées sur le phénomène physique le plus solide que nous connaissions, à savoir notre propre existence. Le Principe Anthropique est, je crois, ce que nous aurons jamais de plus proche d'une explication ultime. »

J. ROSEN
(*op. cit.*, 1985, p. 338.)

« Je déteste profondément la théorie du Principe Anthropique et la considère comme un dernier recours absolu au cas où tous les arguments physiques échoueraient. L'essence entière de l'argumentation anthropique semble aller à contre-courant de tout ce qu'on aspire à réaliser en tant que scientifique. »

M. S. LONGAIR
(*The Observatory*, 105, 1985, p. 171.)

« Ma propre version du Principe Anthropique affirme que l'existence d'Homo sapiens peut constituer une explication physique fondamentale des propriétés de l'Univers. Il touche à la science, notre tentative de comprendre ce qui se passe, en tant qu'entreprise **humaine.** Les explications basées sur ce Principe Anthropique sont sujettes à certaines difficultés [...] et ne devraient être utilisées que lorsque des explications conventionnelles ne sont pas disponibles. »

J. ROSEN
(*American Journal of Physics*, 56, 1988, p. 415.)

« L'inconsistance du Principe Anthropique fort est que l'argumentation qu'il véhicule n'est pas de type causal, mais bien **téléologique** (ou peut-être mieux **solipsiste**). Bien sûr, chacun est libre de l'accepter, s'il le désire, mais c'est justement ce que la Science a essayé d'éviter depuis l'époque de Galilée ; je suis incapable de voir comment il pourrait faire progresser notre connaissance du monde physique. En fait, depuis Darwin, chaque personne sensée sait que les plantes et les animaux ont évolué en vue de s'adapter aux conditions de leur environnement et non, au contraire, que ces conditions ont été expressément planifiées pour rendre leur vie possible ! »

L. GRATTON
(*The Anthropic Principle : a Critical View,* dans : *The Anthropic Principle,* édité par F. Bertola et U. Curi, op. cit., p. 101.)

« [...] la reconnaissance du Principe Anthropique devrait être considérée comme un moment décisif dans le développement de la science, ouvrant de nouvelles voies vers des aspects inconnus de l'Univers. »

N. DALLAPORTA
(*Métaphysical Outlooks in Physics and the Anthropic Principle,* dans : *The Anthropic Principle,* op. cit., p. 159.)

« [...]je crois [...] que le Principe Anthropique a non seulement constitué un stimulant de la recherche en cosmologie, mais qu'il fournit aussi un point de rencontre passionnant entre la théologie et les sciences et qu'il a certainement servi à réintégrer le facteur **être humain** qui, pendant des siècles, a été exclu des sciences physiques. »

C. V. COYNE
(*Some Theological Reflections on the Anthropic Principle,* dans : *The Anthropic Principle,* op. cit., p. 179.)

CHAPITRE X

ANNEXE 2

SUR LE POUVOIR PRÉDICTIF DU PRINCIPE ANTHROPIQUE

Quelques exemples de prédictions du Principe Anthropique

— Une prédiction **a posteriori** de la structure nucléaire du carbone[28].

Dans la nature, il y a à peu près autant de carbone que d'oxygène. A première vue, le taux de formation stellaire de l'oxygène paraissait beaucoup plus élevé que celui du carbone. La situation ne pouvait se comprendre qu'en faisant appel à des conditions nucléaires extrêmement spéciales pour la synthèse du carbone, élément indispensable à la genèse d'êtres vivants. Il fallait supposer la présence d'un état excité de ce noyau à une énergie très précisément déterminée et avec des propriétés tout à fait appropriées. Rien, **a priori,** ne pouvait justifier cette hypothèse. Des expériences de physique nucléaire ont confirmé cette intuition géniale : l'état excité a été observé à l'énergie indiquée, avec les propriétés nucléaires requises.

— Une prédiction **a posteriori** du taux de refroidissement de l'Univers[29].

28. F. Hoyle, op. cit. (référence 8 du Chapitre IX). H. Reeves, Postface de : *L'homme et le Cosmos,* op. cit., p. 107-108.

L'existence de systèmes complexes impose des contraintes sur la valeur du taux de refroidissement de l'Univers. En effet, si le refroidissement est trop lent, la formation de structures à faible échelle, telles que noyaux, atomes, molécules et organismes vivants est inhibée : toute la matière se trouverait alors sous la forme de fer. Par contre, si le refroidissement s'opère trop rapidement, ce sont les structures à grande échelle, c'est-à-dire les galaxies, les étoiles et les planètes et, par voie de conséquence, les êtres vivants qui seront absents de l'Univers. Or, il est possible de dériver des équations de la cosmologie relativiste la valeur du taux de refroidissement de l'Univers et celle-ci, en parfait accord avec le raisonnement **a posteriori** précédent basé sur l'existence de structures complexes, se situe exactement entre les deux limites qui viennent d'être discutées.

— Une prédiction de l'absence dans l'Univers de nombreux systèmes biologiques évolués

« [...] Quatre milliards d'années environ nous séparent du moment où des conditions favorables à l'apparition de la vie sur la terre ont été réunies. D'autre part, [...] les réserves en combustible du soleil (sous forme d'hydrogène) sont telles que les conditions favorables que nous connaissons aujourd'hui se maintiendront pendant encore à peu près aussi longtemps [...]. Cette remarquable coïncidence entre l'âge de la vie et la durée qui lui reste à vivre [...] acquiert une portée scientifique notable si on l'examine à la lumière du Principe Anthropique ; nous disposons là d'un moyen pour privilégier certaines théories de l'évolution de la vie. En particulier, nous disposons d'une indication contre les théories, très répandues parmi les auteurs de science-fiction, dans lesquelles des systèmes biologiques évolués comme le nôtre doivent se rencontrer couramment dans l'Univers. Si l'espérance mathématique du temps nécessaire pour que la vie se développe et aboutisse au stade actuel est relativement longue par rapport à la durée astronomique disponible (de l'ordre de dix milliards d'années dans notre cas), la vie évoluée ne peut apparaître que dans une faible minorité de

29. H. Reeves, *The Growth of Complexity in an Expanding Universe,* dans : *The Anthropic Principle,* édité par F. Bertola et U. Curi, op. cit., p. 65.

sites favorables ; selon le Principe Anthropique, nous nous trouvons nécessairement sur un de ces sites exceptionnels et le fait que notre apparition soit tardive se comprend très bien »[30].

Du bon usage du Principe Anthropique

« [...] Le Principe Anthropique devient fructueux si on respecte la dualité de la situation : 1) intuition par l'**a posteriori** ; 2) vérification expérimentale. Un physicien va au laboratoire. Il veut faire une expérience pour apprendre quelque chose sur la réalité. Le Principe Anthropique lui dit que sa simple présence au laboratoire est déjà porteuse d'énormément d'informations sur la nature de cette réalité. Elle lui dit que toutes les conditions nécessaires à l'émergence de l'intelligence existent dans l'Univers. Mais il ne suffit pas de s'en tenir là. Il faut, comme dans le cas du carbone, aller plus loin »[31].

30. B. Carter, *Pour la Science,* février 1982, p. 55. Pour plus de détails sur le raisonnement menant à cette prédiction, voir B. Carter, Philosophical Transactions of the Royal Society of London, A *310*, 1983, p. 347. B. Carter, *The Anthropic Selection Principle and the Ultra-Darwinian Synthesis,* dans : *The Anthropic Principle,* édité par F. Bertola et U. Curi, op. cit., p. 33.
31. H. Reeves, Postface de : *L'homme et le Cosmos,* op. cit., p. 108-109.

ÉPILOGUE

LA DIMENSION MÉTAPHYSIQUE DE LA COSMOLOGIE CONTEMPORAINE

Curieux itinéraire que celui que nous avons suivi tout au long de cet essai : notre voyage dans les profondeurs infinies de l'Univers et aux instants les plus précoces de son histoire nous a, en fin de compte, ramenés à nous-mêmes, en tant qu'êtres vivants et que sujets pensants, à tel point que nous ne savons parfois plus très bien si les théories que nous imaginons décrivent réellement les structures ultimes du monde matériel ou ne sont plutôt que la projection de mécanismes fondamentaux du fonctionnement de notre cerveau. Teilhard de Chardin avait déjà bien perçu ces tendances idéalistes présentes dans la physique théorique du XXe siècle et notamment, dans la mécanique quantique, lorsqu'il écrivait dans « Le phénomène humain » : « Parvenus à l'extrême de leurs analyses, ils (physiciens et naturalistes) ne savent pas trop si la structure qu'ils atteignent est l'essence de la matière qu'ils étudient, ou bien le reflet de leur propre pensée. [...] Bon gré mal gré, dès lors, l'homme se retrouve et se regarde lui-même dans tout ce qu'il voit »[1].

La cosmologie relativiste, fondée par Einstein, Friedmann, Eddington et Lemaître, n'a certes pas encore réussi à apporter une réponse définitive aux grandes énigmes concernant l'Univers. De nouveaux problèmes insoupçonnés, encore plus difficiles, ont surgi comme toujours

1. P. Teilhard de Chardin, *Le phénomène humain*, Editions du Seuil, Paris, 1955, p. 26.

lorsqu'on pousse l'analyse scientifique jusqu'à ses limites extrêmes. Mais, notre manière de voir l'Univers s'est complètement modifiée ces dernières années : son unité, depuis les structures microscopiques les plus infimes jusqu'aux gigantesques architectures cosmiques, est perçue aujourd'hui au travers des théories unifiées prometteuses, qui permettent de jeter un pont entre l'infiniment petit et l'infiniment grand.

Notre place dans l'Univers et le rôle de l'Univers dans notre genèse sont aujourd'hui aussi différemment appréciés de ce qu'ils l'étaient dans le passé, avant les récents développements de la cosmologie scientifique : pendant longtemps, l'immensité de l'Univers, la profusion des grandes structures cosmiques ont été considérées comme un décor dont la majesté reflétait la grandeur de leur Créateur, « qui répand les merveilles de l'être à profusion, avec une superbe insouciance de la mesure »; ainsi, les étoiles ne doivent manifestement servir à rien, « sinon à témoigner de leur auteur »[2]...

Aujourd'hui, avec l'avènement des idées anthropiques, l'Univers acquiert un rôle de « machine » à fabriquer des êtres vivants et pensants, chargés de sens parce que conférant un sens à cet Univers. On ne peut manquer de penser, à ce propos, que le Principe Anthropique constitue le premier pas vers cette vraie physique à laquelle aspirait Teilhard de Chardin lorsqu'il écrivait : « La vraie physique est celle qui parviendra, quelque jour, à intégrer l'homme total dans une représentation cohérente du monde »[3].

Avec le Principe Anthropique, la métaphysique fait de nouveau irruption dans le langage scientifique. Toute la physique et, en particulier, la cosmologie, aspirent à une dimension métaphysique qu'un rationalisme étroit vise à leur refuser. L'Univers ne nous a jamais été connu avec autant d'ampleur et de profondeur qu'en cette fin du XXe siècle et, comme l'écrit Claude Tresmontant : « Jamais,

2. J. Leclercq, Publication de l'Abbaye d'Orval.
3. P. Teilhard de Chardin, *Le phénomène humain*, op. cit., p. 30.

les problèmes métaphysiques n'ont été aussi clairement posés à l'intelligence humaine. [...] Il existe des problèmes philosophiques, des problèmes métaphysiques qui s'imposent objectivement à l'intelligence humaine lorsqu'elle réfléchit sur tout ce qui existe dans l'Univers, et d'abord à l'existence même de l'Univers. Les problèmes métaphysiques sont aussi vivants aujourd'hui qu'au temps d'Aristote. Ils sont même encore plus urgents et criants, parce que nous connaissons mieux qu'Aristote l'Univers, son histoire et tout ce qu'il contient [...]. Paradoxalement, le sens des authentiques problèmes métaphysiques se conserve là, parmi les savants qui scrutent l'Univers et la nature, alors qu'il s'est perdu parmi les professionnels de la philosophie. Le renouveau de la métaphysique viendra de la part des scientifiques parce que eux au moins ont le point de départ correct : la réalité elle-même. Ils savent que le point de départ de la pensée rationnelle, c'est l'expérience. Ils aperçoivent les problèmes [...]. Aujourd'hui, en cette fin du XXe siècle, tout est à reprendre, tout est à repenser, en métaphysique, sur la base expérimentale nouvelle, à nouveaux frais [...]. Le point de départ de l'analyse métaphysique, ce ne sont pas des textes, mais la réalité elle-même, dans sa splendeur... »[4].

Cette tâche est à mener à bien conjointement par les scientifiques ayant le goût et le sens de la pensée conduite jusqu'au terme de ses exigences internes, et les philosophes initiés aux sciences expérimentales. Elle constitue un des grands défis posés à l'intelligence humaine pour les années à venir. L'enjeu est assurément de taille et il nous concerne tous car, comme l'écrit Sir Karl Popper : « [...] il y a au moins un problème philosophique qui intéresse tous les hommes qui pensent. C'est le problème de la cosmologie : **le problème de comprendre le monde, nous-mêmes, et notre connaissance en tant qu'elle fait partie du monde** »[5].

4. C. Tresmontant, *Sciences de l'Univers et problèmes métaphysiques*, op. cit., p. 213-215.
5. K. Popper, *La logique de la découverte scientifique*, Payot, Paris, 1973, p. 12.

Cet ouvrage a été composé
par l'Imprimerie BUSSIÈRE
et imprimé sur presse CAMERON
dans les ateliers de la S.E.P.C.
à Saint-Amand-Montrond (Cher)
en mars 1991

N° d'édition : 37. N° d'impression : 4012-2979.
Dépôt légal : mars 1991.

Imprimé en France